国家哲学社会科学成果文库

NATIONAL ACHIEVEMENTS LIBRARY
OF PHILOSOPHY AND SOCIAL SCIENCES

中国藏族服饰结构谱系

刘瑞璞　陈　果　著

科学出版社

内 容 简 介

　　藏族服饰是我国少数民族中为数不多的历史没有断层、信息保持纯粹而完整、迄今为止仍在普遍使用的古老民族物质文化。其中，服饰结构又是标志性因素，整理和研究藏族服饰结构谱系，对构建中华民族服饰结构系统具有重要的学术价值，为多元一体的中华文化特质呈现了一个完整实证。本书强调考物与考献相结合而重考物的方法，对博物馆标本、私人收藏、实地技艺传承人手作等一手材料进行系统的信息采集、测绘和结构复原，发现了普遍存在于藏族服饰结构之中的贴边锦、深隐式插角结构和单位互补算法古老术规。通过文献考证和实物结构的比较研究，表现出藏族服饰这一古法技艺与汉地古文献中记载的交窬、交解、交裂、交输算法的异曲同工，并在上古的服饰考古成果中亦得到实证。这一重要的学术发现为藏汉服饰"术规交流"理论提供了确凿的文献证据。而且这一古老术规在藏族服饰结构中并不是孤例，在西南少数民族传统服饰结构中也同样存在，这对完善中华民族服饰结构谱系具有重要的民族学意义。研究发现藏族服饰的"十字型平面结构"所表现出的服饰形态和造物观，都源于中华民族"人以物为尺度"所体现的敬物尚俭思想和天人合一精神，为多元一体的中华文化特质提供了一个生动的藏族范示。

　　本书对民族服饰文化研究人员、影视服装设计师、服装技艺传承人等具有重要的文献参考价值。

图书在版编目(CIP)数据

中国藏族服饰结构谱系/刘瑞璞，陈果著. —北京：科学出版社，2021.5
（国家哲学社会科学成果文库）
　ISBN 978-7-03-068164-5

　Ⅰ.①中… Ⅱ.①刘… ②陈… Ⅲ.①藏族-民族服饰-服饰文化-研究-中国 Ⅳ.①TS941.742.814

　中国版本图书馆 CIP 数据核字 (2021) 第 036127 号

责任编辑：杜长清　张　文／责任校对：何艳萍
责任印制：师艳茹／封面设计：黄华斌

科 学 出 版 社 出版
北京东黄城根北街 16 号
邮政编码：100717
http://www.sciencep.com

北京盛通印刷股份有限公司 印刷
科学出版社发行　各地新华书店经销

*

2021 年 5 月第 一 版　　开本：720×1000　1/16
2021 年 5 月第一次印刷　　印张：25　插页：4
字数：406 000
定价：398.00 元
（如有印装质量问题，我社负责调换）

作 者 简 介 1

刘瑞璞，1958 年 1 月生，天津人，北京服装学院教授、博士研究生导师，艺术学学术带头人。

主要学术经历：主持国家艺术基金、国家社科基金和国家出版基金项目共 7 项。编撰国家级"十一五""十二五"规划教材 6 部，相关成果获国家级教学成果奖二等奖、教育部高等学校科学研究优秀成果奖（人文社会科学）二等奖、北京市和部委教学成果奖一等奖等。创立中华民族服饰文化的结构考据学派和理论体系。

代表作品：《中华民族服饰结构图考 汉族编、少数民族编》《清古典袍服结构与文章规制研究》《藏族服饰研究》《旗袍史稿》《苗族服饰结构研究》等。

作者简介 2

陈果，1987年6月生，湖北省广水市人，北京服装学院讲师，设计学博士。

主要学术经历：主持"柒牌非遗保护基金一般项目"，参与国家社科基金艺术学重大项目和教育部人文社科研究青年基金项目，先后在《纺织学报》《丝绸》《艺术设计研究》等核心期刊上发表学术论文14篇，出版专著4部。

代表作品：《藏袍结构的人文精神——藏族古典袍服结构研究》《藏族服饰研究》《秦简交窬裁剪算法与藏袍古制结构》《工布藏族服饰结构的单位互补算法》等。

《国家哲学社会科学成果文库》

出版说明

为充分发挥哲学社会科学研究优秀成果和优秀人才的示范带动作用，促进我国哲学社会科学繁荣发展，全国哲学社会科学工作领导小组决定自 2010 年始，设立《国家哲学社会科学成果文库》，每年评审一次。入选成果经过了同行专家严格评审，代表当前相关领域学术研究的前沿水平，体现我国哲学社会科学界的学术创造力，按照"统一标识、统一封面、统一版式、统一标准"的总体要求组织出版。

全国哲学社会科学工作办公室
2021 年 3 月

前　言

一

　　民族学家费孝通先生提出的中华民族多元一体文化特质理论，得到了学界的广泛关注，同时他又认为，由于民族学研究的滞后，又表现出"有史无据"的尴尬局面，特别是像藏族那些自然环境、语言文化特殊的民族，相关的研究更是匮乏。解决"无据"问题，重要的是实证研究，物质文化（material culture）是重要的研究媒介，服饰是藏文化的重要载体，结构是这个载体最稳定和本质的部分，但需要研究的并不是藏族每个个体服饰的结构，而是研究和整理其完整的结构规律和形态系统，构建藏族服饰结构谱系，寻找其在中华民族服饰结构谱系中的特殊地位。而"结构"比任何物质文化的表象要素更真实和可靠。青藏高原特殊的地理环境、宗教信仰和社会生态孕育了藏民族独特的高寒服饰风貌，藏族也成为少数民族中为数不多没有发生历史断裂、普遍保持古老传统生活方式和服饰文化形态的民族，甚至是至今保存人类古老服饰文化形态的民族之一。藏族服饰承载着辉煌灿烂的古老文明，有着独特的自然、社会和宗教谜题尚未破解，通过对藏族服饰结构谱系进行系统研究，以期有所突破，并由此深入客观地探究藏族服饰所承载的文化遗迹与其他民族主流服饰的交融及其自身的特异性与变迁的信息。可见，从结构的角度入手研究藏族服饰能够获取更加真实可靠的实证成果。同时在藏族服饰的文献建设上，结构研究也是不可或缺的，这已成为国际上对民族服饰文化研究的学术惯例，但在我国学术界服饰结构未有系统的建构。正因如此，本书试图揭示中华民族多元一体文化特质中藏族服饰文化真实而独特的部分。

藏族服饰始终保持着一种独特"藏文化圈"稳定的延续性,地域性特征主要体现在外部因素上,比如后藏、前藏、工布(林芝)的藏袍通过外观配饰、纹饰和色彩系统很容易识别,但它们的结构几乎是一样的,甚至整个藏袍结构都被归为"三开身十字型平面结构"。然而,在锦袍类型中,由于汉化的原因,纹饰被削弱,藏、汉袍整体观察并无区别,但分析它们的结构发现,藏袍保持着"三开身结构",汉袍遵循着"两开身结构"。值得研究的是它们始终没有脱离"十字型平面结构"的中华系统,这一发现是中华民族多元一体文化形态的生动实证。

由于相关文献资料的匮乏,实证与文献研究相结合而重实证成为研究的主要方法。其中标本研究和实地调查是本书理论突破的关键所在,重要的是以北京服装学院民族服饰博物馆系统的藏族服饰标本、专业的民族服饰文化结构研究团队和技术手段为支撑,可以完整地对藏族服饰实物标本进行系统的信息采集、测绘和结构图复原,获得了前所未有的一手材料。通过文献和实物的互证、比较研究,为建构藏族服饰结构谱系提供了可靠的实物和手段保证。

二

通过数据采集、测绘和结构复原,结合对藏服艺人古法裁剪技艺的记录,再进行系统整理,发现了普遍存在于藏族服饰结构中的单位互补算法、深隐式插角的古老术规和贴边锦藏苯汉同构规制的独特文化现象,且从古至今并无断绝,说明今天藏服结构中所保存的历史信息仍很可靠。然而这些发现在藏学文献中没有找到直接的线索,将标本的研究成果与汉地文献进行比较,再对汉地古籍文献和考古发现进行针对性梳理,得出藏族服饰结构单位互补算法这一古法术规与汉地考古发掘秦简记载的交窬及其算法相同的结论。而古籍《四库全书》《深衣考》中提到的交解、交裂、交输的衍变,也完整记录了单位互补算法的原理,在汉唐之后失传却在藏地保留着,这不得不让人提出汉藏文化交流史向前推到了先秦的观点。藏服的深隐式插角结构与先秦楚墓出土的小腰袍服结构形制有异曲同工之妙,这一重大发现不仅为汉藏服饰结构的传承关系或"同构"理论提供了确凿的实物考据,还奠定了藏族服饰在中华民族服饰结构谱系中的特殊地位。而且这种古法结构不仅在藏族服饰中普遍存在，也在我国西南民族服饰传统遗存中有所发现，如云南马关壮族的下裙和贵州安顺苗族的上衣等。因此，藏族服饰古法结构的研究对整个中华民族服饰结构谱系的建立具有重要意义。

单位互补算法是用"布幅决定结构"的术规对物尽其用节俭美学的表达，也是藏族原始宗教笃信"万物有灵"表现在"人以物为尺度"的真实客观呈现。这可以说是"天人合一"传统思想在藏学的生动物证。标本研究发现，藏袍普遍使用贴边锦，在民间的技艺传承中也普遍存在，而蓝色贴边是藏服贴边锦的标志性元素，体现着苯教遗存；藏传佛教势力的强大，使汉地的吉祥纹锦成为主导，代表苯教的"蓝"通常以隐形样式表现，这就是贴边锦"藏苯汉"文化意涵的实物发现。

三

古老信息如何保存在现代技艺中？完整记录藏服艺人技艺的全过程有两个目的：一是考察古法技艺与样本相比有多少保留和继承；二是通过技艺本身的记录了解古法结构的真实性。无论是博物馆早期藏袍标本还是藏族艺人旦真甲师傅裁剪的藏袍范例，贴边都使用与本料相异的织锦面料，虽然纹样与标本不尽相同，但是蓝色织锦的使用在藏服艺人手中得到了继承。这种独特的贴边锦现象，传递着两个重要的信息：蓝色保存了原始苯教尚蓝的记忆，隐蔽使用是佛苯融合的反映；贴边锦显然是藏汉文化融合的结果。在汉族服饰中织锦代表"花团锦簇"，隐含"宗族繁荣"之意；而藏族将其表达在隐蔽部位，在标本中显示为"五福捧寿"的吉祥图锦。这是受汉族文化影响对美好愿景的表达，但又区别于汉人彰显教化的表达形式（汉服不用内贴边装饰），表现出中华服饰"多元"的一面，同时又不缺少深刻性。

藏服艺人的裁剪方法虽然沿袭了部分古法，使用了单位互补算法，却是局部性的，且也并未理解古人这种术规的动机，深隐式插角结构也难觅其踪。藏袍面料氆氇的出现要早于织锦，最早的古法裁剪与手工氆氇的窄幅特性有关，随着布幅发生改变，单位互补算法的古老术规也会发生变化。标本中单位互补算法多种不同的情况都与充分利用布幅有关，或许可以凭此认定是真文物。但是现代藏服艺人使用的包括氆氇在内的服装大都是工业化面料，而藏袍的裁剪术规却始终如一，这也是现代保留的古法结构与标本区别最大的地方。藏服艺人只是习惯于一种传统技艺，还是已经领悟了单位互补算法其中的交窬原理？从古法裁剪的继承程度上我们已经可以找到答案，艺人的技艺属于前一种。因此，将标本结构研究的成果与技艺传承人工作流程记录相比较，才可以做出接近真实的判断。

四

本书在保护和传承藏族服饰古法结构和复原方法上还进行了新的尝试，将传统的藏族服饰结构研究成果与高新技术结合，利用虚拟现实（virtual reality，VR）技术对藏族服饰三维立体模型进行可视化展示和交互设计，不仅有效地利用了前期标本研究的成果，而且将藏族服饰古法结构进行了复活。这一技术还可以应用于对其他古代服饰和民族服饰的保护与传承研究，也为传统民族服饰文化的继承和弘扬探索了新的路径。

借助现代数字技术将古代服饰标本复活，对古法技艺起到保护和传承的作用，利用三种典型的藏袍标本，通过数据采集、CAD 样板处理，导出 DXF 文件，再导入 CLO 3D 中进行虚拟缝合，调节面料参数形成标本数字模型；再利用 3DS MAX 进行模型细节处理，调节模型参数和面料属性，实现效果渲染；而后将 CLO 3D 中的标本模型导入 Unity 3D 中，形成交互功能的展示系统，获得文物复活的体验。实现藏袍古法技艺 VR 技术的关键是"专家知识"，包含古老技艺的藏族服饰标本，由于年代久远，很多文物级藏品无法进行拆解而直接得到结构样板，且织物的柔性不同于刚性材料易于进行三维立体扫描获得图像和数据信息，故对服装文物（柔性文物）只能通过人工测绘在保证标本不受破坏的情况下进行数据采集和结构复原，并通过 CAD 软件进行样板优化处理，形成可以与 VR 技术接口的专家知识。这样才能通过模拟缝合建立起仿真的三维立体模型，此种方法被用于博物馆古老、珍贵的服饰藏品的复现，既不会对服饰本身造成损害，同时又达到了保护和传承的目的。

作　者

2020 年 12 月于北京

目　　录

Contents

图　　录

表　录

第　一　章

绪　论

一、引言

藏族是中华民族大家庭中的一员，在历史上曾经创造了辉煌的象雄文明、吐蕃文明、古格文明等，主要分布在约占全国陆地总面积四分之一的青藏高原。

自汉唐以后，在西藏（当时称"吐蕃"）地区生活的人们就通过青海的"唐蕃古道"[1]和跨越民族走廊[2]（河西走廊、藏彝走廊[3]）的古丝绸之路主

---

[1] 唐蕃古道：据《新唐书·地理志》鄯州鄯城县下注，长安与逻些间的唐蕃古道具体行程是：东起长安（今陕西西安），历秦州（今甘肃天水）、狄道（今甘肃临洮）、河州（今甘肃临夏）进入今青海境内，经龙支（今青海民和）、鄯州（今青海乐都）、鄯城（今青海西宁）、赤岭（今日月山）等地，至悉诺罗驿，出今青海境，过阁川驿（今藏北那曲），农歌驿（今藏北羊八井北），然后到逻些（今西藏拉萨），全长约3000公里。见林梅村：《丝绸之路考古十五讲》，北京大学出版社2006年版，第257页。

[2] 民族走廊是费孝通先生根据民族学界多年来研究提出的一个新的民族学概念。民族走廊指一定的民族或族群长期沿着一定的自然环境如河流或山脉向外迁徙或流动的路线，在这条走廊中必然保留着该民族或族群众多的历史与文化沉淀。在中国可称之为民族走廊的约有两处，一处在西北，被称为河西走廊；另一处在西南，被称为藏彝走廊。见四川大学历史系编：《中国西南的古代交通与文化》，四川大学出版社1994年版，第35—48页。

[3] 藏彝走廊是民族学和民族史上的学术概念，是费孝通先生于1980年前后提出的一个民族区域概念，主要指今四川、云南、西藏三省区毗邻地区，亦即地理学上的横断山脉地区。包括四川的甘孜藏族自治州、阿坝藏族羌族自治州、凉山彝族自治州和攀枝花市，云南的迪庆藏族自治州、怒江傈僳族自治州和丽江市，西藏的昌都市等地。见李绍明：《费孝通论藏彝走廊》，《西藏民族学院学报（哲学社会科学版）》2006年第1期，第1页。

干道将物品运往其他地方。所以说，西藏和丝绸之路的关系不言而喻，通过丝绸之路将西藏与其他地区紧密联系起来，唐代的吐蕃丝路更是古代沟通东西方、中华文化与世界文化交流的重要渠道之一（从本书藏族典型服饰结构的系统整理来看，也首次发现了这种藏汉文化、东西文化交流的实证）。西藏地处我国西南边疆，与南亚的印度、尼泊尔、不丹和克什米尔等国家和地区接壤。按现在的行政区域划分，藏族主要聚居区为：西藏自治区，青海省的玉树藏族自治州、果洛藏族自治州、海南藏族自治州、黄南藏族自治州、海北藏族自治州、海西蒙古族藏族自治州，甘肃省的甘南藏族自治州和天祝藏族自治县，四川省的甘孜藏族自治州（以下简称"甘孜州"）、阿坝藏族羌族自治州（以下简称"阿坝州"）和木里藏族自治县，云南省的迪庆藏族自治州（以下简称"迪庆州"）。历史上的藏族是一个全民信教的民族，大多信仰藏传佛教，还有少数信仰原始宗教苯教。在上述聚居区的东部和南部的边缘地区，藏族还与汉族、蒙古族、羌族、回族、土族、撒拉族、门巴族、珞巴族等其他民族混杂而居，在服饰上呈现出多民族交融的面貌。正是在这样特殊的地理环境、宗教信仰和社会环境之下孕育了藏族独特的服饰风貌，藏族也是少数民族中普遍保持古老传统生活方式和服饰文化形态的民族（图1-1）。

　　藏族聚居的青藏高原，地势险峻，平均海拔4000 m以上，是世界上海拔最高、面积最大的高原，素有"地球第三极"之称。主要的山脉有喜马拉雅山、冈底斯山、念青唐古拉山、唐古拉山、昆仑山、祁连山等，其中阿里境内的冈底斯山主峰冈仁波齐被视为西藏最古老的神山。藏族服饰文化正是藏族先民在适应自然和崇拜自然的过程中所创造出来的一种独特的高原服饰文化。

　　在西藏，有神山必有圣水，青藏高原江河纵横，黄河、长江都发源于青藏高原，青藏高原较为重要的河流有澜沧江、雅鲁藏布江、森格藏布（狮泉河）、朗钦藏布（象泉河）等。很多江河都有着美丽的传说，充满了神秘的色彩，吸引着无数探赜索隐的人们。在藏族群众看来，圣水可生鱼，鱼便成为藏传佛教象征符号中最重要的八瑞相之一，双鱼在汉传佛教中象征佛陀的肾脏；

拉萨

普兰口岸

科迦寺信众

图 1-1 当代西藏自治区采集的普通藏族服饰

图片来源: 2016 年作者摄

在藏传佛教中更为重要，它象征佛陀的双眼。[①]因此，与河流有关的物质就被赋予了神圣色彩，在西藏有些河流还与服饰有着紧密的联系。西藏阿里地区普兰县的"孔雀服饰"与阿里孔雀河的美名紧紧联系在一起，在民间还流传着关于普兰王子和王妃的动人故事。[②]神话故事和传说是藏族文学重要的组成部分，是他们宗教信仰和精神世界的美好寄托和愿景。"自然皆神"是藏族普世的价值观，通过漫长的文化积淀渗透在服饰的各个细节中。

随着交通的便捷和旅游产业的开发，藏族聚集区与其他地区之间的联系日趋频繁，使得藏族传统的服饰文化与现代文化有了更多融合的机会，同时也对传统的民族文化构成了一定的威胁。新的文化和生活方式开始悄悄孕育，传统藏族服饰也随之发生着改变，具有西式服装结构特征的省道在藏袍曲巴普美[③]和堆通[④]中的出现，杭州面料厂商专门针对藏袍特定纹样生产的 100%化纤低价面料被大量引入[⑤]，机器化大生产代替手工织造，藏袍中具有标志性的氆氇（真正用古法手工、传统材料和工艺织造的氆氇难觅其踪）也变得弥足珍贵。最大的问题是，这不仅改变了传统藏袍面貌，还从根本上改变了藏袍古老的结构形制。传统藏族服饰的文化特质和现代

---

① ［英］罗伯特·比尔：《藏传佛教象征符号与器物图解》，向红笳译，中国藏学出版社2014年版，第5—6页。

② 3000年前，普兰的洛桑王子，在美丽的孔雀河边建起了华丽的宫殿。在王子漂亮的嫔妃中，有一个善良的王妃雍卓拉姆，因不堪忍受众嫔妃的嫉妒与迫害，在一个月圆之夜，幻化成一只漂亮的孔雀，飞过茫茫雪山，消失在湛蓝的夜空。为了纪念这位王妃，崇尚善良与自由的普兰人用自己手工缝制的藏袍和一串串名贵的绿松石、蜜蜡、珍珠和宝石，做成了靓丽的飞天服饰，代代相传，绵延至今。见伍金加参：《试探阿里噶尔本时期普兰女性传统服饰文化的研究》，《西藏艺术研究》2019年第4期，第71页。

③ 曲巴普美是卫藏妇女的常装，是一种无袖妇女长袍。见安旭主编：《藏族服饰艺术》，南开大学出版社1988年版，第92—93页。

④ 堆通，一种氆氇制的短上衣。见安旭主编：《藏族服饰艺术》，南开大学出版社1988年版，第95页。

⑤ 在成都考察了当地最大的面料市场"亿家天下"，由于现在四川的甘孜州、阿坝州等地区的藏族群众越来越多地往省城城市迁居，亿家天下也出现了很多专门针对藏族服饰的华美织锦面料。通过向面料店家咨询，市场上的藏袍面料成分主要以化纤为主，价格十分低廉，一般在20—30元/米，全部来源于杭州、绍兴柯桥的厂商。只有少量来自印度或尼泊尔的纯手工丝质锦缎面料，由于价格十分昂贵，主要面向高端客户。

藏族服饰的悄悄改变，使它们之间的距离变得越来越远，对古老藏族服饰的物质文化进行抢救性保护和研究显得尤为重要。尽管如此，在传统服饰仍是当前藏族人民日常穿着的主要形式的今天，藏族服饰比任何其他民族服饰都要表现得更为真实和纯粹。

目前，藏族服饰的保护问题已经从国家层面被重视起来，在2008年公布的第二批国家级非物质文化遗产名录中就收录了包括藏族服饰在内的12个少数民族服饰，其中藏族服饰为西藏自治区措美县、林芝市、普兰县、安多县、申扎县和青海省玉树藏族自治州、门源回族自治县等联合申报。①因而也让越来越多的人开始走进藏族聚集区，发掘独特、神秘而又丰富的藏族服饰文化。藏族服饰是藏族物质文化最生动、直接的表达，是藏族文化的一张名片。

藏族服饰承载着辉煌灿烂的古老文明，有不少独特的自然、社会和宗教谜题尚未破解，我们试图通过研究来进行突破。而结构是服装最本质的部分，由此可以深入、客观地探究藏族服饰所承载的文化遗迹与其他民族主流服饰的交融及其自身的特异性与变迁的信息。可见，从结构的角度入手研究藏族服饰或能得到更加真实可靠的结论，同时在藏族服饰的文献建设方面，也是不可或缺的，这已成为国际上对传统服饰文化研究的学术惯例，但在我国学术界仍未得到足够的重视和系统的建构。

二、契机和研究基础

英国人文学者 Georgina Corrigan②（乔治娜·科里根），是一位资深的中国文化旅行向导和摄影师，早在1973年就开始在我国少数民族地区进行学术考察，采集了一大批包括藏族在内的少数民族实时一手实物、图片和文字信息。这种经历让她在参观北京服装学院民族服饰博物馆时，

---

① 苑利、顾军：《非物质文化遗产学》，高等教育出版社2009年版，第293页。
② Georgina Corrigan，英国人，1973年第一次进入中国并开始对中国少数民族长达40多年的考察研究。1989年开始深入到贵州进行苗族服饰和织物的研究，先后出版了 *Miao Textiles from China*、*Minority Textile Techniques: Costumes from South West China*、*A Little Known Chinese Folk Art: Zhen Xian Bao*。1982年开始深入到藏族聚集区，研究青海、甘肃和四川涉藏地区安多和康巴藏族的古老服饰，拍摄了大量珍贵的老照片，出版了 *Prayer Flags* 等。

被展厅里精美的藏族服饰所打动。经多番磨合，科里根特别看重我们对康巴藏袍样本结构研究的成果，她认为，对藏袍结构如此深入、系统的研究在藏学界是少见的，希望双方发挥彼此研究的特色合著一部有关藏族服饰的书[①]（图1-2）。这种跨国界的学术合作为确立"藏族服饰结构研究"增强了信心。英国学者科里根为我们传递了这样的信息，作为藏族物质文化的服饰一手材料尽管很多，但对其深入研究，特别是系统的结构研究不足，更没有权威的文献成果。她对于合作非常兴奋，于我们而言，如果通过中英学者的合作研究，将中华多民族文化多元一体特质的藏学实证呈现给世界，无疑具有重要的学术价值。为了体现研究成果的完整性，本书提供了英文版《安多和康巴藏族服饰》有关康巴藏袍的两个标本结构信息（图1-3）。

图 1-2　与乔治娜·科里根讨论藏族服饰书稿
图片来源：2015 年 3 月 10 日作者摄

---

① 此书已在2017年由英国哈里出版社（Hali Publications Ltd.）出版，书名为*Tibetan Dress: In Amdo and Kham*（《安多和康巴藏族服饰》），一共分为16章。

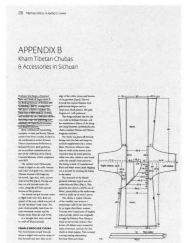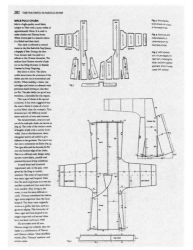

图 1-3 乔治娜·科里根的《安多和康巴藏族服饰》中收录康巴藏袍结构信息

图片来源：Georgina Corrigan, *Tibetan Dress: In Amdo and Kham*, London: Hali Publications Ltd, 2017, pp.278-280

　　实物样本考证是本书研究的关键条件和基础，博物馆标本是重中之重。通过对北京服装学院民族服饰博物馆馆藏藏族服饰标本进行全面的梳理，可以近距离接触并多维地对藏袍实物进行系统考察。更可贵的是，这些藏族服饰标本不仅年代可靠，而且服饰类型齐全，其中包括从皮质、氆氇、织锦缎、棉、麻等藏袍典型材质的服饰到具有社会功能的官袍、民服、宗教服饰等，为藏族服饰系统的结构研究和谱系构建提供了十分有利的实物研究条件。

藏族服饰结构研究能否在文献构建上有所突破还需考虑基础性研究成果是否具有学术发现的潜能和理论研究空间。从 2011 年开始，中华民族服饰文化结构研究团队基于田野调查和博物馆标本整理确定了"藏族服饰结构研究"课题，对北京服装学院民族服饰博物馆馆藏典型藏袍进行了系统的数据采集、测绘和结构图复原，做了大量的前期基础性工作，并提出了汉藏多元一体的"布幅决定结构"理论和深隐式插角结构的考物发现。基于标本的研究成果再做纵向的跟进研究，可以省去很多基础性实验所要耗费的时间，更重要的是为建立藏族服饰结构的谱系、使其进入文献考证和比较学研究成为可能，这才有了秦简中交窬和藏袍结构中单位互补算法[①]相关联的重要学术发现。

三、史学意义和文献价值

藏族服饰是我国少数民族中为数不多的没有历史断层、信息保持得纯粹而完整、分布区域广、迄今为止仍在普遍使用的古老民族文化形态，这在世界现代文明社会的古文化类型遗存和保护上也是不多见的。但藏族服饰的系统研究却滞后于我国其他民族，更落后于国外服饰文化研究，特别是缺少博物馆标本系统整理和对服饰结构形制的研究与文献记录。因此在检索有关藏族服饰结构文献时少有收获，特别是古代文献。

西方和日本的服装史均是将其典型结构面貌以结构图谱和翔实数据的方式进行系统科学的记录、整理和呈现，成熟的西方服装史几乎是一部以结构为载体的服装科技史，由于民族比较单纯，很少以单一民族来进行记录，而以男女加以区分（图 1-4）。日本秉承了这个传统，早在明治维新时期，以实证考据学派为特征的"结构寸法"[②]学术研究就开始了。大和的"结构寸法"几乎把我国唐朝"整裁整用"的古法技术完整地保存下来了（图 1-5）。韩国的民族服饰虽然继承明制，但是其对明代服饰结构的重视和研究程度比我国

---

① 单位互补算法另辟独章专论，这里做简要解释，它是藏服最具特色而古老的裁剪算法，甚至有原始"巫术"的特点，即"万物皆灵不可擅动"，创造了一种零消耗的算法，故又被称为原始科学。"单位"是指必须在一个布幅内；"互补"是在一个布幅内根据需要设计分割线，分割的两个部分重新拼接成新的外形，且在新的外形中，两个拼接物刚好互相补充。

② 结构寸法，日本语，根据测量成衣所得尺寸进行结构图绘制。

还要发达，如从交�到交解的古法在明代是有继承的，韩国学者不仅有研究，还用这种古法去复制它们，这为我国民族服饰的研究提供了经验和成功的范本（图 1-6）。所以说，系统发掘与整理民族服饰结构的信息不仅仅是研究和破解藏族服饰文化精髓的关键所在，也是构建中国传统服饰结构谱系不可或缺的组成部分，具有重要的史学价值。

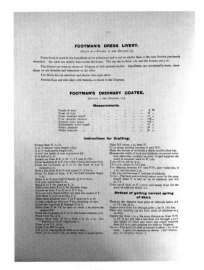
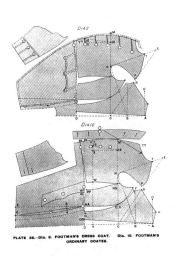

图片来源：A. Langridge, *The Premier System of Cutting: Gentlemen's Garments*, London: Minster & co, 1990, pp.132-133

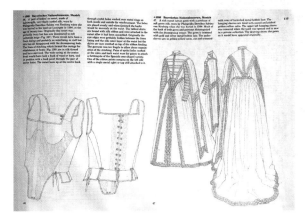

图片来源：Janet Arnold, *Patterns of Fashion the Cut and Construction of Clothes for Men and Women c1560—1620*, Hollywood: Quite Specific Media Group, 1985, pp.113

图 1-4　欧洲男、女装结构史文献

图片来源：Janet Arnold, *Patterns of Fashion: The Cut and Construction of Clothes for Men and Women c1560—1620*, Hollywood: Quite Specific Media Group, 1985, pp.114

图 1-4 欧洲男、女装结构史文献（续）

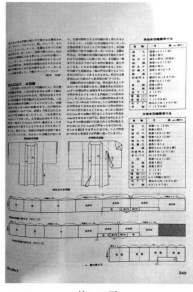

封面   第 349 页

图 1-5 日本服饰文献

图片来源：服装文化协会：《服装大百科事典》，东京文化出版局昭和五十八年版，第 349 页

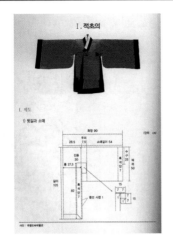
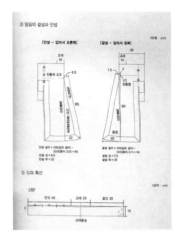
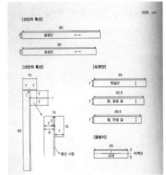

图 1-6　韩国明制官袍古法结构复制

图片来源: 구혜자:《한복만들기——구혜자의 침선노트》, 한국문화재보호재단, 2010 년 12 월 31 일（第 70—72 页）

　　自古以来，藏族服饰裁剪（结构）技艺就是通过师徒口传心授的方式传承的，事实上有关藏传佛教"艺僧"技艺如唐卡、佛画等也是如此，不过它会被记录在经书和法典中，这样后人可以从零散的宗教文献中将其梳理出来，如《藏传佛画度量经》（图 1-7）。普通藏族群众服饰的制作技艺依赖于人而存在，也更容易被功能良好、价格低廉的现代服饰所取代，随着很多手工艺人的离世，这种技艺面临着失传的危险。故以文献形式对藏族服饰结构谱系进行整理和记录，这本身就是一项抢救性的工作，更有利于保护与传承，对于我国其他民族服饰的抢救性研究具有借鉴意义和示范作用。目前，国内有关藏族服饰结构考据学的相关资料多为形而上的形态描述或是以文献考证为主的历史学、人类学、宗教学、艺术学等软科学的文献整理，缺少实证考据的研究成果。

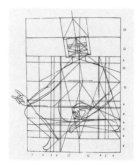

图 1-7　根据《藏传佛画度量经》绘制佛画的图像文献

图片来源：夏吾才让、关却杰：《藏传佛教唐卡艺术绘画技法》，青海人民出版社 2016 年版，第 36—37 页

四、研究方法

传统的研究方法普遍存在重考献轻考物、重逻辑轻实证的问题，对历史的研究受考古发掘所限，一旦有考古发现往往就是一次重大的理论修正，甚至可改写历史。对传统藏族服饰研究却不能以文献研究为主，当然相关文献少是一个原因，更重要的是藏族服饰传统文化信息的连续性、完整性在今天仍有很好的呈现。因此文献研究与实证相结合而重实证成为本书研究的主要方法，其中标本研究和实地调查成为重要线索，也是学术发现和理论突破的关键。

（一）标本研究

要想还原藏族居民生活的原貌，仅以文献研究是远远不够的，必须结合实物，事实上这种"二重证据方法"早在清朝就已形成了。清朝康乾盛世是高度威权的时代，为了巩固封建统治，加强思想控制，在上层社会和知识界形成人人自危的言论恐怖气氛，文字狱盛行。学术界形成从对古籍的整理到考古的转移，主张言必有据，讲求旁参互证，"巨细必究，本末兼查"，反对孤证立说和空谈，形成从疑古到考古、释古的"考据学派"。最具代表性的人物钱大昕，以金石铭文来考校经典和史籍，极大地推动了考据学的发展。①到了清末民初，考据大师王国维先生提出了"以文书证文书、以地下文物证文书"的"二重证据法"，这则是考据学发展的又一新的巅峰。②由于文献的谜题和学术发现，实物研究成为考证关键。

清末留学美国宾夕法尼亚大学和哈佛大学学习建筑的著名建筑学家梁思成先生在对中国古建筑进行研究时引入了西方"实证科学"的研究方法，开拓了一个崭新的中国古代建筑发展内在规律和理论探索的道路。为了取得研究所需的第一手数据和材料，梁先生和妻子林徽因用近代科学的勘察、测绘和图学技术去搜寻有关经史典籍的实证，通过实验分析、复原、对比的研究进行了艰苦的基础性记录工作，积累了大量科学的基础数据和一手资料。③这一研究方法的确立对于其他领域的学者产生了很大的启发和影响，催生了一些近现代标志性的实证学科，如营造学、田野考察、风物学、博物馆学等，最具有代表性的就是敦煌学。近现代国际学术界兴起的"藏学"一开始就是以"旅行记录"方式展开学术研究的，如瑞士藏学家米歇尔·泰勒的《发现西藏》④（*Dé couverte du Tibet*）、英国藏学家罗伯特·比尔的《藏传佛教象征符号与器物图解》（*The Handbook of Tibetan Buddhist Symbols*）等。

这种方法对本书的研究也产生了深刻的影响。北京服装学院民族服饰博物馆馆藏有一万多件（套）各民族服饰标本可供近距离研究，其中藏族服饰藏品中有代表性的21件（套），除此之外还有一些靴、帽等藏族饰品和西藏特有的十字纹氆氇面料。藏品所涵盖的时间、区域跨度具有典型性，类型齐全、材质丰富反映了宗教、阶层等信息（表1-1）。通过对这21件（套）藏族服饰标本进行地毯式的信息采集、测绘和结构图复原工作，取得了珍贵的一手资料并有重要发现，为藏族服饰结构谱系的建立提供了可靠的实物证据。标本研究经过历时五年两个阶段的数据采集、测绘和结构图复原的系统整理。第一阶段（2011—2013年）以笔者带领的中华民族服饰文化结构研究团队对博物馆70%的藏袍标本进行了基础性的研究，并完成了《藏族典型袍

① 华世铣：《钱大昕的考据方法简论》，《云南民族学院学报（哲学社会科学版）》1991年第1期，第85—91页。
② 陶敏主编：《中国古典文献学》，岳麓书社2014年版，第172页。
③ 高亦兰编：《梁思成学术思想研究论文集》，中国建筑工业出版社1996年版，第22页。
④ [瑞]米歇尔·泰勒：《发现西藏》，耿升译，中国藏学出版社2005年版。

表1-1　北京服装学院民族服饰博物馆藏族服饰藏品信息表

基本信息	标本
氆氇镶水獭皮饰边藏袍 藏品编号：MFB004733 所属时期：20 世纪早期 征集地点：青海 所属类型：康巴藏 征集时间：2006-07-07	
氆氇镶虎皮饰边藏袍 藏品编号：MFB005993 所属时期：20 世纪早期 征集地点：四川甘孜州石渠县 所属类型：康巴藏 征集时间：2000-11-21	
棕色氆氇交领藏袍 藏品编号：MFB005397 所属时期：20 世纪早期 征集地点：四川阿坝州松潘县漳蜡乡 所属类型：白马藏 征集时间：1991-04-01	
羊皮面镶水獭皮织金五色饰边藏袍 藏品编号：MFB005991 所属时期：20 世纪早期 征集地点：四川甘孜州石渠县 所属类型：康巴藏 征集时间：2000-11-21	
氆氇镶豹皮水獭皮饰边羊皮内里藏袍 藏品编号：MFB004734 所属时期：20 世纪早期 征集地点：青海 所属类型：康巴藏 征集时间：2006-07-07	

续表

基本信息	标本
深棕丝缎团纹交领藏袍 藏品编号：MFB005492 所属时期：20世纪早期 征集地点：四川阿坝州松潘县漳蜡乡 所属类型：白马藏 征集时间：1991-04-01	
黄色提花绸长袖袍服 藏品编号：MFB005379 所属时期：清代 征集地点：青海 所属类型：官袍 征集时间：2006-07-07	
天华锦官袍 藏品编号：MFB005387 所属时期：清同治 征集地点：西藏 所属类型：官袍 征集时间：2006-03-20	
金丝缎镶豹皮藏袍 藏品编号：MFB005389 所属时期：年代不详 征集地点：四川甘孜州石渠县 所属类型：康巴藏 征集时间：2000-11-21	
蓝色几何纹提花绸藏袍 藏品编号：MFB005389 所属时期：清代 征集地点：青海 所属类型：贵族 征集时间：2006-07-07	

续表

基本信息	标本
织金锦镶水獭皮饰边藏袍 藏品编号：MFB005992 所属时期：年代不详 征集地点：四川甘孜州石渠县 所属类型：康巴藏 征集时间：2000-11-21	
黄缎交领喇嘛长袍 藏品编号：MFB005381 所属时期：清代 征集地点：西藏 所属类型：僧服 征集时间：2006-07-07	
敞袖跳神大袍 藏品编号：MFB005383 所属时期：20世纪早期 征集地点：青海 所属类型：宗教用 征集时间：2006-10-19	
蓝菊花绸曲巴普美 藏品编号：MFB005378 所属时期：20世纪80年代 征集地点：西藏日喀则聂拉木县樟木镇 所属类型：夏尔巴人 征集时间：2000-12-12	
紫红长袍坎肩 藏品编号：MFB005490 所属时期：清代 征集地点：西藏 所属类型：僧服 征集时间：2006-07-07	

基本信息	标本
白色麻质立领偏襟藏袍 藏品编号：MFB005391 所属时期：20 世纪早期 征集地点：四川阿坝州松潘县漳腊乡 所属类型：白马藏 征集时间：1991-04-01	
黑色斜纹棉布交领藏袍 藏品编号：MFB005491 所属时期：20 世纪早期 征集地点：四川阿坝州松潘县漳腊乡 所属类型：白马藏 征集时间：1991-04-01	
白色蚕茧立领偏襟衬衣 藏品编号：MFB005386 所属时期：年代不详 征集地点：四川甘孜州石渠县 所属类型：康巴藏 征集时间：2000-11-21	
白色蚕茧立领对襟衬衣 藏品编号：MFB005388 所属时期：年代不详 征集地点：四川甘孜州石渠县 所属类型：康巴藏 征集时间：2000-11-21	
氆氇堆通（短上衣） 藏品编号：MFB005390 所属时期：年代不详 征集地点：西藏 所属类型：后藏 征集时间：2000-12-12	

服结构研究》的相关阶段性论文（图 1-7）。在此基础上，进入第二阶段
（2014—2015 年）30%博物馆标本的基础性研究工作，并对第一阶段不足的
信息进行了补充和整理（图 1-8）。五年的博物馆标本研究是阶段性递进式进
行的，通过标本的形制、主结构、里襟结构、饰边结构等信息采集流程，利
用软件实现手绘记录信息整理到数字化的转换，力求得到准确的标本结构图
复原（图 1-9、图 1-10），再利用数字技术模拟标本的立体复原（图 1-11）。
对标本信息采集技术和流程力求科学化与专业化，对每一个标本都要从其面
料、里料、饰边、贴边及纹样结构等方面进行整理，并通过各个部分结构的
净样、毛样、分解图、排料图和纹样系统的全息数据进行采集、复原，为分
析和解读藏族服饰结构的形态特征、社会功能和文化特质提供依据，并进入
理论分析，结合文献研究和实地调查为建构中华民族服饰结构谱系的藏族范
式提供权威、可靠的实物证据（图 1-12）。

氆氇藏袍的信息采集　　　　　　　　　　白马藏棉袍的信息采集

图 1-7　第一阶段博物馆标本基础性研究的工作现场

锦缎兽皮饰边藏袍的信息采集　　　　　　羊皮锦缎饰边藏袍的信息采集

图 1-8　第二阶段博物馆标本基础性研究的工作现场

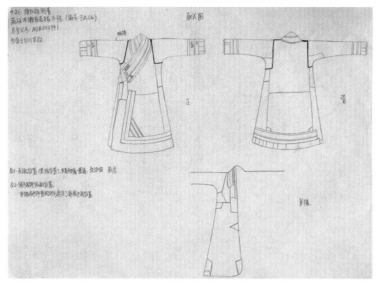

皮袍标本形制基本信息的记录

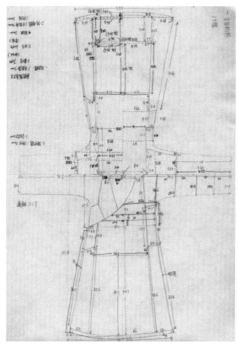

皮袍标本主结构基本信息的记录

（a）皮袍标本信息记录

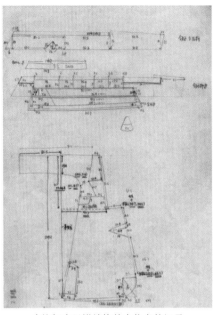

皮袍标本里襟结构基本信息的记录　　　皮袍标本饰边结构基本信息的记录

（a）皮袍标本信息记录（续）

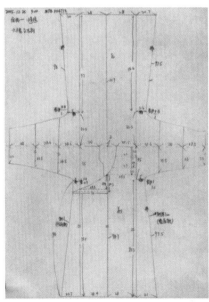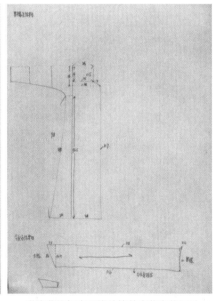

氆氇藏袍标本主结构基本信息的记录　　　氆氇藏袍标本里襟结构基本信息的记录

（b）氆氇藏袍标本信息记录

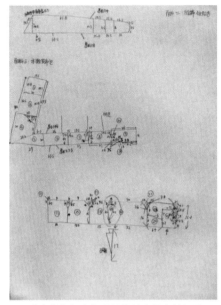

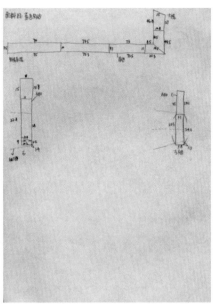

氆氇藏袍标本饰边结构基本信息的记录　　　　　氆氇藏袍标本贴边结构基本信息的记录

（b）氆氇藏袍标本信息记录（续）

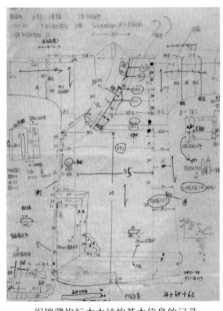

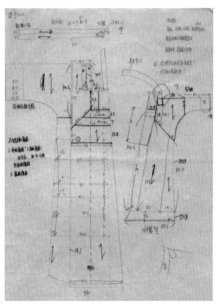

织锦藏袍标本主结构基本信息的记录　　　　　织锦藏袍标本里襟结构基本信息的记录

（c）织锦藏袍标本信息记录

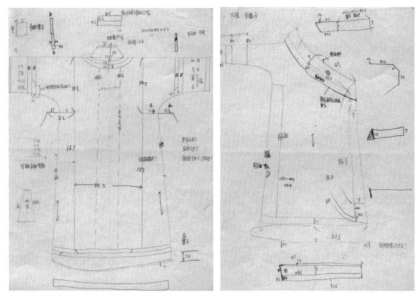

织锦藏袍标本衬里主结构基本信息的记录　织锦藏袍标本衬里大襟主结构基本信息的记录

（c）织锦藏袍标本信息记录（续）

图 1-9　标本研究信息采集的手绘记录（皮袍、氆氇藏袍、织锦藏袍）

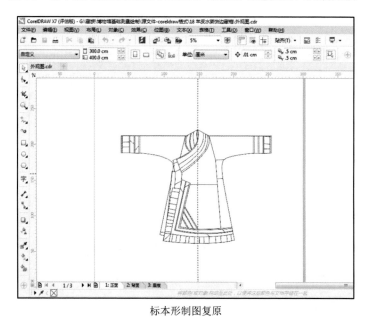

标本形制图复原

图 1-10　根据标本信息采集流程完成数字化结构图复原

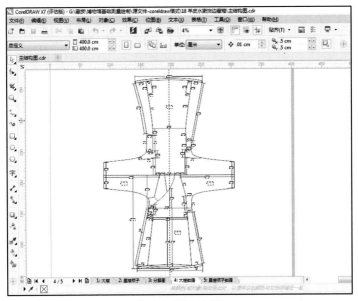

标本主结构图复原

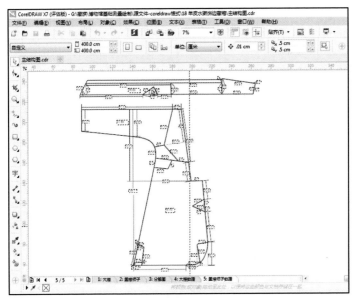

标本里襟结构图复原

图 1-10 根据标本信息采集流程完成数字化结构图复原（续）

标本饰边结构图复原

图 1-10 根据标本信息采集流程完成数字化结构图复原（续）

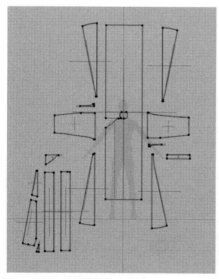

CAD 软件结构复原

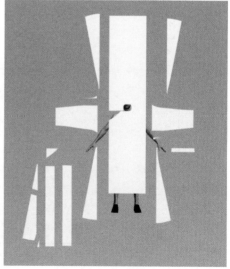

CLO 3D 软件样板排列复原

图 1-11 利用数字技术模拟标本复原

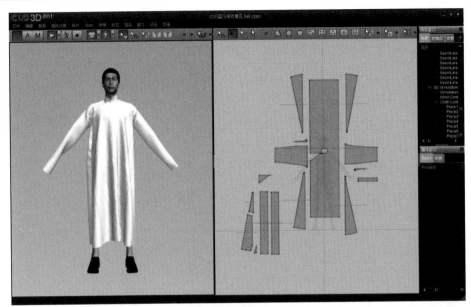

虚拟缝合复原

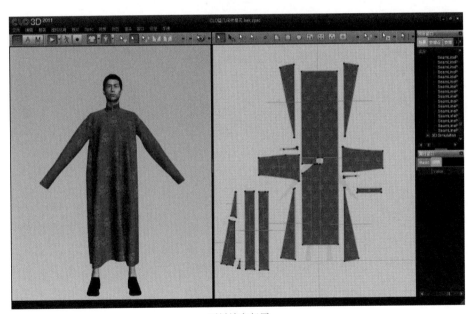

面料填充复原

图 1-11　利用数字技术模拟标本复原（续）

图片来源：马芬芬绘

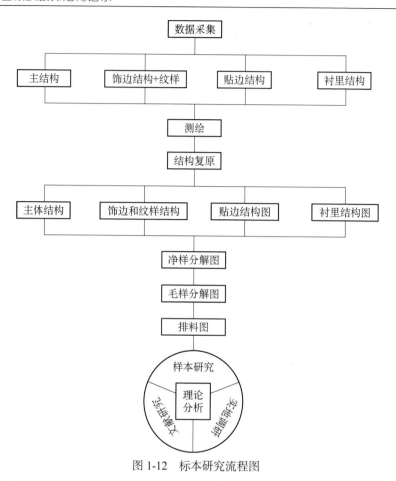

图 1-12　标本研究流程图

（二）实地调查

标本研究和实地调查相结合是完善和丰富博物馆标本研究非常有效的方法，它们可以单独进行，但不能相互替代。为了弥补博物馆样本的不足，应进行实地调查。实地调查不仅能对标本的数量和类型做补充，还能对当地藏族服饰的使用情况和传统技艺的现状有所了解。在实地调查过程中主要采用人物访谈，图像、实物和市井影像采集的方式，在条件允许的情况下，也会通过标本数据采集、测绘和结构图复原的流程对现场实物快速地完成信息采集，特别是那些对博物馆样本具有补充意义的实物，如工布藏袍、普兰藏袍、白马藏袍等（图 1-13）。实地调查历时三年多的时间，先后四次深入青海、甘肃、云南、四川和西藏地区展开包括文献的专项调查（表 1-2）。在进行人物调查时，特意寻找到当今坚守传统技艺的藏服艺人，工布藏、白马藏、普兰藏等拥有传统藏袍的传承人原住民，通过与他们交流、现场操作，得到博物馆标本和文献无法得到的信息（图 1-14）。值得一提的是与藏服艺人旦真甲[①]形成了紧密的合作关系，他在现场用古法裁剪操作的制作技艺流程和成品展现被全程记录下来，值得研究的是他的古法裁剪可以说是秦简《制衣》有关"交裠"记载的情景再现，也成为博物馆标本结构研究成果（显示古法结构）的现实物质和非物质的实证（图 1-15）。

现场实物的图像和结构信息的采集，几乎是与博物馆标本同等的实物量，它们之间的信息是可以互补的（表 1-3）。无论是地域种类还是现实状况的呈现，都使博物馆样本有了一个完整场景生活的坐标，使其变得鲜活和生动起来。

工布藏袍现场实物信息采集

图 1-13　实地调查实物信息采集的工作现场

---

① 旦真甲，藏族人，居住于四川阿坝州红原县，40 岁，四川红原钦渤藏艺服装制售有限公司老板，多年从事藏族服饰的定制和销售，在藏族聚集区的服装业内很有名望，很多藏族名人都是他的客户。目前公司在四川阿坝州红原县、马尔康市和成都市均有店面和工作室，规模在逐渐扩大。考察团队先后两次前往红原店和成都店进行考察，并在现场完成了古法藏袍技术的全程记录。

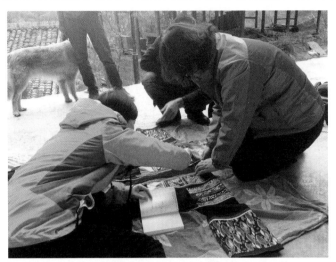

白马藏袍现场实物信息采集

普兰藏袍现场实物信息采集

图 1-13 实地调查实物信息采集的工作现场（续）

表1-2 藏族服饰实地调查情况表

序号	考察时间和地点	考察对象
1	时间：2014-08-02—13 地点：四川成都、甘孜州康定市	四川博物院藏族服饰藏品、甘孜藏族自治州非物质文化遗产博物馆服饰藏品
2	时间：2015-07-17—24 地点：南京、苏州、杭州	南京中国第二历史档案馆查阅民国时期西藏地方与中央政府往来文献、明清时期中央政府赠予西藏地方锦缎袍料和藏式袍服的制造地江南三织造、南京江宁织造博物馆临展的藏袍实物
3	时间：2015-08-27—09-24 地点：四川成都，四川阿坝州马尔康市、红原县，西藏拉萨，西藏林芝、山南地区	西南民族大学民族博物馆藏族藏品、四川红原博钦渤藏艺服制售公司首席技艺人旦真甲师傅的藏袍技艺整理、西藏博物馆藏族服饰藏品、西藏林芝工布服饰古休
4	时间：2015-11-10—29 地点：四川绵阳平武县、阿坝州九寨沟县，西藏拉萨、日喀则	平武县木座藏族乡民族村2组白马藏服实物、九寨沟县勿角乡下勿角村白马山寨白马藏服饰实物、拉萨西藏自治区档案馆藏服饰制度相关文献、日喀则江孜县江孜镇藏族服饰裁剪技艺、日喀则桑珠孜区甲措雄乡夏鲁村氆氇背孩带
5	时间：2016-08-25—09-29 地点：甘肃甘南藏族自治州，西藏拉萨、日喀则、阿里地区，青海西宁	西藏博物馆"叶星生先生私人藏品临展"、日喀则定日县服饰、阿里普兰县服饰、青海省藏文化博物院的藏族服饰展
6	时间：2016-10-27—11-13 地点：四川成都亿家天下藏艺服装制售店	藏族艺人旦真甲师傅的藏袍裁剪和制作过程记录并与师傅探讨藏族服饰结构研究上遇到的一些问题
7	时间：2017-01-15 地点：北京古玩城	拍摄并测量明清宫廷服装收藏家早期赴西藏收集的一批珍贵贵族藏袍

白马藏藏袍的实地调查

图1-14 田野考察实地调研中采取的研究方法

工布藏袍的实地信息采集

普兰藏袍的实地信息采集

图 1-14　田野考察实地调研中采取的研究方法（续）

古法裁剪

制作

整烫

展现

图 1-15 记录藏族艺人旦真甲师傅的织锦藏袍完成过程

表 1-3　实地调查的实物信息表

标本名称	采集地点	所属类型	采集时间
金色立领偏襟男子短上衣	云南迪庆州香格里拉红坡村四村	康巴藏	2009-09-19
紫色镶兽皮饰边男子长袍	云南迪庆州香格里拉红坡村四村	康巴藏	2009-09-19
深红立领偏襟男子短上衣	云南迪庆州香格里拉红坡村四村	康巴藏	2009-09-19
大红男子坎肩	云南迪庆州香格里拉红坡村四村	康巴藏	2009-09-19
黑色男子长袍	云南迪庆州香格里拉红坡村四村	康巴藏	2009-09-19
紫色女子坎肩	云南迪庆州香格里拉红坡村四村	康巴藏	2009-09-19
白色立领偏襟女子长袍	云南迪庆州香格里拉红坡村四村	康巴藏	2009-09-19
黄缎几何纹藏袍	四川阿坝州红原县	康巴藏	2015-09-04
氆氇贯首衣	西藏林芝市巴宜区布久乡朱曲登村	工布藏	2015-09-14
白色麻质立领偏襟男袍	四川绵阳平武县木座乡民族村二组	白马藏	2015-11-13
对襟百褶下裳女袍	四川阿坝州九寨沟县勿角乡下勿角村白马山寨	白马藏	2015-11-15
白色立领偏襟麻质藏袍	四川阿坝州九寨沟县勿角乡下勿角村白马山寨	白马藏	2015-11-15
飞天孔雀服（藏袍+披单）	西藏阿里地区普兰县科加村	阿里	2016-09-17
古老女式藏袍	西藏阿里地区普兰县科加村	阿里	2016-09-17

（三）文献与实物比较研究

清乾隆嘉庆年间（1736—1820 年），许多文人学者兴起了以研究古代文献为主要内容的考据热潮。这些学者用训诂、校勘和资料的收集整理，对古籍的考释、献证和归纳提供新的材料和论据。清代兴起的这种考据之学，后人称之为考据学或乾嘉学派。这种方法弥补了现实和直接文献的不足，也在学术上为"实证研究"提供了有效方法。晚清学者王国维将"考据"和"考古"互证，创立了"二重证据"的研究方法，无疑是对中国"重道轻器"的传统学术生态的重大改变和进步。由此可见，对历史文献进行科学研究在我国古已有之，而且经过许多学者的努力，达到了相当规模并取得了明显的成就。"藏族服饰结构（古法裁剪）"的直接文献几乎为零，这并不意味着文献研究价值和作用的减弱,恰恰相反,非直接文献研究如果有所发现,在学术上就是有开创性的,可以成为直接文献的成果,这正是"二重证据"成为本书研究的主要方法的原因。

藏族服饰结构研究的学术价值:一是其结构谱系的呈现,这本身就是开创性研究,因为无论在世界还是中国服装史学研究中都没有系统的文献成果,作为世界性的"藏学"学术地位,"藏族服饰结构谱系呈现"具有重要的文献价值,但这需要"考物"的系统整理。而其结构背后的文化信息和内涵的研究,需要"考献"的系统整理,通过借鉴现有的国内外历史文献进行系统的研究,解析文献中各个时期藏族社会、藏汉文化交流现象和与之相关的服饰文化特征,结合博物馆标本研究和实地调查获取的一手资料,探究结构特征背后的文化内涵,寻找有关藏族服饰结构形态背后生产、生活的社会动机。国内外对中华传统服饰结构的研究薄弱,没有成体系的成果文献出版,少数民族的文献也呈现零星且分布不匀的状况,对藏族服饰结构的研究成果几乎是空白。因此,要借鉴文化史、民俗、艺术、宗教、社会学、人类学等领域的古籍、专著和论文,结合藏族地方志文献和藏族社会宗教、历史的研究成果,从中寻找藏族服饰结构的文化节点。二是藏族服饰结构形态呈现中华传统服饰"十字型平面结构"多元一体的文化特质,可以说是藏汉文化交流的产物,文献研究早有定论,但还需要实物证据,这个证据的获取就是文献和实物"比较研究"的结果。

藏族在历史上从象雄文明、吐蕃文明到新中国成立后的民族自治都伴随着藏汉文化交流的历史。空间上包括西藏、四川、青海、甘肃、云南在内的所有藏族聚集区,形成了地缘上藏族与汉族、藏族与其他少数民族混居的文化地理区域。在宗教上,从汉代开始佛教就起起伏伏和儒道思想一样影响着中华民族的精神世界。在唐朝几乎成为国教,公元641年文成公主的入藏催生了藏传佛教的形成,并使其得到迅速的发展;在之后的朝代中,以汉传佛教与藏传佛教合力完成了佛教本土化的进程。因此,藏汉文化的比较研究是破解藏族服饰结构形态的一把钥匙。就服饰形态本身而言,比较研究是从横向比较和纵向比较展开的。横向比较是同一时期不同地域甚至是不同民族间的服饰形态比较,这里的跨民族和跨文化比较主要集中在除汉民族以外跟藏族相邻的民族,如蒙古族等。需要特别关注的是藏族服饰形态所具有的区域性和部族识别性特征，通过对同一民族不同区域间服饰的比较，可以总结归纳出各个区域服饰的异同和该民族的服饰特征；而对相邻不同民族间的服饰比较，旨在研究民族间的包容、交流和融合出现的多样性面貌。纵向比较是要靠文献研究整个中国历史背景下藏汉服饰结构的本质特征，任何一个民族的服饰都是历史的产物，是经过不断的学习交流、发展变化沉淀为今天最终的样子。横向实物或许是这种纵向沉淀的遗存，其记录着历史的信息，当这个传统没有断裂的时候，这个信息越古老也越有价值。通过比较研究，梳理整个藏族服饰在不同时期、不同地域下的特征并找到其史料信息，才能为藏族服饰结构谱系的构建提供基础性元素，再通过比较研究（文献和实物相互印证）就不难确立整个中华民族服饰结构谱系中藏族服饰的坐标，而这个民族所独有的服饰结构形态又为中华民族多元一体文化特质提供了实证。

（四）其他

在课题研究中经常会出现意外的灵感去补充或修正既定的方法，如爱因斯坦的"钢琴法"，牛顿、伽利略、居里夫人的"饮食法"等，通常这些被归为"综合方法"或"经验方法"。

赵汀阳在对"天下"这个大命题进行研究时提出了一个"综合文本"的研究方法。他讲到，把所有的研究对象都看成是一个整体，当我们试图去研究这个对象的某些细节时，将其分析为多个方面，如政治的、经济的、美学的、社会的、历史的，等等；将整体事物切分为属于不同学科的多个方面，各个学科都对同一个事物展开研究提出各自的问题。可是，往往一个学科未必能回答自己提出的问题，而需要跨学科去寻找答案。这也对"综合文本"的研究方法做了一个解释，即试图复原事物的完整性，让有关这个事物的各种问题相互提问，让不同学科的知识互相说明。①这就是爱因斯坦的"钢琴"和居里夫人的"饮食"为什么会触发解决问题或发现问题的灵感，因为他们从不相信解决问题只有一种方法。

之所以提到"综合文本"的概念，是因为如果单纯地从一个角度用一种惯常方法去研究藏族服饰结构，这样得出的结论呈片面化或缺乏学术深刻度

① 赵汀阳：《天下的当代性：世界秩序的实践与想象》，中信出版社2016年版，第6页。

的现象是难免的。要尽可能全面地思考问题，运用不同学科领域的不同方法进行综合分析，总会有意外发现。在藏袍标本结构图复原中，普遍存在的单位互补算法，无论如何也不会指引我们去查阅上古文献，因为它充其量是晚清的标本，又处在藏地，怎么可能在上古的汉地古籍中被记载，而这种情况却真实地发生了。在秦简《制衣》中发现了交衺，在《四库全书》经部中发现了交解等，它们都解释了古汉服结构中单位互补算法就是交衺和交解的算法，呈现的结果也是一样的。还有藏袍的深隐式插角结构在先秦楚墓深衣中的小腰结构也有相似的形制。这些都是在各自的研究中联系起来的，其中经验发挥着重要作用。

"经验方法"具有代表性的是扎根理论（grounded theory），它是由两位美国学者巴尼·格拉译（Barney Glaser）和安塞尔姆·施特劳斯（Anselm Strauss）在 1967 年出版的合著《扎根理论的发现》中首次提出的。它并不是一种实体理论，而是一种研究的路径，或者说是一种"方法论"①，与其他路径最大的不同在于它是从经验资料中生成理论，而不只是描述和解释研究现象。利用扎根理论的研究路径，展开传统藏族服饰结构的探讨是后来引发的。由于更古老的藏服标本难以获取或根本就不可能找到（现存最古老的是唐代标本，且学界还有争议），采取理论性抽样的标准，选择近现代或容易获取的部分藏族服饰标本作为研究对象进行溯推，并系统地收集和分析一手资料，从资料中发现、实验和检验理论。特别是应研究现有遗存的物质形态（博物馆标本和实地调查）并真实记录艺人的工作流程。通过收集资料、观察现象、实物分析、访谈调查的经验素材，总结、归纳、分析出藏族服饰物质和非物质的关联。如现代非物质文化技艺传承人的技艺呈现是真实的，就应该与标本形态呈现的相似度极高，否则传承人或标本的真实性就会存疑。

在实际研究过程中，以上研究方法是交叉运用、相辅相成的。选择以标本研究和实地调查为线索考证、文献研究为辅，或用实物的研究成果追溯，正是藏族服饰结构研究所采用的研究方法，文献考证成为本立理论突破的关键。

---

① Corbin J., Strauss A., *Basics of Grounded Theory: Techniques and Procedures for Developing Grounded Theory*, Thousand Oaks：Sage, 2014, p.6.

五、问题和发现

选择藏族服饰结构研究无论是学术上还是体力上都是个挑战，总之是困难和发现并存。

最大的问题是参考文献不足。藏族服饰技艺的传承都是靠口传心授，没有用文字或结构图记录，因此对藏族服饰结构的研究和图谱的呈现，可以说是一项文献化建设的开创性工作，必须从零开始，每一种典型服饰标本都需要进行相关信息的记录和结构图复原，从而需要在基础性研究方面耗费大量的时间和精力。

其次是标本的局限性。虽然北京服装学院民族服饰博物馆的藏族服饰藏品为本书研究提供了得天独厚的实物样本，但是对于建立藏族服饰结构谱系而言还是有些不足，需要在非专题博物馆和实地调查过程中进行补充，而客观上是无法预期的，如非专题博物馆有关藏族服饰藏品的等级和系统性都非常有限，最大的问题还是因管理机制而无法近距离研究它们。实地调查也困难重重，藏族聚集区多是高寒的地貌，很多地区至今交通仍不便利，再加上语言上的障碍，给实地调查带来很大的难度。所以尽管数次进藏，做了很大努力补充了一些典型藏族服饰样本，但由于一些客观原因还是不能涵盖所有的藏族聚集区，留下了一些遗憾，有待在今后的研究中继续完善。这或许就是学术探索的魅力所在，抢救传统、敬畏传统的意义也在于此。

再者是文物的局限性。本书所涉及的藏族服饰实物样本以近现代居多，最早的为晚清，古代标本存在空缺。因近距离的数据采集和结构复原对古代纺织品来说有一定的破坏性，故受文物保护政策抑或是以此为由而出现很多合作研究的限制，给本书深入细致的古代标本研究带来一定的局限。那些拥有大量珍贵藏族服饰藏品的博物馆、文化机构多不提供研究、合作的机会，甚至连专项参观都成了问题。两次专项参观西藏博物馆都未成功，由此倒逼研究方法的创新，如"综合文本"和"扎根理论"的综合运用却有成效。

  国内外的藏族服饰研究多是停留在文化、宗教、艺术等形而上的研究，出版的专著也以图录为主，鲜有对藏族服饰进行结构探究的实证研究，这也是本书在研究方法上进行的探索尝试，以期填补实证研究的不足。这种开创性工作的回报就是学术发现和"谱系理论"建构的可能。

  第一，在内容上试图建立系统的藏族服饰结构谱系，探索藏族服饰结构在中华民族服饰"十字型平面结构"系统中的坐标，并根据结构形制对藏族服饰类型进行新的划分，区别以往根据方言或行政区域的划分方法，这为从整个藏文化的角度考释中华多元一体的文化特质提供了服饰的实物证据。

  第二，标本和文献研究的互证有所突破。藏族服饰结构相关古籍文献记录几乎为零，特别在藏地文献中尤为如此。在研究过程中通过标本结构复原研究得到藏袍结构普遍存在的单位互补算法技艺，却没有任何文献线索。在对汉地古文献和古代汉族服饰结构研究中发现这种技艺虽古老却很鲜见，重要突破的是在对北大旧藏秦简《制衣》中的交裔和《四库全书》经部中的交解、交裂、交输的研究中得到了双重印证。这种术规算法就是在清末汉满服饰结构中也以变异的形式存在着，如"布幅决定结构形制"和袍服补角摆的普遍运用都是单位互补算法节俭思想的体现,但它的异化带来的是失传印象,藏袍结构单位互补法的发现说明这种节俭术规不仅具有深厚的传统,还是整个中华民族的共同记忆。这种标本研究和文献互证的重大发现，为汉藏交流史的研究提供了重要的实物线索。

  第三，藏袍深隐式插角结构是古典藏袍的标志性特征，它与先秦深衣的小腰结构具有相同的功用。这是遗存标本与考古发现、藏汉实物类型比较研究的成果，不仅在中华民族服饰结构谱系中具有特殊意义，亦在人类服饰结构史中或存文献价值。

  第四，通过藏袍标本结构复原的实验与藏袍艺人古法裁剪、制作的过程进行双向互证，一方面证实了对标本实验结果和研究结论的正确性，另一方面说明了藏袍艺人技艺传承的真实性，表现为藏族服饰结构从古至今是代代相传的。

　　第五,本书结合藏族服饰的结构研究,尝试运用 VR 技术进行三维标本建模,它的难点在于将柔性和古老的藏族服饰运用三维虚拟显示技术真实实现可视化。"真实实现"取决于柔性物质信息采集的专业性、科学性和完整性,而这一技术不取决于 VR,而取决于柔性和古老服饰结构的信息采集,这是本书纺织文物"活化"的重要探索方面。古代有机织物的保存是有期限的,而三维虚拟技术可以复原、呈现其结构、面料、色彩、纹样甚至穿着效果,但高科技手段只有融入"柔性专家知识"才能在真正意义上让藏族服饰文化复活。

第 二 章

"十字型平面结构"中华系统的藏族服饰结构谱系

藏族服饰文化是一种特定社会历史阶段下形成并发展的服饰文化，如果从新石器时代开始计算，人类社会在青藏高原至少已经存在了几千年，最新的考古发现证明甚至更久。藏族社会从有史可考的雅隆部落到今天也有 1500 年的文明历史，经历了象雄王国的苯教发展时期、吐蕃王朝军政合一的贵族政治时期、地方领主势力割据的分裂时期，元朝以后至 20 世纪上叶的政教合一封建农奴制时期，再到和平解放以及民族改革以来的社会主义初级阶段时期，不同时代的藏族服饰文化都留下了明显的历史印记。从面料、式样到色彩、图案都发生着重要的变化。一部藏族服饰史，实际上也是一部藏族社会变迁史。

藏族在象雄王国时期就有自己的文字，即西藏最古老的象雄文字；在吐蕃时期又创制了藏文，但却没有关于服饰的记录。清以前的汉文典籍对藏族的记载往往是军政大事，很少涉及民俗方面的内容，对服饰的描述更是寥寥几笔带过。另外，考古发掘的实物资料也十分稀少，图像资料主要集中在吐蕃时期和吐蕃灭亡后的古格王朝时期，其他时期非常零散。所以，要想梳理藏族服饰结构的历史发展脉络绝非易事。基于中华民族传统服饰结构谱系的研究经验和成果①，"十字型平面结构"的中华系统为藏族服饰结构谱系的构

---

① 《中华民族服饰结构图考 汉族编、少数民族编》为国家出版基金项目，2013 年由中国纺织出版社出版，其初步构建的中华民族服饰结构谱系中藏族部分，因为标本有限且不具有主体性，当时基本上呈研究的空白。

建提供了基础参考。

一、关于中华服饰"十字型平面结构"谱系理论的梳理

中华服饰结构谱系理论经历了"十字型整一性平面体结构"命题提出、"十字型平面结构"系统理论发展和中华服饰"十字型平面结构"谱系理论建立的三个阶段,有助于我们理解藏族服饰结构谱系的定义以及对其构建的意义。

(一)"十字型平面结构"理论的形成过程

1. "十字型整一性平面体结构"命题提出

"十字型平面结构"的命题最早在《古典华服结构研究——清末民初典型袍服结构考据》一书中被提出,它是中国传统服装固有的结构形态,就像汉字一样直到今天也没有改变"象形"的基因,一直延续至民国时期改良旗袍和中山装的出现,这种"敬物尚俭"的精神始终承载着深刻的民族文化。在该书中,对"十字型平面结构"解释的全称为"十字型整一性平面体结构",可以说是关于其命题最权威的概念界定。它是相对于西方服装"复杂型分析性立体结构"(也可称之为"适合型多元性立体结构")而言的。[1]

在"十字型整一性平面体结构"这个概念里,"十字型"是指以通袖线(水平)和前后中心线(竖直)为轴线的交叉结构形制。"整一性"是指虽然有分片,但并没有基于立体的分身分袖施省的分割处理,而是呈一种以"布幅决定结构形态"的整一状态。"平面结构"是相对于西方立体结构而言,不追求个性(人体)的彰显,而是崇尚含蓄内敛,掩盖人体,追求儒家思想的宗族礼教。这种儒家思想的宗族礼教表现在"十字型"的竖轴线上,且有浑厚的礼制传统。学界只注意到中国古典建筑总是依遵中轴线的礼法营造,且有充足的典籍和古代技术支持。其实古代服饰也是一样,它被归为"礼部",其"术规"也不是我们所理解的技艺,而是一种制度。《礼记·深衣》:"古者深衣,

---

① 刘瑞璞、邵新艳、马玲等:《古典华服结构研究——清末民初典型袍服结构考据》,光明日报出版社2009年版,第77页。

盖有制度，以应规、矩、绳、权、衡……负绳及踝以应直。"①其中"矩"有矩矱之意，即法度，再就是矩形，相当于一个布幅；"绳"就是两个"矩"（布幅）拼缝的那条直线，所以"负绳及踝以应直"，就相当于古典建筑的那条中轴线，或称"准绳"，服装也一定以此为坐标权衡和经营其他要素。最新考古发现也给出了确凿的证据，北大藏秦简《制衣》记："大衣（最外衣；'小衣'为内衣；'中衣'为在外衣和内衣之间，作者注）……督长三尺……中衣……督长二尺八寸……小衣……督长二尺五寸……"②《说文通训定声》："督，假借为裻，衣之背缝也。"③《说文解字注·衣部》："裻，一曰背缝，《深衣》：负绳及踝。注云：谓裻与后幅相当之缝也……衣与裳正中之缝相接也……今本作督，五经文字引作裻，古多假督为裻。"④其中传递了两个重要信息，一是"中缝"的历史可以追溯到"五经文字"之前；二是督具有准绳作用，是普遍的法则标尺。

这种古典华服结构的形态是建筑于"丝绸文明"基础之上的，而西方服装的结构形态是"羊毛文明"的结果。⑤中国古典服装的结构整一性是重整体轻裁剪的产物。可以说它是用"敬物尚俭"的造物理念对"天人合一"传统哲学的物化诠释。最大限度地使用面料的最好办法就是尽量的保持"物"的完整性，减少或弱化裁剪的过程与技术，这是一种物尽其用朴素节俭美学的制度表达。所以说，连身连袖整齐划一的中国古典服装结构是历史发展的必然。就中华物质文化的特征而言，"十字型整一性平面体结构"的裁剪方法和缝制技巧也是最适合丝、棉、麻等面料的本质表现，亚热带地域给了它足够的环境条件，所以说它是"丝绸文明"最合理的呈现。再者，"十字型整一性平面体结构"包含着中华文化"直观整体"的"中和"哲学。中国传统思想的包容性，将世间万物作为一个整体来看待，强调和

---

① ［清］阮元校刻：《十三经注疏》，中华书局2009年版，第3611—3612页。

② 刘丽：《北大藏秦简〈制衣〉释文注释》，《北京大学学报（哲学社会科学版）》2017年第5期，第59页。

③ ［清］朱骏声撰：《说文通训定声》，武汉古籍书店1983年版，第285页。

④ ［清］段玉裁注：《说文解字注》，上海古籍出版社1988年版，第393页。

⑤ 刘瑞璞、邵新艳、马玲等：《古典华服结构研究——清末民初典型袍服结构考据》，光明日报出版社2009年版，第107页。

谐，努力营造天人合一的生活和精神境界。在形态上保持稳固性和传承性，或许是这一思想的普世表象。因此"十字型整一性平面体结构"既是中华服饰的美学准则，又是与自然和谐共生的客观需要。①

而比较西方服装结构，就西方的传统哲学而言，从一元到多元，从整一性到分析性，从平面到立体，特别是从文艺复兴开始，所追求的是人本主义，彰显个性、提倡"反禁欲主义"的民主思想，由此造就了多元的"分析"结构特征的底色。就西方的物质文化而言，欧洲寒冷的自然气候促使了"羊毛文明"的产生，羊毛易于塑形的特点又催生了"立体结构"，同样西方的"复杂型分析性立体结构"也不能摆脱它所处的"人本"哲学传统。

2. "十字型平面结构"系统理论发展

从先秦开始一直到清末民初，中国古典服装的结构始终保持着"十字型平面结构"没有改变，它们无外乎有两种基本形制：上衣下裳和上下连属深衣制。

对战国江陵马山一号楚墓出土的先秦服饰实物研究发现，先秦服饰无论如何分片拼接，都没有脱离"十字型平面结构"，基本忽略了人体的存在，这为宗族礼制的构建提供了物质条件。马王堆一号汉墓出土的两汉服饰实物，其袍服的结构分片都是以一个布幅宽度作为基础，并始终保持"十字型平面结构"。福建南宋黄昇墓出土的服饰实物说明了宋代服装不仅延续了宽衣大袖的形制特点，"十字型平面结构"的基本形式也被最终定型，并且一直稳定地传承和保持着，影响着后朝后代的服饰形态。到了元代，虽然服装开始出现北方少数民族的特点，但因统治的需要，承汉制一直成为官方政策，出现左右衽共制的局面，合久必分、分久必合的结果仍然没有改变"十字型平面结构"的主体形式，而且元蒙统治使北方少数民族服装结构形态极大地丰富了整个"十字型平面结构"系统。明代服装的主体结构是在元制的基础上对中华古典"十字型平面结构"的回归，并将这个系统推向了顶峰。清代马蹄袖、

---

① 刘瑞璞、邵新艳、马玲等：《古典华服结构研究——清末民初典型袍服结构考据》，光明日报出版社2009年版，第84页。

缺襟袍、四开衩等满族服饰骑射特点开始出现，满汉服饰在"十字型平面结构"系统中实现了一次历史上最大的民族融合，这也正是划时代国服旗袍诞生的历史和文化选择。

清末民初对于中国古典服饰结构发展史来说是一个重要的历史时期，因为这个时候西方的立体结构开始冲击着传统的"十字型平面结构"系统，中国传统的男装、女装都发生了巨大的变化。20世纪初出现的中山装和改良旗袍，20世纪50年代从改良旗袍蜕变为现代旗袍，从结构上彻底颠覆了"十字型平面结构"系统的传统模式，走向了中国式的多元立体结构。而催生这种辉煌的"俭以养德"思想如影随形，甚至出自节俭的动机。

3. 中华服饰"十字型平面结构"谱系理论建立

"中华服饰结构谱系"是在《中华服饰结构图考》一书中初步建立的，通过对汉族和少数民族服饰标本结构进行系统的数据采集、测绘和结构图复原，建立了完整的中华服饰结构谱系。虽然整个谱系由汉族和少数民族两个系统组成，但是两者都没有脱离中华服饰"十字型平面结构"的共同基因。如西南少数民族的贯首衣、北方少数民族的袍服在这一主体形态下，还表现出它们的地域性和族属特点，如左衽形制、整裁整用结构等，再次证明了中华服饰结构的共同文脉。也正是在研究"中华服饰结构谱系"的过程中，才得以发现藏族服饰的特殊性和重要地位，为本书的深入研究提供了一个契机。

（二）藏族服饰结构谱系与中华服饰结构谱系

藏族服饰结构谱系属于整个中华民族服饰结构谱系的一支。谱系，在权威词典上有两种解释，一层意思是指家谱上的系统，对应的英文解释为pedigree、family tree、table or list of a person's ancestors；另一层意思是引申到一个宏观概念，泛指事物发展变化的系统，对应的英文释义为system of the development of things。此词所处的语境不同，释义也相差甚远，除了上述的两层意思外，谱系还是一种分析方法①，这层意思已经上升到哲学的层面，属于"谱系学"的范畴②。

　　将谱系与藏族服饰结构组合起来更接近第三种，其意义有以下几点。第一，旨在建立一个藏族服饰结构发展变化的系统。藏族服饰结构发展变化有两条路径，一个是随着历史的推进，藏族所处的自然环境、宗教文化以及相应的生产生活方式发生着改变，使得藏族服饰的原材料、制作技艺水平和服饰中所体现的制作者和穿着者的思想也发生了很大的变化。直至后期稳定下来并得到了很好的传承，这也就形成了变化路径的另外一条路径，即藏族服饰发展到一定阶段稳定下来后，在同一时期由于不同地理区域、不同自然环境和历史风俗文化形成的不同服饰结构特点。这两条路径也是建立藏族服饰结构谱系的两个重要指标。第二，藏族服饰结构在中华民族服饰结构谱系中的价值和地位，以系统的形态特征呈现多元一体的藏汉服饰结构关系的谱系。第三，结合汉藏历史的文献研究揭示藏族服饰结构的"物脉"理论，确立汉藏文化交流发展的（服饰）物质形态的文献系统。比较汉族服饰结构谱系与藏族服饰结构谱系可知，虽然时间不同，但都保持着"十字型平面结构"中华系统，这正说明现代遗存的藏族服饰仍在延续和继承着中华传统；同时表现出明显的地域性和族属性，如汉袍的"两开身"、藏袍的"三开身"。第四，最具学术价值之处在于它承载了中华历史中在汉地消失的最古老的制衣术规交裹、小腰。因此，藏族服饰结构谱系不仅丰富了中华民族服饰结构谱系，还揭示了这种文化的深刻性和多元性（表 2-1、表 2-2）。

---

　　① 当谱系被看作一种分析方法时，谱系学就是一种生命政治的解剖术，一种微观权力的光谱分析，一种现代社会规训权力和治理术的发展史。谱系的分析方法，贯穿于福柯晚年的《规训与惩罚》《性经验史》以及治理术研究中的基本方法。可以说，福柯成熟时期的思想，其主要分析方法就是"权力谱系学"的方法。福柯晚年以"权力—知识—身体"三角关系的谱系学分析，取代了其早年的"知识考古学"的方法。

　　② 在哲学体系中，谱系的概念来自尼采《道德的谱系》（*On the Genealogy of Morality*），也是法国哲学家福柯哲学的核心概念之一。谱系不仅仅是一种分析方法，还是一种深刻的哲学观点，一种基于尼采权利意志之上的哲学。在尼采和福柯看来，谱系学的思想与生命的本能和欲望、权利的意志与关系以及对身体惩罚的政治密不可分。

表 2-1　中国古代服饰结构谱系

标本名称	外观图	结构分解图
战国·小菱形纹锦面绵袍（上衣下裳制）		
汉·直裾袍服（上衣下裳制）		
宋·素纱单衫（通袍制）		

续表

标本名称	外观图	结构分解图
明·盘领大袖袍服（通袍制）		
清·灰蓝织金龙缂丝云纹蟒袍（通袍制）		
民国·男装棉袍（通袍制）		

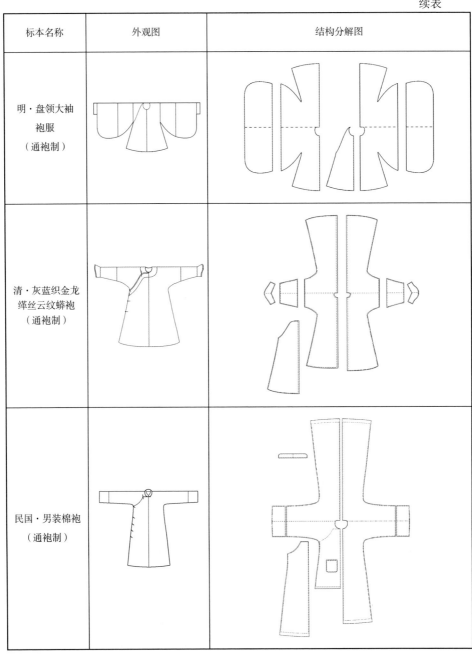

资料来源：《中华民族服饰图考 汉族编》

表 2-2 藏族服饰结构谱系

标本名称	外观图	结构图
林芝工布 古休		
氆氇镶水獭 皮饰边藏袍	 两拼	

标本名称	外观图	结构图
氆氇镶豹皮水獭皮饰边羊皮内里藏袍	三拼	
黄色提花绸长袖袍服	独幅	

续表

标本名称	外观图	结构图
黄缎交领喇嘛长袍	独幅	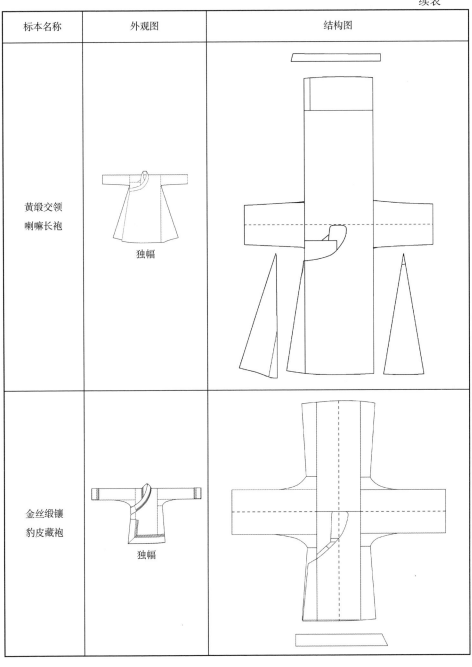
金丝缎镶豹皮藏袍	独幅	

标本名称	外观图	结构图
棕色氆氇 交领藏袍	两拼	
黑色斜纹棉布 交领藏袍	独幅	

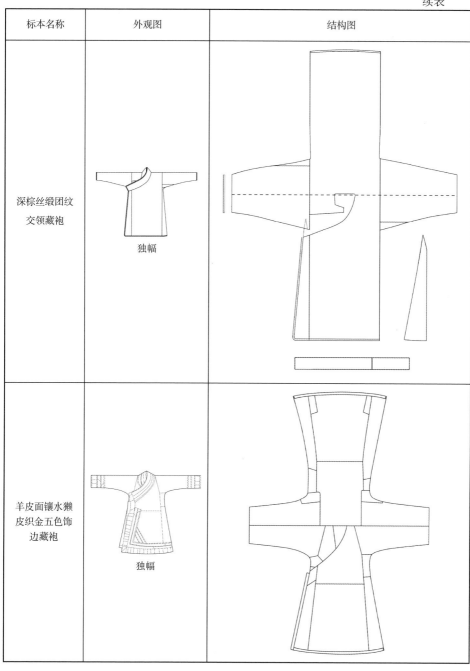

标本名称	外观图	结构图
深棕丝缎团纹交领藏袍	独幅	
羊皮面镶水獭皮织金五色饰边藏袍	独幅	

标本名称	外观图	结构图
织金锦镶水獭皮饰边藏袍	独幅	
氆氇镶虎皮饰边藏袍	两拼	

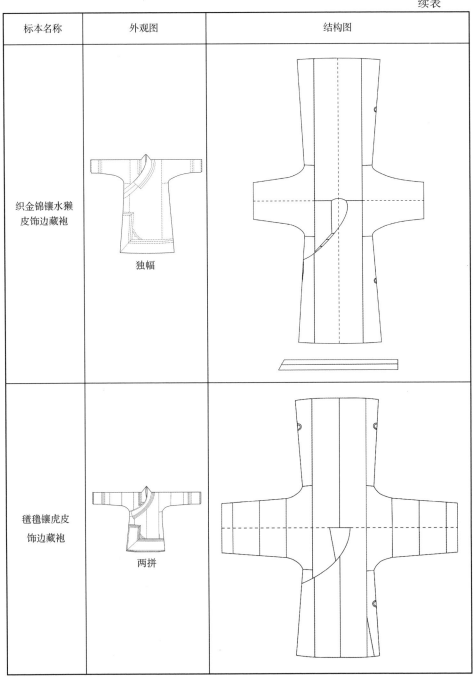

标本名称	外观图	结构图
蓝色几何纹 提花绸藏袍	独幅	
白色麻质立领 偏襟藏袍	两拼	

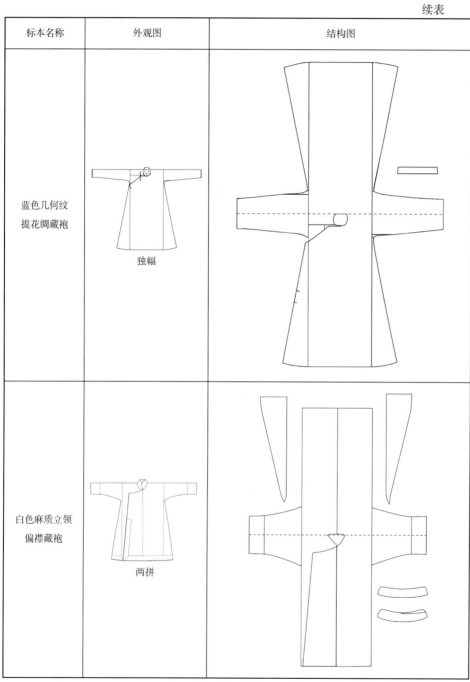

续表

标本名称	外观图	结构图
曲巴普美	独幅	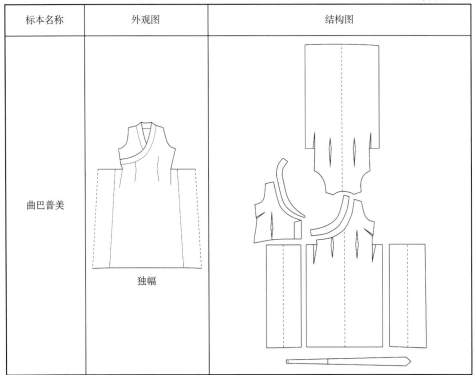

二、藏族服饰材质发展变化的结构系统

藏族先民是以狩猎放牧为生的，所以动物皮毛是最早的藏族服饰材料之一。丰富的动物资源为西藏服饰的发展提供了得天独厚的物质基础。从古至今，牛羊与藏族人的衣食住行结下了不解之缘，羊皮袍已成为藏族服饰游牧文化的标志。

纺织业的发展使西藏服饰开始有了农牧区域之分，氆氇很快成为农区和雅鲁藏布江流域服饰文化的象征。随着藏传佛教的兴盛，以及西藏与域外经济文化的频繁交流，汉文化对西藏服饰的发展有至关重要的影响。唐蕃联姻促进了西藏在政治、经济、文化方面的迅速发展，丝绸锦缎布匹开始大量流入西藏，很快在西藏上层社会流行，并在本土服饰中占据了重要位置，不同

材料的服饰往往标志着主人不同的社会阶层，时至今日人们仍以锦缎作为富贵的标志。材料的不同，由材料本身特性（如布幅的宽窄、兽皮面料的大小等）限制导致相应的服饰结构和工艺也有差异。所以，服饰材料的发展史也是一部西藏服饰结构的演变史。

（一）藏制皮袍形成的社会因素与标本结构

1. 皮袍，游牧生活的衍生品

新石器时代，人类开始定居下来，依据西藏的几处新石器时代遗址发现的各种动物遗骨和大量粟米来推断，当时在这里已有了较发达的农耕文明，同时是与传统的畜牧相补充的。[①]或许西藏史前就已经有了牧区、农区和农牧区混合的区域分布，从遗址中发现的动物遗骨来看，当时并不是以游牧为主，人们猎获的动物包括狐狸、鹿、羊等，食用其肉，用其骨头制作工具骨针、骨角锥等[②]，用其皮毛制作衣物，早期可能各种兽皮服装都有，但今天很难看到鹿皮袍。后来，皮毛广泛用于他们的生活器具与藏族传统的游牧生活有关，广袤无垠的青藏高原决定了长途跋涉的游牧特点，这就要求他们所有的物品都必须结实耐用和便于携带。穿戴的皮毛服饰原料大多直接来源于他们饲养的牛、羊等，这种皮毛获取容易，既防寒保暖又易于穿着者迁徙。

据汉地文献记载，早在吐蕃时期兽皮制成的服饰就已经成为西藏的标志性服饰了，被称为"裘服"。贵族和富有者还会用名贵的动物皮毛如水獭皮等来缝制衣服。《旧唐书·吐蕃传》中记载："又有天鼠[③]，壮如雀鼠，其大如猫，皮可为裘。"[④]《新唐书·吐蕃传》也有类似的描述："其兽，牦牛、

---

① 童恩正、冷健：《西藏昌都卡若新石器时代遗址的发掘及其相关问题》，《民族研究》1983年第1期，第55页。

② 出土的骨器制作细致，其中包括骨锥、针、斧、抿子、刀梗、印模骨具等，最小的骨针仅长2.4cm，连针鼻也完整无缺。见童恩正、冷健：《西藏昌都卡若新石器时代遗址的发掘及其相关问题》，《民族研究》1983年第1期，第55页。

③ 天鼠，即我们今天所说的蝙蝠。

④ [后晋]刘昫，[宋]欧阳修撰修：《两唐书吐蕃传译注》，罗广武译注，中国藏学出版社2014年版，第5、130页。

名马、犬、羊、彘，天鼠之皮可为裘……"①吐蕃简牍有关衣物文书的记载：
"交付哲蓂悉腊衣着，汉地织成披风一件、白山羊皮披风一件、羚羊皮短披
肩两件、锦缎裘袍一件、羚羊皮上衣一件……"②从这些文献描述中可以看
出，裘服为当时很常见的服饰类别，而将天鼠之物作为服装的原材料在现
代看来十分罕见，发展到后来是用裘皮做里、锦缎做面的双层服饰，成为
了当时贵族冬装的标志。在季节区分上，裘服主要在冬季穿着，吐蕃大臣
仲琮曾说吐蕃是"居寒露之野，物产寡薄，乌海之阴，盛夏积雪，暑毻冬
裘"③，可对此窥见一斑。

兽皮除了日常生活之用还被用于官家的奖惩之物。松赞干布在统一吐蕃
之后着手建立了吐蕃社会的管理体制和法律条文，合称为"吐蕃基础三十六
制"④。其中有六种标志，身着虎皮战袍是震慑敌人英雄相的标志。在为了表
彰对国家建设、戍边御敌等成绩卓著的勇士颁布的六种功章制度中，根据成
绩大小可分为六种：虎皮褂、虎皮裙、大麻袍、小麻袍、虎皮袍和豹皮袍。⑤
对于屈膝投降或者放任失职等无主见的懦夫，则会将狐狸尾巴套在他的头上
进行谴责，以示惩罚。⑥

由于西藏文化史并不存在断层，即使在"文化大革命"期间，西藏的
宗教和民族政策也被有效地保护着。文献中记载的情况，在存世的古老兽
皮藏袍中可以找到，在现在的藏族聚集区尤其是牧区也依然被广泛使用。
分布于国内外的各大博物馆或者私人收藏家手中的标本就更加丰富，且具
有研究价值。美国新泽西州纽瓦克博物馆于 1911 年开始收藏藏族艺术品，

---

① ［后晋］刘昫，［宋］欧阳修撰修：《两唐书吐蕃传译注》，罗广武译注，中国藏学出版社
2014年版，第178、256页。

② 王尧、陈践：《吐蕃简牍综录》，文物出版社1985年版，第41页。

③ ［后晋］刘昫，［宋］欧阳修撰修：《两唐书吐蕃传译注》，罗广武译注，中国藏学出版社
2014年版，第186、260页。

④ 基础三十六制包括六大法典、六大政治制度、六级褒奖、六种标志、六种诰身、六种
勇饰。

⑤ 恰白·次旦平措、诺章·吴坚、平措次仁：《西藏简明通史》，五洲传播出版社2012年
版，第28页。

⑥ 属于六大法典中伦常道德法的三大谴责部分。见恰白·次旦平措、诺章·吴坚、平措
次仁：《西藏简明通史》，五洲传播出版社2012年版，第24页。

先后从美国传教士手中购得大量藏族艺术品，其中包括服装和饰品①，最有特色的要数鹿皮制藏袍了，均为 20 世纪 30 年代以前收集于甘肃省甘南拉卜楞地区，这种材质的早期兽皮袍在其他地方并不多见，典型的有三件，两件男袍一件女袍②（图 2-1）。男袍较短，系住腰带后及膝左右，其中一件仅有一层鹿皮，奶油色的光面朝外，下摆和侧边都用豹皮和水獭皮镶边；而另外一件用鹿皮做里（毛朝内）、棉布做面，领口镶十字纹样的氆氇饰边，袖口、下摆和侧边等处也有水獭皮镶边，此件鹿皮男袍还可以参照大约同一时期于安多地区拍摄的场景照片③（图 2-2）。但由于图片资料的久远，并不能获取结构的细节，还需要参照可供近距离接触的实物标本。因此，对古老的典型羊皮袍实物样本进行系统的信息采集，特别是对兽皮藏袍的结构进行解析成为研究的关键。

图 2-1　20 世纪鹿皮藏袍

图片来源：维尔瑞雷·诺兹撰：《鲜为人知的世界：藏族服饰和织物》，见熊文彬译《西藏艺术：
1981—1997 年 ORIENTATIONS 文萃》，文物出版社 2012 年版，第 8—11 页

　　① 红音：《美国纽约及附近地区博物馆馆藏藏族艺术品介绍贰》，《西南民族大学学报（人文社会科学版）》2009 年第 4 期，封 2、封 3。

　　② 熊文彬译：《西藏艺术：1981—1997 年 ORIENTATIONS 文萃》，文物出版社 2012 年版，第 8—9 页。

　　③ 熊文彬译：《西藏艺术：1981—1997 年 ORIENTATIONS 文萃》，文物出版社 2012 年版，第 10 页。

图 2-2　20 世纪着华丽皮袍的西藏贵族

图片来源：维尔瑞雷·诺兹撰：《鲜为人知的世界：藏族服饰和织物》，见熊文彬译《西藏艺术：
1981—1997 年 ORIENTATIONS 文萃》，文物出版社 2012 年版，第 10 页

2. 皮袍样本的结构分析

在藏族群众的日常生活中，藏袍因季节的不同，有单、夹、棉、裘之分。夏季穿单、夹衣裤和藏靴；冬季常着羊羔皮袍、老羊皮袍、皮裤，脚穿皮质的藏靴，是牧区藏族皮袍的标志性装备。[①]但在今天的藏族聚集区很难见到鹿皮藏袍，博物馆藏标本也难得一见。北京服装学院民族服饰博物馆馆藏编号为 MFB005991 的标本采用羊皮面镶水獭皮和金丝缎饰边，为牧区典型的藏袍。旧西藏统治阶层对民众着装规定十分严格，唯有上层土司、头人的绸缎藏袍上才可以绣精美的图案，平民百姓通常只能穿自己加工的氆氇和普通布料衣服或无装饰物的老羊皮袍，可见皮袍装饰物的多寡表明了社会地位的高低。因此，该标本在羔羊皮面用华丽的水獭皮和金丝缎缘饰明显表现出贵族皮袍的风貌（图 2-3）。

羊皮在古老的高寒民族传统服饰中运用得十分广泛，可以视为我国高寒民族原始服饰形态的共同特征，如彝族和羌族的羊皮褂、纳西族的羊皮披肩至今还在使用，在西藏西部的阿里地区普兰县也将羊皮制成披单作为重大节庆时的盛装标志性搭配，可见皮衣的族属护身符意味明显（图 2-4）。新疆吐

---

① 多吉·彭措：《康巴藏族服饰》，《中国西部》2000年第4期，第110—117页。

鲁番苏贝希墓出土的早期铁器时代（春秋战国时期）女性羊皮袍也证明了羊皮在西北高寒地区服装中使用之早，至少可以追溯到2200多年前。[①]北京服装学院民族服饰博物馆藏羊皮面镶水獭皮织金五色饰边藏袍（以下简称羊皮水獭藏袍）标本征集于四川甘孜州石渠县，属于康巴藏袍的典型代表。它虽然被认定为民国时期的样本，但至少说明两点，一是今天藏族羊皮袍比其他高寒民族保存的更完备；二是从现如今藏族群众还普遍使用的状况看，其保持了完整性和原生态，这对研究它古老的历史信息具有重要的学术价值，采集它的结构信息便是这一切工作的基础。

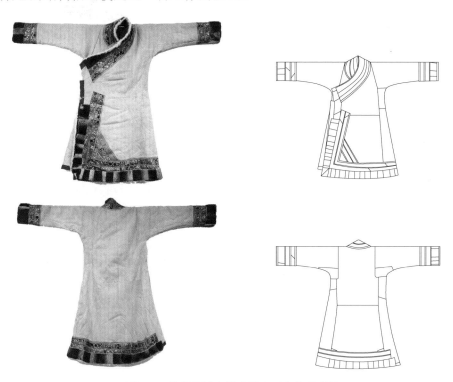

图 2-3 羊皮面镶水獭皮织金五色饰边藏袍

---

① 黄能福、陈娟娟、黄钢编著：《服饰中华——中华服饰七千年》，清华大学出版社2013年版，第80页。具体发掘报告参见新疆文物考古研究所、吐鲁番博物馆：《新疆鄯善县苏贝希遗址及墓地》，《考古》2002年第6期，第42—57页。从苏贝希遗址中清理出来的毛皮制品保存完好，结合碳十四测年数据，推断其年代为公元前5至前3世纪。

<table>
<tr><td>羌族羊皮褂</td><td>纳西族羊皮披肩</td><td>阿里地区普兰县科迦村藏族盛装</td></tr>
</table>

羌族羊皮褂　　　　　　　　纳西族羊皮披肩　　　　阿里地区普兰县科迦村藏族盛装

图片来源：北京服装学院民族服饰博物馆藏　　　　　图片来源：2016 年作者摄

图 2-4　不同民族的羊皮服饰制品

　　对羊皮水獭藏袍结构的系统研究，将首次揭开古老藏制皮袍形制的面纱。

　　该羊皮水獭藏袍为藏制皮袍标志性样本，对其结构的系统研究具有指标性意义。其形制为交领，右衽大襟，领缘、袖缘和摆缘镶有水獭皮和红、蓝、绿、白加金丝缎饰边。皮袍所有边缘均缝合上了 3cm 宽带有白色卷曲羊毛的羊皮条，并用嵌条隔开。羊毛外露在藏袍的边缘，与红色毛毡饰条和水獭皮饰边相得益彰。袖子与衣身拼接处加有嵌条[①]（图 2-5）。嵌条在标本缘饰中被普遍使用，这是古典藏制皮袍的典型工艺，这种工艺可以从传统华服工艺中寻觅到类似的踪迹，能够明显看出汉族文化的影响和得到很好保护的状态。羊皮袍质地厚实，十分沉重，两只袖子因藏族的穿着习惯会经常悬垂于腰间，长期的垂坠会导致袖子与衣身的拼缝开裂，皮袍缘饰普遍采用嵌条是为了加固，起到延长寿命和保护的作用，在藏族群众看来皮袍就是他们的"固定资产"。由于羊皮的形状不规则和皮张的限制，导致制成的羊皮袍出现多处的不规则拼接，但"表整里碎"的尊卑原则是不会违背的，这在实物测绘完成的外观线描图中有清晰的呈现（图 2-3、图 2-6）。

————————————

　　① 嵌条：在两块面料拼接之处添加的小饰条，起到支撑和美化的作用。

图 2-5 羊皮水獭藏袍缘饰嵌条工艺细节

图 2-6 羊皮水獭藏袍里襟的拼接情况

皮袍结构形态是由皮张特点决定的,有限和不规则的羊皮面料造成了大量不对称的拼接，但是仍然没有脱离三开身藏袍结构特征的中华"十字型平面结构"系统。此标本是北京服装学院民族服饰博物馆馆藏所有藏袍中唯一的一件革面皮袍，可以很清晰地观察到羊皮拼接的情况。为了获得系统的结构信息，标本测绘按照从里到外、从主到次的测绘原则和流程进行，由于该标本没有衬里，故测绘内容只涉及皮料的主结构和饰边结构。

标本主结构包括衣身前后片、袖片和领子。由于皮张的限制，前后衣身和袖片在肩的横轴线位置均采用分裁，这是在织物藏袍结构中是不会出现的。标本前后衣长约 147.8cm，通袖长 216.2cm，左右袖袖口约 21.5cm，左右袖在袖中线处拼接，腋下部位均采用"碎拼"方式，这既有皮张限制的原因又能看出藏袍承古法裁剪的痕迹。前身大襟由 6 片羊皮面料组成，中间和两侧均为上下两片，且中间面积大、两侧面积小；整个大襟上部宽度为 69.1cm，前摆阔 107cm，呈由上而下逐渐加大的 A 形趋势。左右侧片为前后分离，未采用传统的前后连属侧片形制，这与皮张的限制有关。后衣身由 8 片构成，基本与大襟的拼接方法类似，保证中间的上下两片居中而不产生中缝，只是在下面一片靠近底摆处比前片多出两片大小形状类似的左右对称拼片，后片左右袖的腋下两片已延伸至衣身，成为袖子与衣身共用的部分。后片摆阔为 112.5cm，比前片大襟摆阔大 5.5cm；里襟衣长 139.1cm，比外面的大襟短 8.7cm（图 2-7）。整个里襟衣身部分由 8 块大小不同形状各异的羊皮拼接而成，从里面羊毛的不同颜色可以看出，它们是来自羊身上不同的部位甚至是几只羊，靠近右侧缝最下方的一小块拼接与后片的 3cm 羊皮条是连裁的，其余左侧缝处的前后片都是分开的。领子由 5 块羊皮拼接而成，上领线总长约 173.5cm，下领线总长 174.7cm；由于领子不是规则的长条形，领宽不均匀，最宽处达到 15cm，最窄处只有 10cm（图 2-7b）。将标本前后片、里襟和领子的结构做分解图复原，仍然符合"前整后碎外整内碎"的分布原则，面积较大、形状较规整的羊皮尽量设计在前后片的中间重要位置，前袖和前片的结构较之后袖和后片更为规整，里襟隐藏在内所以零散皮料较多地分布在里襟，以得到充分的利用。领子几乎完全被外面的水獭皮和织锦饰边覆盖，所以也同样存在多处不规则的拼接。整张羊皮制成皮张就是不规则的形状，从主结构分解图中看，虽然它们大小形态各异，但分布的位置都是根据"各司其用"的原则展开的，可谓是藏袍"物尽其用"的范本。

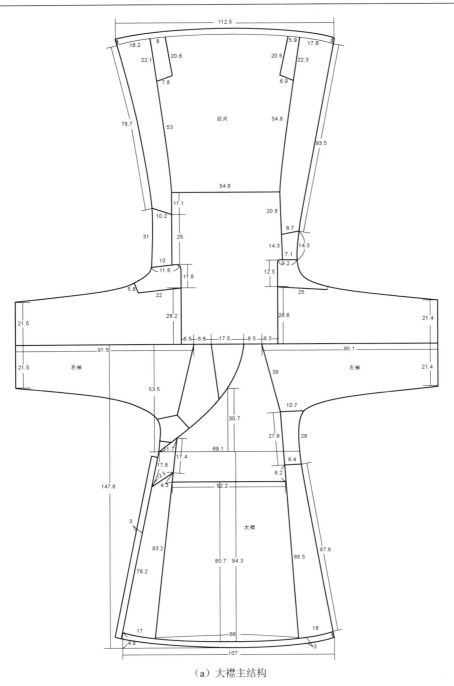

（a）大襟主结构

图 2-7 羊皮水獭藏袍主结构测绘与复原（此类结构图的单位均为 cm）

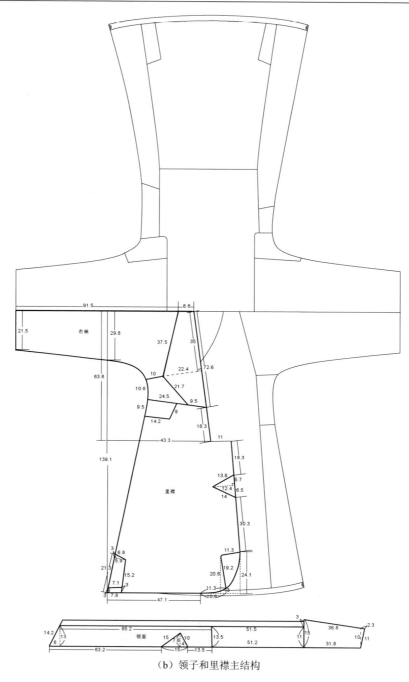

（b）领子和里襟主结构

图 2-7 羊皮水獭藏袍主结构测绘与复原（续）

　　值得注意的是，如果对比织物藏袍的结构分析，还有一个重要的发现，看似无序的皮料裁剪，事实上如果根据藏袍古法裁剪形成的形制规范，将皮袍标本做保留主结构线的规整化处理，仍然可以还原传统藏袍标志性的"三开身"结构形制（图 2-8、图 2-9）。与主流的织物藏袍结构形制如出一辙。可见，在中华民族多元文化中，藏文化强调对本民族传统的坚守和敬畏，再次从这件皮袍标本所承载的"人以物为尺度"这种敬物尚俭的朴素美学精神中得到深刻的诠释。

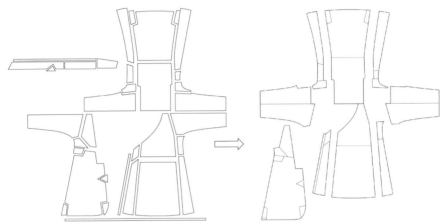

图 2-8　羊皮水獭藏袍主结构分解图与规整化处理后的"三开身"结构

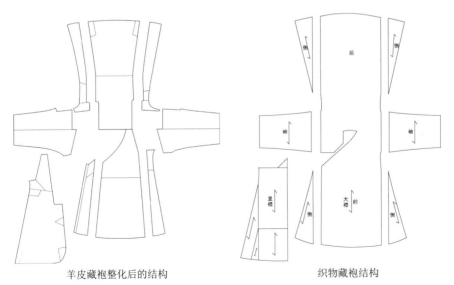

羊皮藏袍整化后的结构　　　　　　　　　织物藏袍结构

图 2-9　羊皮水獭藏袍主结构规整化处理与织物藏袍的"三开身"结构形制如出一辙

（二）氆氇藏袍形成的社会因素与标本结构

1. 藏族聚集区纺织技术与兽皮+氆氇藏袍

西藏自古不产棉麻，又难以养蚕种桑，制作织物的原材料只有源于动物皮毛。氆氇是一种手工粗纺羊毛织品，用古老的木梭织机织成，相传已有2000多年的历史。虽然在藏地吐蕃时期的文献中没有直接有关氆氇织造方面的记载，但在《新唐书·吐蕃传》中已有关于褐、素褐和毡韦的明确记载。公元821年，唐朝大理卿刘元鼎作为会盟使，在山南琼结的营帐里会见了藏王热巴坚，亲眼看到赞普"以黄金饰蛟螭虎豹，身披素褐，结朝霞帽首，佩金镂剑"[①]。根据《辞海》解释，"褐"是兽毛制成的粗糙毛布，联系到松赞干布"自襤毡鬣"的"鬣"，也解释为一种毛织品。据学者廖东凡推断，吐蕃已经有了粗制毛织品的证明[②]，可见在吐蕃王朝时期氆氇纺织已很普遍。到了元代，氆氇已作为贡品传入中原，说明它在藏族群众心目中就像汉人的丝绸一样珍贵。而在汉地文献中以"氆氇"称谓较早的记载是在明代，在宋应星的《天工开物》中提到"机织、羊种皆彼时归夷传来，故至今织工皆其族类……其氍毹、氆氇等名称，皆华夷各方语所命"[③]。可见，氆氇作为织物在吐蕃王朝之前就已出现，只是称谓不同，或许从称谓的不同可以推断氆氇产生、发展和定型的过程。

在氆氇还未彻底普及的时候，出现了兽皮与氆氇共制的情况，其特征表现为将两种材料结合于一件藏袍之中，这可以说是从原始皮袍到氆氇藏袍纺织文明发展的实证。研究这样的标本具有重要的史学意义和文献价值。氆氇镶豹皮水獭皮饰边羊皮内里藏袍标本（以下简称氆氇羊皮藏袍）征集于青海省藏族地区，为北京服装学院民族服饰博物馆藏品，编号为MFB004734，属于20世纪初的传世品。标本采用羊皮为里、氆氇为面的独特工艺，领缘镶豹皮，摆缘镶水獭皮饰边，这种氆氇配多种兽皮组合形制是藏族牧区冬袍的标

---

① 四川大学中国藏学研究所主编：《藏学学刊 第3辑 吐蕃与丝绸之路研究专辑》，四川大学出版社2007年版，第80页。

② 廖东凡：《西藏何时有了氆氇》，《西藏民俗》2003年第4期，第28页。

③〔明〕宋应星：《天工开物译注》，潘吉星译注，上海古籍出版社2008年版，第115—116页。

志类型,在多种兽皮组合中采用氆氇做面,说明它是从皮袍进化而来的,只有高寒地区才会需要如此厚重的袍服来抵御极端的低温气候。此标本的用料集羊皮、豹皮、水獭皮三种兽皮于一身(或存制度上的考虑),是皮质藏袍到织物藏袍过渡时期的标志性样本[①],集中地反映了藏族人民从游牧到农业的生产生活方式转变的物质文明,氆氇藏袍一种新的结构形态也就诞生了,这种结构或许与不规则和有限的皮张形态有关。

2. 氆氇羊皮藏袍样本的结构分析

氆氇羊皮藏袍为交领,右衽大襟,根据长袖短摆的形制特点判断为男袍(女袍与此相反)。面料为绛红色氆氇,里料为羊皮,领部缝缀有一整块豹皮作为边饰,由于年代久远,皮质已经硬化,严重风干,抑或是因为当时青海地区的熟皮技术十分有限,具体原因现不得而知。该样本兽皮品种多,加工和使用较为原始,随意性强,结构信息采集困难,因此需分别对氆氇结构和兽皮饰边结构进行采集(图2-10)。豹皮皮张几乎没有被分解,保持了最大的完整性和使用度,从豹皮领饰的两端均出现豹子的趾骨可以判定,饰边采用了豹皮皮张展开后横向的最大长度(图2-11)。标本是北京服装学院民族服饰博物馆所有藏袍藏品里唯一一件有夹层领饰的藏袍,外层为豹皮饰边,接着有一层典型的十字纹氆氇饰条[②],夹在豹皮与本料氆氇领面之间。藏袍的襟缘和摆缘镶有水獭皮饰边(图2-12),从多处水獭皮饰边出现水獭眼睛的孔洞可以推断,一件藏袍饰边会用到多条水獭皮。由于水獭的体型不大,在饰边中才会出现大量不规则的拼接,受水獭皮皮张的尺寸、形状所限和稀有性,外形并不追求规整,强调物尽其用。摆缘的水獭皮饰边从前摆一直延续到里襟,并呈逐渐变窄之势,外宽内窄也是兽皮饰边节俭意识的体现(图2-13、图2-14)。标本是手工氆氇幅宽偏窄的藏袍,采用三片拼接衣身的结构,而不是通常氆氇藏袍的两片拼接,说明它是一

---

① 标志性样本:对藏袍材料的使用情况加以研究,藏族服饰文明史可见一斑。即皮袍为原始藏袍,氆氇皮为过渡藏袍,氆氇袍为定型藏袍,织锦袍为现代高档藏袍。

② 氆氇有十字纹的信息说明是具有原始苯教因素的藏传佛教袍服。这一方面证实了它的真实性,另一方面表明它有偏僻藏族聚集区的宗教特点。

种更原始的窄幅氆氇藏袍[①]。

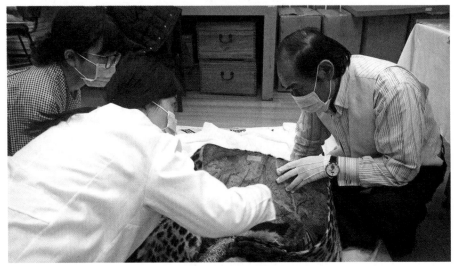

图 2-10　氆氇羊皮藏袍分材料信息采集

图 2-11　氆氇羊皮藏袍和里襟领缘豹皮兽爪饰边细节

---

① 随着氆氇织机的完善和生产效率的提高，氆氇幅宽从约20cm发展到约30cm，且被固定下来。虽然幅宽的定型时间无从可考，但有一点是可以确信的，窄幅氆氇总是比宽幅历史更早，所以就有了"三拼身"和"二拼身"的区别，这也成为判断氆氇藏袍历史和生产力的重要依据。

图 2-12 氆氇羊皮藏袍和里襟领缘夹层十字纹氆氇、摆缘水獭皮饰边细节

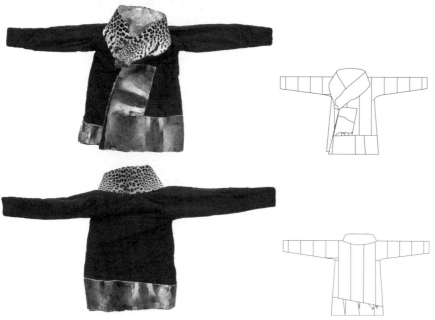

图 2-13 氆氇羊皮藏袍正、背面

图 2-14　氆氇羊皮藏袍里襟和羊皮衬里

　　标本手工氆氇面料的布边分布很多，说明剪裁很少，接缝处凡是布边之间的缝合均采用对缝工艺，而非布边之间用劈缝锁边拼接，这也是后来所有传统氆氇藏袍的标志性工艺。主体结构均采用整幅氆氇，根据测量的结果，袖子、前后片和里襟所有布边接缝之间的最大宽度为 22cm，故可以判定此藏袍标本所采用的氆氇幅宽为 22cm 左右。中间衣身为整幅三拼，其他没有用到整幅面料的地方采用单位互补算法，这种独特而古老的算法表现出朴素的节俭智慧。如对角线侧片为单位斜裁，左右袖八片两两对接为单位斜裁，两片袖口为单位直裁，大襟片与补角摆片为单位斜裁，腋下两个三角片为单位斜裁等，基本上实现了零浪费。大量地运用整幅面料，这是"万物有灵"的宗教思想催生了"敬物尚俭"的造物理念，造就了单位互补算法的设计智慧，这件藏袍所表达的这些信息在后面的结构分析中得到了印证（图 2-15）。

毪氇羊皮藏袍也是变相的"三开身十字型平面结构"，即前片、侧片和袖片三部分（图 2-15a 右下图）。袖子前后均为连裁无袖中缝。标本产生的大量破缝都是由毪氇幅宽的限制所致，反映出布幅决定结构形态的基本设计思想。由于内里羊皮的革面隐藏在毪氇面料之下，无法从毛面分辨出接缝，数据采集无法完成，故样本仅能从毪氇的主结构和饰边的结构进行数据采集、测绘和复原。

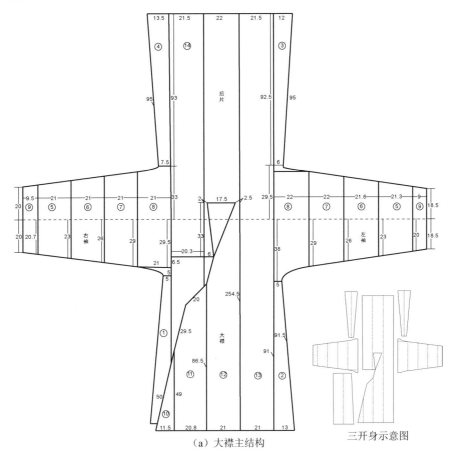

（a）大襟主结构　　　　三开身示意图

图 2-15　毪氇羊皮藏袍主结构复原

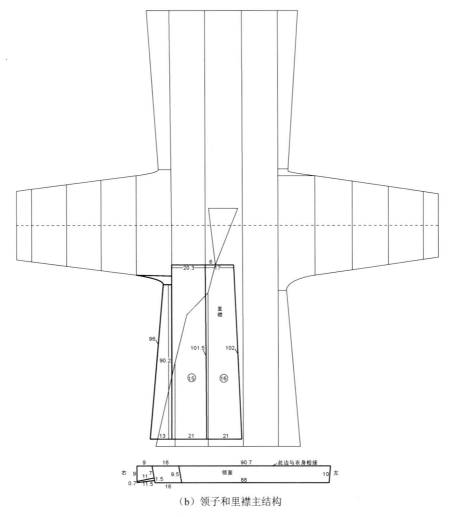

（b）领子和里襟主结构

图 2-15　氆氇羊皮藏袍主结构复原（续）

　　标本主结构包括衣身前后片、袖片和领子。前后衣长约 128cm，通袖长 252.7cm。左袖口 18.5cm，右袖口 20cm，左右袖片均由四幅半氆氇拼接而成，前片右袖腋下和后片左袖腋下均有一个三角拼片，其中亦有玄机。藏袍中经常会出现如此不对称的拼接设计，这与其说是不甚讲究，不如说是对物的敬畏，宁愿牺牲美观也不过度裁剪破坏面料的完整性，能整用不裁剪，裁剪意味着没有善用它们。因此藏袍古法裁剪形成的结构形制，比传统汉袍结构表现得更加节俭自然。但这并不意味着藏族人民没有审美意识，例如，标本结构无论如何拼接，都不会违背表里、前后对尊卑的阐释，且最终亦归入"三开身十字型平面结构系统"，这在标本主结构设计中有充分的表达。标本衣身主体由大襟、后身和里襟构成，其由三幅氆氇拼接而成。此裁剪方法与织锦类的藏袍有异曲同工之妙，只是区别在所用面料的幅宽上，才会出现不同的拼接方法。侧片是藏袍三开身结构的重要组成部分，有连裁、分裁两种形制，这由布幅宽窄决定，标本采用分裁与氆氇幅窄和羊皮组合有关，从测绘数据上看，两个前侧片和两个后侧片如果对角侧片拼接加上缝份（2cm）刚好是两个氆氇的宽度，即 21cm 左右（13cm+6cm+2cm）。里襟在领口断开由两幅氆氇拼接而成，长度约为124.7cm，比前衣长短 4.3cm，防止穿上后在底摆露出。领面由大小 4 片拼接而成，总长约 115.7cm，领宽约 10cm。领子的拼接也遵循着"外整里散的原则"，左侧与大襟相接的一端完整无拼接，而藏在大襟之下与里襟相接的一端拼接零散，这是藏袍"尊卑观"以小见大的生动体现。左右袖各为四幅半拼成，它们均呈梯形，前面提到左右袖根片对角线的两个三角拼片的玄机，通过排料图实验找到了答案，就是尽最大可能完整地使用氆氇面料，也是单位互补算法节俭智慧的体现（图 2-16）。

3. 氆氇镶虎皮饰边藏袍样本的结构分析

氆氇是西藏特有的羊毛织物，发展到后期，不管是在农区还是牧区，随处可见藏族群众用古老的织机纺织氆氇。事实上，氆氇诞生之初就不是单纯的藏袍用料，多充当铺盖之物，当它过渡到袍服用料时，为保持铺盖的功用，就形成了重整用、轻裁剪，重拼缝、轻叠缝的"软"（织物）造物技法，"三开身十字型平面结构"正是配合这种材料特性和技法产生的，也是这个民族所独有的，因此传统藏袍还有铺盖和携物的功能。除此之外，氆氇还可用于制作藏帽、藏靴、腰带、邦典、囊包等服饰品。

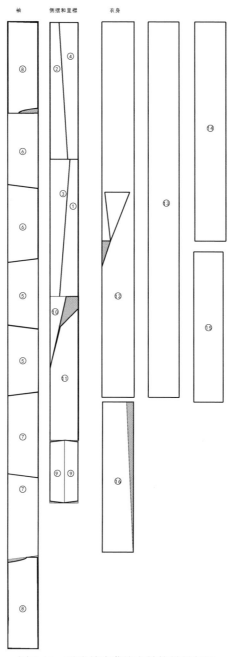

图 2-16 氆氇羊皮藏袍主结构排料复原

　　藏族聚集区不产棉花，盛产羊毛，羊毛是氆氇的主要原料，直到今天，藏族聚集区的氆氇大多依然是用传统的方式手工织造，制作方法与汉族传统的民间织机织布方式相似，先用纺车将羊毛卷纺成均匀的毛线，然后用老式木梭织机进行纺织。氆氇织机是木制的，织好后的氆氇是羊毛原始的本白色，要再经过漂洗、揉搓、染制，染成所需的颜色。早期以手工为主的纺织布幅都很窄，氆氇也不例外，甚至更窄①，大约只有普通汉族传统织物幅宽的二分之一，一般为30cm左右②，但氆氇制品都很硕大。氆氇的生产几乎遍布西藏的整个农区和半农半牧区，而以山南扎囊、后藏江孜、藏东芒康等地生产的氆氇最为著名。

　　氆氇原料是未经处理的生毛，厚重且布边明显，为了达到成品需要的宽度，缝合时布边之间采用对接方式，因此根据两个布边对接产生的拼缝判定氆氇幅宽是可靠的。以北京服装学院民族服饰博物馆馆藏编号为MFB005993的标本为例，袖子、前后片和里襟的所有布边拼缝之间最大的宽度为28cm，且但凡是同为两个布边进行缝合时均采用无重叠对接拼合的方法，而涉及上下层的搭接缝均是非布边缝合。这一方面利用布边拼接使得藏袍的表面保持平整，铺盖时更加舒适；另一方面也印证了"布幅决定结构形态"中华服饰多元一体的物质形态，是"敬物精神"还是"节俭意识"，通过对氆氇镶虎皮饰边藏袍这个典型样本做系统的结构信息研究或许能有所发现（图2-17、图2-18）。

　　氆氇镶虎皮饰边是康巴藏袍的重要特征，其典型的"三开身十字型平面结构"是藏服的标志性结构，学术价值很高。标本前后中的拼缝和袖中多片拼接线并不能作为判断它脱离"三开身"的依据，这是由于布幅宽度的限制而不得已产生的拼缝并无结构上的实际意义，应该在判定开身结构时将中间拼接的两幅理解成一个整体。在对藏袍标本结构的系统梳理中，发现只要布幅足够宽的，就一定保持中间为一整幅，如织锦、斜纹棉布等，氆氇偏窄，"意念上的中幅"只能通过拼接完成。袖子上的拼缝均属此类，也可以理解为一个完整的袖片。故此，该藏袍标本依然可以理解为是身片、侧片和袖片的"三开身十字型平面结构"，事实上这种结构形态在皮袍中早有表现（图2-9），

---

　　① 手工氆氇大多是窄幅，但氆氇成品尺寸都很大（包括藏袍、铺盖甚至是篷布），是拼接而成的，因此也就创造了由整幅拼接形成的藏袍结构。

　　② 张天锁编著：《西藏古代科技简史》，大象出版社1999年版，第176页。

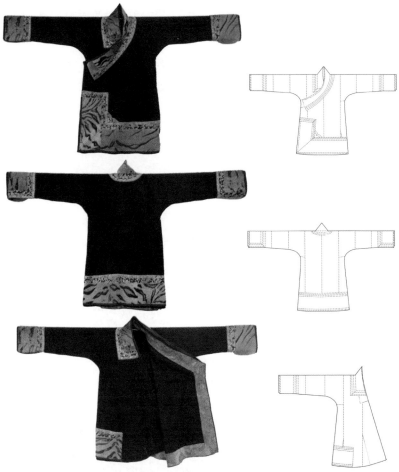

图 2-17　氆氇镶虎皮饰边藏袍正、背面、里襟

图 2-18　氆氇镶虎皮饰边藏袍侧片结构及工艺细节

但它们的继承关系、定型时间仍无据可考。宽大的里襟、袖子和侧片都是连裁的，这也是"三开身"不同于传统汉袍独特的地方。前后中拼缝通过两个布边对接缝合无重叠，增加了整个藏袍的平整性，有效地利用了布边的稳定特性，使手工缝制技艺的发挥更加完备，针迹的设计和整齐密实程度堪比机缝。对比之后发现，非氆氇面料的藏袍，衣身居中的布幅是完整的，这是因为普通棉麻、织锦面料幅面较宽，可以实现前后整幅居中无破缝且袖子为一整片的理想布局，而成为藏袍典型的"三开身十字型平面结构"可以说是包括氆氇在内"布幅决定结构形制"的藏族模式。

氆氇制成的藏袍保暖性好，很适合高寒地区从事农牧业的生产生活方式，但仍渗透着朴素的尊卑传统。一般选用细羊毛氆氇做男装，粗羊毛氆氇做女装，优质的氆氇藏袍常作为礼服。男装的饰物少，注重藏袍的质地；而女性藏袍以华丽的藏式饰品装饰为特点。正因如此，对于女装氆氇藏袍而言，质地似乎显得微不足道，这似乎遗留着父系氏族文化的某种印痕，如婚后女人的邦典及其条状纹饰都是为"护夫"而生的，还有她们繁复的头饰（这需要另辟专项研究）。但无论怎样"氆氇幅宽决定藏袍结构形态"这种节俭思想是不变的。对氆氇镶虎皮饰边藏袍进行全息的数据采集和结构图复原，对于研究藏族袍服形制的文化特质具有重要意义，其中最重要的发现是在两个侧摆和里襟下摆有三处三角形插片（图2-19）。

这种结构形制只出现在氆氇藏袍中，而在宽幅织锦面料制成的藏袍结构中无此现象，所以初步判断它与使用氆氇面料有关，其中隐含着藏服史学的理论问题，故后辟专章讨论。

氆氇藏袍标本结构中的插角在传统汉袍结构中也很普遍，但藏袍更具有原始的造物思维，也就更有价值。氆氇面料幅宽约28cm，宽大的藏袍通袖之间整整用了九个幅宽的氆氇面料，除了袖口部位各采用半个幅宽外，其余部分均为整幅面料。主身和袖子部位的衣片均为直纱方向排列，唯有下摆出现斜裁而采用插角结构，这种形制与传统女装汉袍不同，汉袍插角多用面料的边角余料制成且多用在明处，《中华民族服饰图考 汉族编》称其为"补角摆"。氆氇藏袍的插角一定会用在隐蔽处，且结构形式也比汉袍复杂得多。通过对藏汉袍的结构比较发现，藏袍中的插角并不具有对称性，依据面料本身的布幅而定，且出自本幅又用于本幅，以追求最大利用率为前提，而汉袍中的补

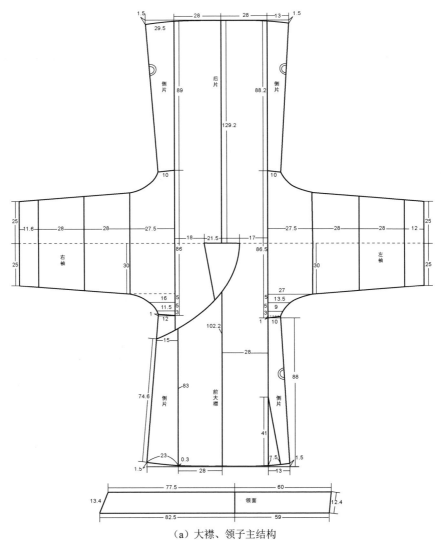

（a）大襟、领子主结构

图 2-19 氆氇镶虎皮饰边藏袍主结构测绘与复原

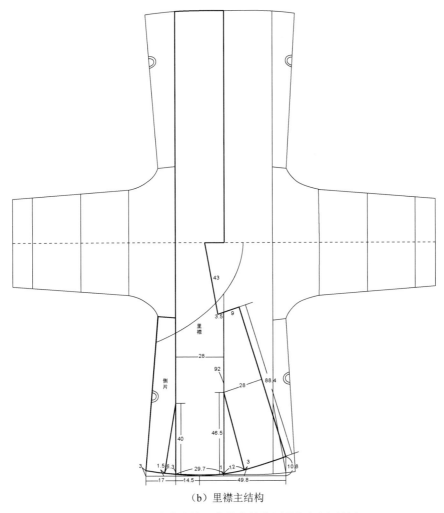

（b）里襟主结构

图 2-19　氆氇镶虎皮饰边藏袍主结构测绘与复原（续）

角摆追求对称性，是由于布幅不足用余料补齐，而非"出自本幅又用于本幅"，显示出藏袍更为智慧的节俭美学（图 2-20、图 2-21）。值得研究的是，这种术规在古代汉地早已失传，却在秦简的古文献中有记载，这个重要的学术发现需要之后设专章讨论。

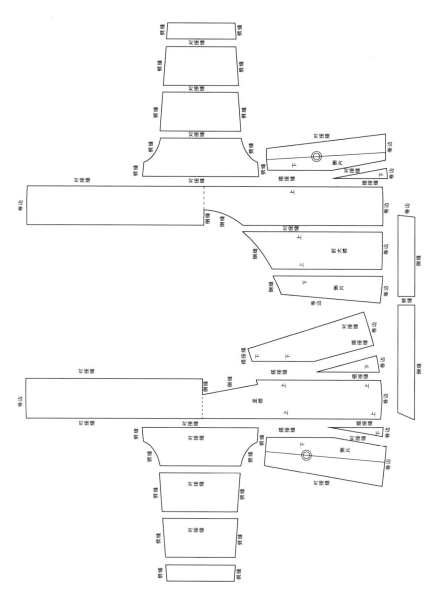

（a）主结构分解图

图 2-20　擦镶虎皮饰边藏袍主结构分解图和毛样分解图

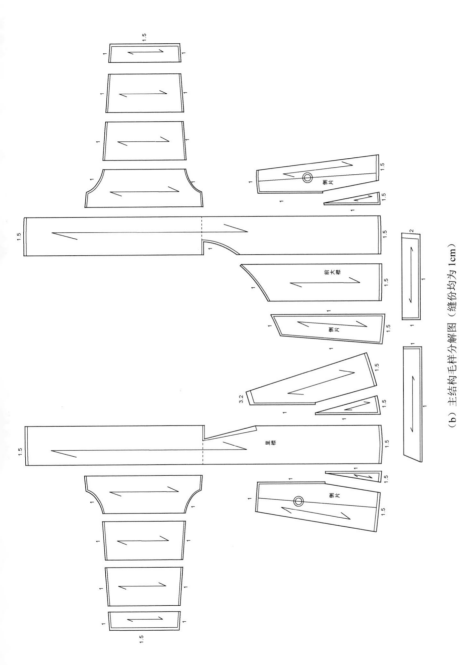

（b）主结构毛样分解图（缝份均为 1cm）

图 2-20 镶锘镶虎皮饰边藏袍主结构分解图和毛样分解图（续）

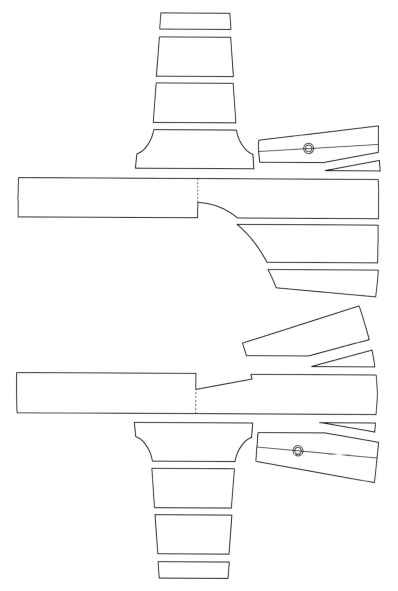

（a）氆氇藏袍插角摆结构

图 2-21 藏汉袍服 "补角摆" 结构对比

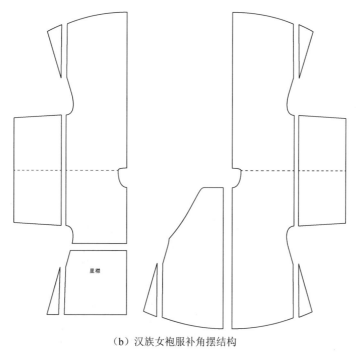

（b）汉族女袍服补角摆结构

图 2-21 藏汉袍服"补角摆"结构对比（续）

氆氇镶虎皮饰边藏袍标本里襟的插角隐藏在大襟之下，靠外侧的两个侧片插角也被添加的虎皮饰边覆盖。因此，全部分布在下摆的三个插角通过巧妙的设计丝毫没有破坏藏袍外观的完整性，又同时保留了它的功能性，合上衣襟之后完全将插角的结构融进了藏袍独特的结构和饰边之中。因此，不对标本做结构的专业研究是无法破解这种古老术规奥秘的。重要的是这种结构形制具有氆氇藏袍的普遍性，依据氆氇藏袍先于织锦藏袍的事实，藏袍三开身的标志性结构是从氆氇藏袍结构演变而来的，这就是为什么织锦面料比氆氇幅宽增加了一倍多而可以形成完整的衣身片、侧片和袖片三开身结构的原因，且它们都没有脱离"十字型平面结构"的中华系统。就氆氇藏袍独特的结构形制而言，我们完全可以认为它是经过藏族先民不断的尝试与改进沉淀下来而形成的一种文化符号。让我们没有想到的是，这种文化符号的产生有足够确凿的实物证据，它来源于节俭的动机。

（三）锦袍中藏汉文化交流与结构的保留

1. 锦袍——藏服文明进程的一个标志

西藏阿里地区噶尔县故如甲木墓出土了一批珍贵的丝织品，有织锦和平纹织物两类，其中最特别的一件就是带有"王、侯、宜"等铭文的兽纹织锦残片，用以包裹墓主人的头部[1]，类似于汉晋墓中"覆面"的作用。[2]铭文锦为典型的汉地织锦，是西藏地区迄今为止发现最早的织物，所处的年代约为3—5世纪，即处于前吐蕃时期的古象雄时期，充分证实了当时西藏与中原地区的贸易往来，这样一种高等级的织锦遗物，一定有一条经过象雄的丝绸之路[3]（图2-22）。

图 2-22 西藏地区迄今为止发现最早的铭文锦

图片来源：仝涛、李林辉、黄珊：《西藏阿里地区噶尔县故如甲木墓地 2012 年发掘报告》，
《考古学报》2014 年第 4 期，第 604 页

7—9世纪，丝绸由唐朝传入吐蕃，官赐是吐蕃早期获得唐丝织品的主要方式。据藏文史籍记载，文成公主、金城公主入藏时都携带有大量的丝绸锦缎[4]，藏文史籍记文成公主带入的"锦绫罗"达两万匹。[5]藏族史籍《红史》

---

① 中国社会科学院考古研究所、西藏自治区文物保护所：《西藏阿里地区噶尔县故如甲木墓地2012年发掘报告》，《考古学报》2014年第4期，第563—572页。

② 仝涛：《西藏阿里象雄都城"穹窿银城"附近发现汉晋丝绸》，《中国文物报》2011年9月23日。

③ 张云：《象雄王国都城穹窿银城今地考——兼论象雄文明兴衰的根本原因》，《中国藏学》2016年第2期，第9页。

④ 杨清凡：《藏族服饰史》，青海人民出版社2003年版，第62—69页。

⑤ 索南坚赞：《西藏王统记》，刘立千译注，民族出版社2000年版，第68页。

中曾这样记述:"唐太宗于阴铁牛年允嫁其女文成公主,并派皇亲江夏王率兵护送,吐蕃国王领兵至柏海迎接。见汉人衣饰华美,吐蕃人有愧色。"①然而,吐蕃气候寒冷,昼夜温差大,从服装的功能性考虑并不适合穿丝绸质地的服装。古籍记载吐蕃以"毠裘"御寒,而丝绸质地轻薄飘逸,虽色彩绚丽但保暖性远不及"毠裘"。吐蕃贵族为了追求汉地高度文明的丝绸文化,将丝绸作为面料,用藏地保暖的材料做夹层,既满足了功能性又不失华丽。此外,丝绸锦缎还可以用来做服饰品,如哈达、服装的缘饰等。②因此,锦袍、五彩锦缘的样式便成为藏服文明进程的一个标志。

2. 藏制锦袍样本的结构分析

织金锦镶水獭皮饰边藏袍为北京服装学院民族服饰博物馆藏织锦袍的代表性藏品,征集于四川甘孜州石渠县,属于藏族服饰中的康巴支系服饰,根据样本质地、做工、装饰和短袖长摆形制特征等因素综合分析,为 20 世纪初典型上层康巴妇女的礼服。它的收藏经历也证明了这一点,它是在 20 世纪 70 年代中期,当时的博物馆负责人参加当地的一次隆重仪式偶遇藏袍主人时得到的。康巴贵族藏袍与民间藏袍在结构上没有根本区别,主要是质地细腻与粗糙、图案华丽与平素之分,因此其结构研究对认识藏制锦袍是具有指标性的。

石渠服饰是康巴藏族服饰的典型代表,女子礼服藏袍富贵端庄,纹饰繁复华贵,做工精细、领缘、袖缘和摆缘装缀毛皮饰边是其最大特色,这些也都反映在这个织金锦镶水獭皮饰边藏袍样本中。裁剪设计为典型的藏袍"三开身十字型平面结构",即交领右衽形制,袖子、前后连裁;衣身居中保持完整布幅(中无破缝);左侧片前后连裁无缝,右侧片断缝分为前后两个部分。袍身宽松肥大,下摆微张,袖子比同类的汉族袍服(以清末民初女袍服为典

---

① 蔡巴·贡噶多吉:《红史》,东嘎·洛桑赤列校注,陈庆英、周润年译,中国国际广播出版社2016年版,第17页。类似的描述同样出现在了汉文史籍当中,《旧唐书·吐蕃传》这样记述松赞干布迎接文成公主的场景:"叹大国服饰礼仪之美,俯仰有愧沮之色……自亦释毡裘,袭纨绮,渐慕华风。"《册府元龟》亦载:"弄赞率其部兵次柏海,亲迎于河源。见王人,执子胥之礼甚恭。既而叹大国服饰礼仪之美,俯仰有愧沮之色……身亦释毡裘,袭纨绮,渐慕华风……"

② 石硕、罗宏:《高原丝路:吐蕃"重汉缯"之俗与丝绸使用》,《民族研究》2015年第1期,第94—96页。

型）要长，领缘、袖缘和摆缘均装饰有红蓝色花纹加金丝缎"五色"[①]饰条配合水獭皮缝缀，表现出兽皮缘饰藏袍形制的所有特征，从结构上分析或有所发现（图 2-23）。

　　从主结构、外部饰边结构、内部贴边结构、衬里结构、毛样结构和纹饰几个方面对标本进行系统信息采集、测绘和复原是对传统藏族服饰研究有效的实证方法，也是深入了解考证藏袍"三开身十字型平面结构"的重要步骤和手段。从前文所述藏制皮袍、氆氇藏袍样本与织金锦镶水獭皮饰边藏袍主体结构复原图的比较来看，织金锦水獭皮饰边藏袍的"三开身十字型平面结

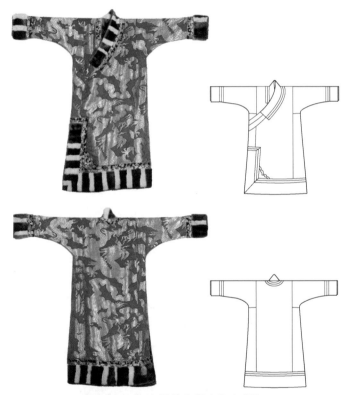

图 2-23　织金锦镶水獭皮饰边藏袍

---

　　① "五色"：在藏传佛教教义中有多彩的涵义，三件标本中五色纹章并不相同，与道教"道生一、一生二、二生三、三生万物"的宇宙观有异曲同工之妙，即象征宇宙万物。所以"五色"并非仅指五种颜色，五色也并不固定，类似汉地传统哲学的宇宙观，即"阴阳五行"。

构"更具有典型性,这与它采用幅面较宽的织锦面料有关,也说明汉地织锦面料的输入推动了藏袍结构的定型。随着皮质面料和氆氇渐趋寡用(主要因为纺织技术的进步和汉文化的融入),丝、织锦、宽幅斜纹的精棉、精毛面料等丰富了藏族服饰面料的选择,"三开身十字型平面结构"也就形成了由氆氇窄幅到薄型织物宽幅衍进结构,现代藏袍艺人所坚守的"古法结构"[1]正是它的真实呈现,也是藏族服饰结构谱系研究不同材质标本的意义所在。

将标本大襟掀开,里襟呈多片拼接,整个里襟由五个大小不等的裁片成梯形排列(图 2-24),里襟最宽的地方是底摆有 47.5cm。这种形制样貌与节俭动机有关。

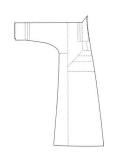

图 2-24　织金锦镶水獭皮饰边藏袍里襟

如果从主结构的数据分析,最宽的地方也不足 75cm。左袖口到接袖缝的水平距离为 70.8cm,右边为 71.5cm。衣身中间裁片的两条破缝间的宽度为 55cm。织金锦面料中龙纹图案的金线都是纬线,经向的红细线穿梭于金线之中,起到固定金线龙纹的作用。从袖子与衣身裁片中龙纹图案的方向可以判断,袖子和衣身都是竖直纱向。所以最宽的袖片 71.5cm 加上 2cm 缝份得到的 73.5cm 就是这个标本的最大衣片宽度,也就是此藏袍织金锦面料的实际布幅宽度(图 2-25)。

---

[1] 藏袍艺人旦真甲所呈现的古法藏袍裁剪技艺给我们展现了这种"古法结构"的真实面貌(见另章专论)。

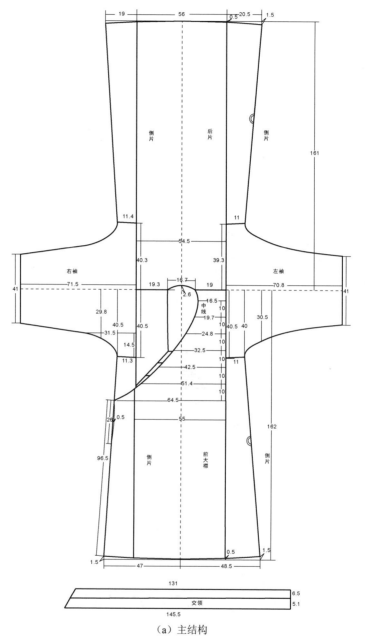

（a）主结构

图 2-25 织金锦镶水獭皮饰边藏袍主结构测绘与复原

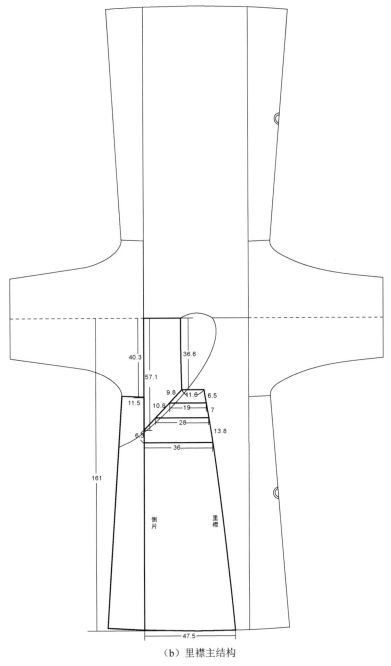

（b）里襟主结构

图 2-25 织金锦镶水獭皮饰边藏袍主结构测绘与复原（续）

从该样本复原结构图的展开分解图看也证明了这一点（图 2-26），其中所有裁片宽度的尺寸都小于 73cm。分解图也充分展示了藏袍"三开身十字型平面结构"的面貌：贯通前后的衣身主裁片、两个袖片和两个侧片形成三开身；袖子和衣身共同构成十字型；平面结构是指所有衣片之间的接缝均为直线而不产生立体效果。这种形制在整个华服结构系统中表达着中华传统服饰文化一脉相承的共同基因。

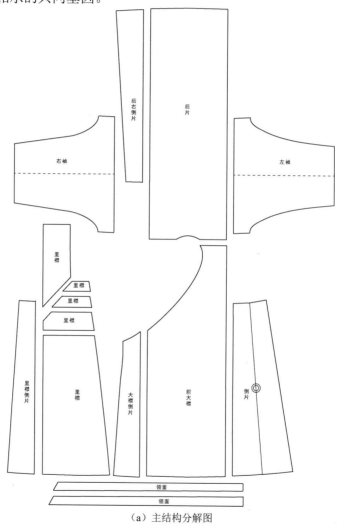

（a）主结构分解图

图 2-26　织金锦镶水獭皮饰边藏袍主结构分解图和毛样分解图

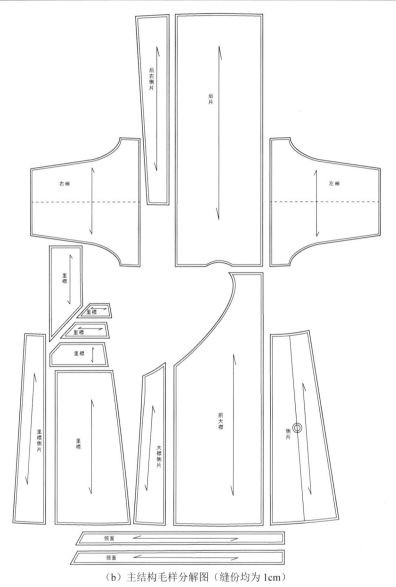

（b）主结构毛样分解图（缝份均为 1cm）

图 2-26　织金锦镶水獭皮饰边藏袍主结构分解图和毛样分解图（续）

　　虽然藏族服饰素有"家产可戴、财富可穿"的习俗，但也绝不会以牺牲节俭为代价，因为藏族人民相信万物皆灵，何况衣物求之不易，表现出善待财富的朴素节俭美学与智慧。我们从该样本结构分解图中发现，里襟频繁的拼接就是为了最大限度地使用边角余料。还有主结构的接缝设计都是基于合理利用面料而形成的，这种以布幅决定结构的形式与传统华服结构形制有着异曲同工之妙，其中隐含着古老单位互补算法的交窬气象，更是中华民族服饰"十字型平面结构"的精髓所在，值得深入研究。

（四）从麻质藏袍结构分析看藏袍的汉化

前文提到藏地自古不产棉麻，麻质面料是汉族、西南少数民族常用的服装面料，具有鲜明的地域特色。它保暖性差，散热性好，在高寒的藏族聚集区对棉麻衣料的需求不是很大，即使使用，藏族聚集区的棉布、麻布也都是从其他地区运送过去。除了面料上引进，藏袍还开始受到汉服饰文化的影响，其结构也发生着明显的变化。

藏族聚集区穿着棉麻藏袍的人较少，主要出现在汉藏混居的藏区和商道上，如四川白马藏族聚集区的藏族群众。我们在北京服装学院民族服饰博物馆进行藏族标本梳理的研究时就发现了一定数量收集于四川阿坝州松潘县白马藏族聚集区的麻布藏袍样本，依此线索在 2015 年赴四川绵阳平武县的白马藏族聚集区进行学术调研，也在平武县木座藏族乡发现了存世的古老麻布藏袍，这一现象在四川这样藏族人口并不密集的区域多有发现，麻布藏袍可以说是白马藏的标志性服饰，而鲜少出现于西藏、甘肃等藏族聚集区。当然材质的选择一定会受地域自然环境因素的影响，这似乎又把"族属"联系了起来，它们之间的因果关系是值得思考的。选择北京服装学院民族服饰博物馆藏白色麻质立领偏襟藏袍为研究对象，通过对它的结构研究或许可以找到一些答案。

白色麻质立领偏襟藏袍（藏品编号：MFB005391）采用了质地比较粗犷、厚实的麻质面料，该藏品收集于白马藏聚居区之一的四川阿坝州松潘县漳蜡乡，形制为立领，右衽偏襟，立领和摆缘虽有装饰但很朴素。标本前后中有破缝，袖子另接，这很像汉服结构，事实上这与较窄的布幅有关。两侧有前后连裁的三角侧片，三角侧片上端突出的插角伸入袖中，衣身至下摆阔度逐渐增大。从外观上观察，与织金锦镶水獭皮饰边藏袍结构同属"三开身十字型平面结构"系统，只是增了前后中缝（图2-27）。

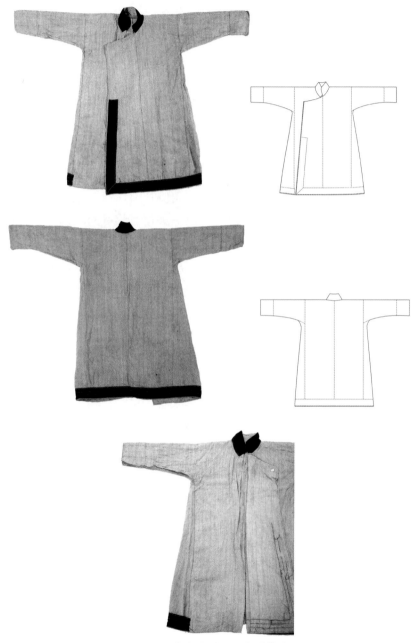

图 2-27 白色麻质立领偏襟藏袍

　　主结构一般是指服装外部可以看到的部分。标本主结构包括立领、衣身和袖子三个部分。立领领高 7.6cm，领底有 2.7cm 的起翘，前端抹角，这和今天的立领结构相似。领底的起翘使高领更加服帖，达到更好的保暖效果，同时前端的抹角使脖子、头部的活动更加方便。立领结构分为领面和领里两部分。领面为黑色棉布，领里采用和衣身面料一致的粗麻，并且有小块拼接，应该是由布料边角拼接而成。为了使两种面料尽可能地贴合，同时保持高领的硬度，领里与领面之间用绗缝加固，并选用了与领面颜色一致的黑线，使绗缝看上去非常隐蔽，尽量保持表面的完整性。

　　衣身结构分为左右片、偏襟和三角侧片，前后中破缝，前中加偏襟，衣身左右均使用了一个布幅的宽度。左右三角侧片前后身连裁，直角边使用布边。三角侧片除了增加通身的围度，其上端尖角有约 6.5cm 和 9.5cm 的长度伸入袖中，增加了袖根围度，起到了腋下"袖裆"的作用。左右袖片各为一个布幅，由于一个布幅的宽度不足袖长，用接袖来满足袖长的需要，并采用与衣身结构相同的布丝，使袖子与衣身连接后呈现出一种视觉的整体感，更重要的是有助于更好地利用布幅。根据测绘，该袖接缝之间就是两个布幅宽度 64cm（32cm+32cm），前后相加的 128cm 相当于藏袍的胸围，这与其他藏族聚集区的藏袍相比属于小比例（图 2-28）。

　　标本没有衬里，其面料缝合时的布边暴露无遗，为幅宽的判断提供了直接证据。从白色麻质立领偏襟藏袍的整体来看，这种结构特点是由面料幅宽决定的，通过结构测绘的数据看，衣身由两个布幅拼成，两袖也分别在使用一个幅宽的基础上接袖。可见，布幅在该藏品的结构线分布上起到了决定性作用。只是标本的布边反映出使用的粗麻面料幅宽大小不一，这是手工织布的客观反映（和织布人的臂长及织布手法有关），总体上在 30—37cm。但无论怎样，它们一定是整幅使用，不会剪裁，甚至在我们看来左右袖大小应该相同且对称。而麻质面料在手工织造时松紧控制难度很大，幅宽不统一，在成衣制作过程中，也是原封不动地使用，不会因为寻求对称规整而去裁剪它们，这就造成了成衣完全不规则的尺寸。这种宁可牺牲美感，也要追求"因材施制"的节俭美学，在藏族服饰结构的数据采集和结构图复原中非常突出，而在汉族服饰中是很少见的。单从个案角度来看会容易作出"汉优藏劣"的判断，如果发现结构的系统规律，就要考虑其更深层的原因了。

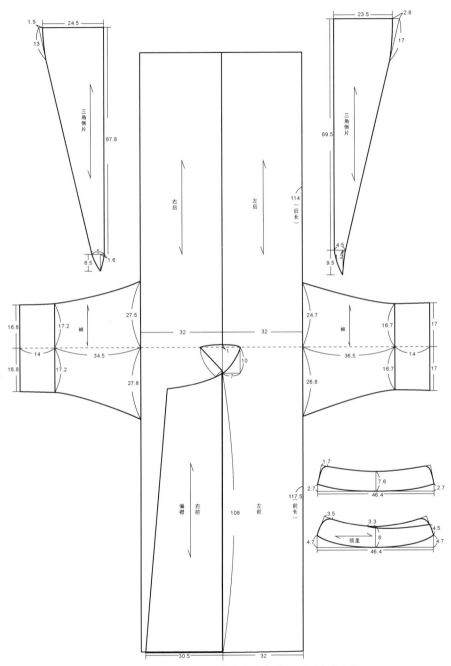

图 2-28 白色麻质立领偏襟藏袍主结构测绘与复原

对白色麻质立领偏襟藏袍结构图复原发现，它是一件融合了藏汉服饰结构特色的典型藏袍。它的裁剪方法对藏族典型袍服有所保留又与之有着明显的区别，主要表现为前后中有破缝和偏襟，这种结构特征与古典华服结构相似，具体表现为袖子另接，两侧有三角侧片，但不追求对称，且侧片上端的插角入袖结构是藏袍独有的，起到袖裆的作用，这在汉袍中是没有的。立领在藏袍中也是不多见的，可见白马藏袍结构受到了汉族影响，并且其结构尽量保持整一性，以尽可能不破坏面料的完整性为原则，这是华服传统"布幅决定结构形态"的共同点。这种以布幅决定接袖加入侧片插角的形制，体现的并非是立体意识，而是这种衣身与袖子在面料使用上不需要裁剪所体现出的"求整"意识。但汉族服饰的传统结构会出现必要的裁剪，无论藏、汉都没有脱离中华"十字型平面结构"的二维性，可见在接袖结构上，汉藏服饰没有什么不同，都受布幅的限制，这或许就是"人以物为尺度"造物思想藏、汉各有不同表达的实证（图2-29）。

（五）基于材质演变的藏族服饰结构谱系

藏族服装材质的改变，经历了初始的兽皮、兽皮与氆氇结合的过渡期，到氆氇、织锦、棉麻等纺织材料为主的定型期，引起了服装结构上的变化和不同材质服装的结构特征，映射出当时纺织、印染、制造的技术和贸易情况，反映了藏族社会生活方式和生产力的一个侧面。

从藏袍结构演变机制来看，最早兽皮藏袍的结构形制与高寒游牧的生活方式有关，它的结构兼有铺盖和携物的功能。因此，虽然受皮张的限制，皮袍的主体部分前后身和袖子结构均使用了面积最大的皮张以体现完整性，从皮袍开始就没有出现前后中缝，整个主身衣片呈居中分布，肩缝和侧缝的出现也与皮张的大小有关。外形的不规整导致皮袍出现了大大小小的分割，但是分割的主体仍然要保持相对完整。尽管后来氆氇纺织技术发展，这种形制并没有发生根本改变，仍带有兼铺盖携物的痕迹。这种基于功用的"前整后零，外全内碎"的分布原则，体现了朴素的尊卑美学，是原生宗教万物皆灵的物质基础。

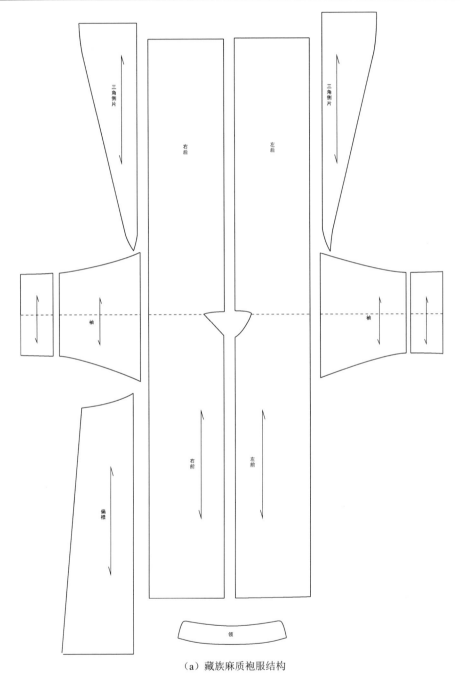

（a）藏族麻质袍服结构

图 2-29 藏汉服饰结构比较

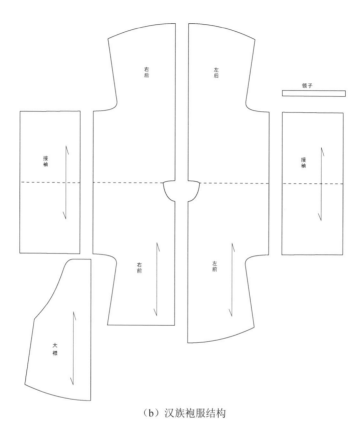

（b）汉族袍服结构

图 2-29   藏汉服饰结构比较（续）

　　到了吐蕃时期随着纺织业的繁荣，羊毛被用来制作织物，氆氇开始逐渐替代兽皮用于制作服饰。但是受手工纺织工具和技术的限制，氆氇的幅宽通常较窄，这一点也许还不如兽皮，如果是大型动物，除去不规整边料还能裁剪出一张相对大且完整的衣片。手工纺织业出现后，用于制作服装的面料变得规整且方便，一匹氆氇往往可以达到十几米甚至几十米，制成一件或多件藏袍不成问题。从兽皮到氆氇，经过了兽皮与氆氇共存的夹袍过渡时期，直至后期的单层氆氇藏袍，但无论是哪种材料或幅宽的改变，对藏袍结构产生的影响有限，是因为它们作为服饰、铺盖、携物的功用没有改变。为了达到这些功用要求，氆氇需要多幅拼接在一起，而纱向始终保持竖直。即使幅宽很窄，但是在兽皮和氆氇结合的藏袍标本中，氆氇面料主结构的部分形成"三拼"，依然遵循了"三开身十字型平面结构"。不同的是，左袖后片腋下和右袖前片腋下出现了两处并不对称的接片结构，这是由氆氇面幅的节俭算法所决定的，需要辟专章进一步讨论。由于早期氆氇面料幅宽很窄，藏袍左右侧均出现了侧缝。单层氆氇藏袍标本则不同，与兽皮和氆氇结合的藏袍标本相比，为晚期氆氇（即定型氆氇），幅面变宽，形成"两拼"，前后中均出现了中缝，如果将主身的"两拼"氆氇衣片看成一个整体，仍然没有脱离"三开身十字型平面结构"。由于"两拼"藏袍使用的氆氇面料幅宽要大于"三拼"的藏袍，所以侧片采用了前后连裁形式。这说明藏袍"三开身"（衣片、袖片和摆片）结构的定型是与氆氇幅宽的定型有关，还说明氆氇藏袍比兽皮和氆氇结合的藏袍时间要晚，但"三拼"和"两拼"氆氇藏袍的格式被固定下来了，若采用锦缎、棉麻宽面料就变成了"独幅"居中，不变的是"三开身十字型平面结构"。

虽然藏地不产丝和棉麻，但是通过与汉地的贸易往来和中央的赏赐，丝绸织物开始流入藏族聚集区，并渐渐被贵族和官职人员用来制作藏袍。织锦和棉麻面料相比于兽皮和氆氇最大的优势就是幅宽大，此外织锦还具有色彩绚丽、纹样精美的特点，但是质地都不如兽皮和氆氇厚实，为了抵御藏族聚集区的高寒气候又不失高贵华丽，通常将织锦作为夹袍的面，而衬里则用厚实的毛呢面料。从织锦藏袍标本的主结构可以看出，它最能体现传统藏袍"三开身十字型平面结构"的回归，前后无中缝，宽布幅的优势使得藏袍衣身保持完整，能够更清晰地看到藏袍衣身、侧片和袖片三开身分布。织锦产自汉地，但没有采用汉地袍服（两开身）形制，而采用了藏地规制，不变的是它们都坚守着"十字型平面结构"中华系统。

基于不同材质藏袍的标本研究显示，无论所处什么历史时期，材质、细节有何变化，藏族先民稳定的生产生活方式，使藏袍结构始终保持着"三开身十字型平面结构"，形成了藏族服饰结构谱系的主线（表2-3）。

表 2-3　基于材质的藏袍结构谱系

外观图	藏袍三开身十字型平面结构	汉袍两开身十字型平面结构
皮袍（早期）	独幅	外观图
皮+氆氇袍（过渡期）	三拼	结构图（丝绸）
氆氇藏袍（定型期）	两拼	

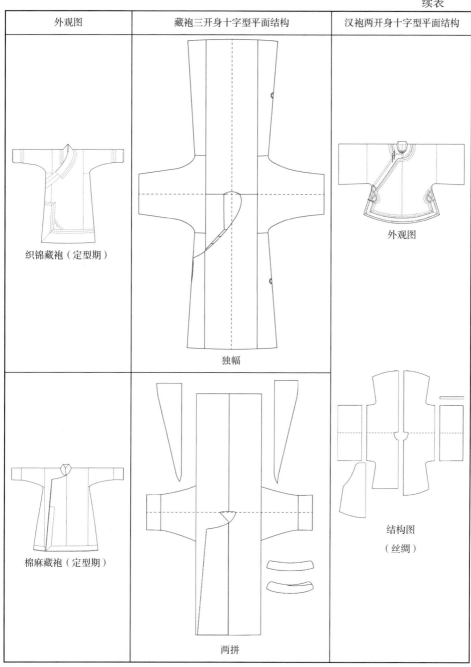

外观图	藏袍三开身十字型平面结构	汉袍两开身十字型平面结构
织锦藏袍（定型期）	独幅	外观图
棉麻藏袍（定型期）	两拼	结构图 （丝绸）

三、不同区域的典型藏服结构形制

藏族居住区域广阔，地跨云南、四川、青海、甘肃四省和一个自治区，藏学文献中习惯将这个区域划分为上区阿里三部、中区卫藏四翼、下区四水六冈[1]，不同的地区由于气候、地理等自然环境的影响、文化背景与语言习惯的不同产生了不同的服饰面貌。共通的藏文化（如藏传佛教）和所处地域的不同，使得藏族服饰除了某些共同特征外，还有各自的特点，呈现出鲜明的区域性特征。

（一）关于藏族服饰的分类

目前，藏族服饰的研究成果中有几种典型的分类方法。1988年第一部系统介绍藏族服饰文化的著作《藏族服饰艺术》[2]首次对藏族服饰进行分类和区划，根据藏族方言把全国藏族聚集区服饰划分为三类：卫藏服饰类、康巴服饰类和安多哇服饰类，每一类下面又包含了若干型。卫藏服饰类包括拉萨型、工布型、日喀则型、阿里型；康巴服饰类包括昌都型、稻城型、嘉绒型、木里型和迪庆型；安多哇服饰类包括海周牧区型、海东农区型、若尔盖型、华锐型和白马型。如果以各地区服饰的细小差别来划分，每个型下面还可以分出很多不同的样式。之后的很多藏族服饰研究者大多沿袭此种分类方法。以语言学来区分，特别是以历史方言区分类法来划分是目前学术界通行的民族服饰分类方法，此方法准确地表明某一民族内各个族群在历史上的亲缘关系以及服饰与语言的关系。

由于藏族分布在不同的地区，也有根据地理位置直接进行划分的，如《中国藏族服饰》[3]将藏族服饰分为西藏自治区、青海省、甘肃省、四川省、云南省五个类别，这里的五个类别主要指日常生活用的百姓服饰，又根据社会结构增加了僧侣服饰和贵族官绅的服饰两类。对于以上比较认可的两种分类方法在《羌藏文化与民俗》一书中都有提及，除此之外，书中还根据场所用途

---

① 杨福泉：《纳西族与藏族历史关系研究》，民族出版社2005年版，第423页。

② 安旭主编：《藏族服饰艺术》，南开大学出版社1988年版，第44—45页。

③ 中国藏族服饰编委会编：《中国藏族服饰》，西藏人民出版社2002年版，第1页。

将藏族服装分为日常生活装、节日礼仪装及戏剧装、祭祀装等，在祭祀装中尤其提到了苯教在举行祭祀活动时的装束。[①]《服装佩饰》[②]则是按照生产生活方式将藏族服饰分为农林区服饰、牧区服饰和宗教服饰分别整理。而考虑最为全面的要数在《藏族服饰文化研究》中采用综合分区的方法进行的分类[③]，同时兼顾了自然地理要素和历史文化要素，将藏族服饰区划为13个类型区，分别为藏南宽谷农业服饰区、工布农林服饰区、西藏阿里半农半牧服饰区、羌塘高原牧业服饰区、青南阿坝高原牧业服饰区、青东祁连山地牧业服饰区、西宁农业服饰区、甘南农林服饰区、康北牧业服饰区、康中半农半牧服饰区、康巴木雅农业服饰区、康南农业多元服饰区、嘉绒农业服饰区。其中藏南宽谷农业服饰区又细分为拉萨型、日喀则型、山南型；青南阿坝高原牧业服饰区细分为松潘型、黄南型、碌曲型；青东祁连山地牧业服饰区细分为华热型、海北型；甘南农林服饰区细分为舟曲型（舟曲服饰又分为上河式、八愣式、插岗式、博峪式）、迭部农区型、白马型、卓尼型；康巴木雅农业服饰区细分为扎坝型、雅江型；康南农业多元服饰区细分为迪庆型（迪庆服饰又可分为中甸式、奔子栏式、尼西式）、木里型、乡城型；嘉绒农业服饰区细分为丹巴型、马尔康型、理县型。

以上几种学术界对藏族服饰的分类方法，以语言、地理位置、生产生活方式等某个或多个方面为划分依据，但是目前还未出现从服装结构的角度出发对藏族服饰进行划分的，因此这种形而上大于形而下的研究思路，不可避免地都缺乏辨识性和确凿的"断类"实证。本书试图通过服饰结构的差异性研究，将藏族服饰进行区域划分上的新探索。

通过藏族服装结构的系统研究可以清晰地划分出四种：古休贯首衣、无袖交领长袍曲巴普美、短上衣堆通、交领长袍褚巴。每种结构形制的服装都与当地的自然气候环境、人们的精神生活、与周边地区民族的文化交流等因

---

① 李春雨主编：《藏羌文化与民俗》，西南交通大学出版社2014年版，第25—26页。

② 张鹰主编：《服装佩饰》，重庆出版社2001年版，第16、75、135页。

③ 服饰的综合分区法：利用现实调查和综合区域地理学及其他学科的研究成果，综合多个可变因素来研究服饰的区域划界，以探讨区域内各要素与服饰的相互关系，揭示服饰的区域特点、区域差异和区域联系的研究方法。见李玉琴：《藏族服饰文化研究》，人民出版社2010年版，第90页。

素有关。

（二）工布古休贯首衣的远古信息

林芝古称工布[①]，位于西藏自治区东南部，地处喜马拉雅、念青唐古拉和横断山脉的交界处，平均海拔 3000m 左右，海拔低的地方林密高湿，气候宜人，被誉为"西藏的江南"。林芝独特的气候条件和自然环境，使生活在这里的藏族人民有着与其他藏族聚集区完全迥异的服饰风貌。

1. 古休的实地调查

工布男女都穿"古休"[②]，通常为氆氇制成，有时也用山羊皮、野牛皮等兽皮制成，2008 年被列入国家级第二批非物质文化遗产名录。古休的产生与工布多雨、多林、气候温暖等因素有关，森林多则兽类活动频繁、资源丰富，丰富的兽皮便成为了这里远古人类用以制衣御寒的最直接材料。由于雨水多、气候温和，主要是头、背需要保护，对头的保护，工布先民创造了一种妇女的帽饰"加霞"，它独特的双翅扇角装扮形式有婚姻状况的暗示。而保护胸背部需将两张兽皮在两肩处简单地缝合起来，这就是原始的贯首衣，后用毛织物代替，不需要任何处理，只在布幅中间开缝（后发展为开洞）套头，最初的工夏和古休也是由此产生的[③]，因此古休有远古贯首衣活化石之称。畜牧业发展起来以后，兽皮制成的帽子和两片衣逐渐被氆氇面料替代，贯首衣的形制特点得以保留延续至今。独特的工布服饰之所以能保留下来，与这一地区的历史和地理因素有很大关系，象雄王朝时

---

① 工布是从古代流传至今的一个西藏地域名称，原始指古部族名，据《敦煌吐蕃历史文书》记载，赞普时期在雅隆王系之外，还有十二个小城邦，工布即为十二小城邦之一。见姚兆麟：《工布及工布文化考述》，《民族研究》1998年第3期，第45页。

② 藏语音译，指宽肩无袖袍，保持着古老贯首衣的基本结构。

③ 工夏是指与古休配套穿戴的金花锦氆氇帽，也称"加霞"。帽子为圆筒形制，缝有彩色锦缎饰边，帽檐有两个斜角往外伸展，帽子的不同戴法代表着妇女的婚姻状况：帽角在侧，代表未婚；帽角在后，代表已婚。相应发饰也有所区别，未婚的女子编一根辫子，已婚的妇女要编两根辫子，从发辫的中段开始用一种彩色丝线跟头发一起编成辫；已婚妇女将编成的彩辫盘在头顶。见姚兆麟：《藏族文化研究的新贡献：评〈藏族服饰艺术〉兼述工布"古休"的渊源》，《西藏研究》1990年第2期，第148页。

期的政治中心在今阿里地区噶尔县，位于西藏西部，吐蕃王朝时期政治中心在今天的拉萨，清时期前藏（拉萨）和后藏（日喀则）成为达赖和班禅的驻锡地①，所以工布一直远离政治中心，与其他藏族聚集区的交流也甚少，具有原始社会共同特征的贯首衣得以保留下来。

古休保存了贯首衣的基本特征，不同于其他藏袍的特殊之处在于：第一，无接袖，取到三个氆氇的幅宽，且全部采用直纱拼接，这或许就是藏袍兼铺盖的原始形态；第二，古休前后片在腋下部位侧缝并未缝合，而只是用腰带将其捆扎后重叠在一起；第三，古休具有贯首衣的直接特征，就是直接套头穿着而没有门襟；第四，妇女穿古休并不搭配藏装中常见的邦典，在前后腰下位置采用双翅型锦饰，缘饰和下摆也同样用锦饰，用一条丝绸长腰带系扎暗示婚姻状况。2015 年 9 月 14 日，藏考团队一行深入到西藏自治区林芝市布久乡珠曲登村进行了工布服饰考察，随机走访了村里一位名为扎吉的妇女，她为我们拿出了存放在木箱里的全套工布服饰。据她介绍，制作这套工布服饰的氆氇是用手工织机织成的，并由她亲自制作成衣。扎吉为我们演示了工布服饰的完整穿戴过程，团队成员在征得其允许的情况下，对样本进行了全面的信息采集，获得了重要的一手资料。

《藏族服饰艺术》一书对工布服饰有这样的描述："工布男女都穿古休，不同之处是穿着方式有别。男装穿时把腰高高扎起，下摆在膝盖以上。而女装下摆却垂直脚面。"②但是去实地考察真实的穿戴过程发现，书中的描述与实际并不吻合，女装在穿戴时仍然要将腰高高扎起，因为古休中腰下双翅锦饰的位置正是为扎起高腰而设，所以男女装都具有这个特点。这与藏袍相同，用腰带扎起使腰以上形成携物囊，不同的是女装古休要配筒裙。具体过程为先穿氆氇筒裙，筒裙的围度比正常腰身大很多，根据实际穿着者的腰围大小将两侧富余的部分重叠向后，再将长长的彩色腰带在筒裙的腰部固定，但是只围绕两圈，保证腰带有足够的富余留给接下固定古休腰部；然后从头部套穿古休，将前片的腰部以上

---

① 驻锡地：僧人驻留之所。僧人出行，以锡杖自随，故称僧人住止为驻锡。这里"驻"即车马停住，或止住停留之意；"锡"是指僧人所用锡杖，出自《禅林象器笺》。

② 安旭主编：《藏族服饰艺术》，南开大学出版社1988年版，第45页。

留出一部分兜量，再用腰带扎紧将兜量固定住，而后用同样的方式固定后片的腰部，并将扎带垂在后腰；最后戴上加霞、穿上藏靴就完成了整套古休服饰的穿戴（图2-30）。

为了全面获取工布古休结构的一手材料，考察团队对筒裙、古休、加霞进行了图像、数据和结构图的信息采集。这项工作不仅为后续的数据分析、结构图复原提供了重要依据，还对整个藏服结构谱系及其理论构建具有重要的补充作用（图2-31）。

穿筒裙　　　　　　套头穿古休　　　　　固定前身　　　　　　固定后身

整装前　　　　　　　整装侧　　　　　　　　整装后

图2-30　古休的穿戴过程

古休的信息采集

成套古休穿戴完成与团队成员合影

图 2-31 古休的实地调查

2. 古休结构的信息采集

成套的工布服饰由筒裙、贯首衣古休、腰带、工布帽加霞和藏靴组成，自成一体。筒裙为五片氆氇制成，前后中各一片，左侧片为前后连裁，右侧前后各一片。两侧底摆处有开衩，从开衩处可以看到粉色的内里贴边，裙子穿在身上行走之时，贴边会露出来，所以一般使用较为明亮的色彩。开衩的边缘和裙子的摆缘都镶有金花锦边饰，且在衩口和裙片拐角处有三角形金花

图 2-32　工布氆氇筒裙标本（藏族居民自用实物）

锦饰边（图 2-32）。

从筒裙的复原结构图看，依然秉承了藏袍"三开身"的整幅氆氇居中结构，故前后均无中缝。居中氆氇上下几乎同宽，前片宽 49.5cm，后片宽 48.6cm（尺寸不规整说明此为手工织造），且两边均为布边，依据这个宽度推断筒裙所用的氆氇幅宽在 49cm 左右。而两侧裙片上窄下宽，左侧片为前后连裁，整个左侧片上宽 20cm，下宽 37.6cm，相差 17.6cm。右侧片前后分裁，前片上宽 8.8cm，下宽 19.5cm，相差 10.7cm。后片上宽 9cm，下宽 19.5cm，相差 10.5cm。故整个下摆围度比筒裙腰围宽出 38.8cm，成品腰围为 135.9cm，下摆围度为 174.7cm。裙长 98.5cm，下摆两侧开衩左侧衩长 14cm，右侧衩长 17cm。整个下摆的金丝缎边饰宽为 1.3cm，裙子没有里布，仅在开衩位置到底摆之间的部分附有 5cm 宽的贴边（图 2-33）。这些数据看似无规律可循，其实另有玄机，可以说古休筒裙结构是工布版的单位互补算法，甚比中华先秦简牍《制衣》所记古老的交窬算法（见后专章论述）。

无论春夏秋冬，不分男女，工布人都会穿古休，它是套在普通有袖有襟藏袍外边用绸腰带束扎的穿着方式，形成古休披挂胸背的状态。女装古休通体宽度均大于人的肩宽，两肩冲襜部分可以起到遮挡雨水的作用，使其沿着肩襜落下以免浸湿衣身。女装古休系扎后的衣长约到脚踝部，男式古休系扎后的长度稍过膝盖，与西藏服饰文化标志性的褚巴（藏袍）男长袖短摆，女短袖长摆族俗相吻合，这在民俗学上仍是未解之谜（图 2-34）。

从展开的古休实物中观察，通体氆氇面料，在领缘、摆缘和侧缝处镶有金花锦饰边，并且在前后腰部位置有两个硕大三角形重叠相对的金花锦装饰（图 2-35）。

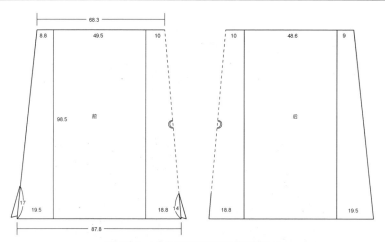

图 2-33 工布氆氇筒裙结构图复原

图 2-34 当代工布古休的藏族居民装束

图片来源：2015 年 9 月 18 日作者摄于墨竹工卡县门巴乡直贡梯寺

平展

前　　　　　　　　　　后

图 2-35　工布古休标本（藏族居民自用实物）

古休沿肩线展开后全长 283cm，从接缝上判定一件古休由三幅氆氇拼接而成，中间两片氆氇宽度保持整幅，两侧氆氇依肩宽腰窄的需要裁成半鱼形。下摆宽 60cm 左右，肩宽 59.2cm，肩部与下摆中间大概腰线的部位逐渐减小达到最小值约 44cm，形成整件贯首衣的鱼形轮廓。横开领 15cm，直开领 19cm，无后领深。前片下摆起翘 2.7cm，后片 3cm，形成微弧形的下摆（图 2-36）。结合结构复原图分析这些数据，仍可挖掘交窬的智慧（见后专章论述）。

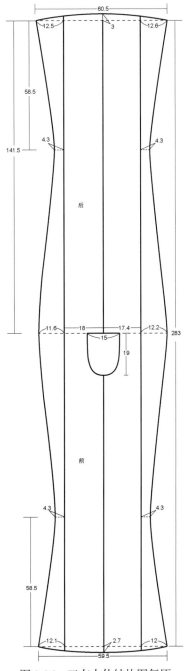

图 2-36 工布古休结构图复原

古休结构看似简单，但它的学术价值在于不仅承载了远古初现贯首衣的基本信息，还可以推演出它与藏袍"三开身十字型平面结构"的继承关系，虽然经过中间的藏汉融合，但这些信息仍然存在。贯首衣被学术界认为是世界服装史上最古老的服装形制之一，由一整块布折叠成胸、背两片，在对折处剪开成为领孔[1]，有横向也有纵向开领，挖出一个圆形领口被视为进化的贯首衣，工布古休属于此类。在如广西壮族、贵州某些苗族支系和海南黎族等西南少数民族中仍较为普遍，然而出现在西部高寒藏族地区却显得尤为特殊，因为它可以勾画出中华贯首衣从远古到现代的结构图谱，这种古老的活化石甚至成为藏袍"三开身十字型平面结构"的始祖（图 2-37）。

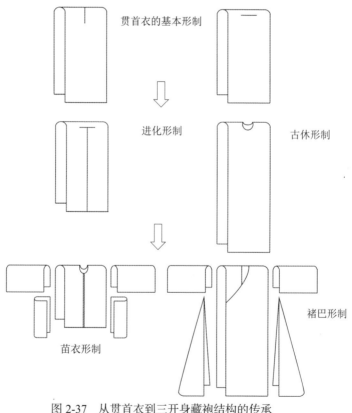

图 2-37　从贯首衣到三开身藏袍结构的传承

① 邢莉：《中国少数民族服饰》，五洲传播出版社 2008 年版，第 76 页。

（三）前藏无袖交领长袍曲巴普美的藏汉融合

从元代开始，藏族服饰的阶级性差异体现得尤为突出，贵族、官吏、僧侣和民间服饰的差异性主要表现在质地的高贵、花纹的讲究与否，但在结构上没有根本的区别。到了民国时期，以拉萨为代表的卫藏地区，贵夫人、小姐追求时尚前沿上海都市富人的改良旗袍，最终与藏袍相结合形成了两种全新样式，藏语称"曲巴普美"（无袖袍）和"曲巴普玉"（有袖袍），它的最大特点就是改变了藏袍固有的"三开身十字型平面结构"，材料多用各种花缎制成①，这种形制成为现代藏族妇女讲究装束的标志性服饰，广泛流行于前藏地区（图 2-38）。

图 2-38 拉萨藏族妇女讲究的曲巴普美和曲巴普玉
图片来源：2015 年作者拍摄于拉萨

曲巴普美和曲巴普玉除了脱离普遍藏袍的"三开身十字型平面结构"外，另一个特点就是两侧加有侧摆，穿着方式是向后腰扎掩形成两个侧摆的重叠并用连属的腰带系扎，这一表现独特时代特征的藏袍，与 20 世纪二三十年代的改良旗袍同样具有史学价值，却并未得到学术界重视，它的结构研究尚存空白。

---

① 安旭编著：《藏族美术史研究》，上海人民美术出版社1988年版，第132页。

　　北京服装学院民族服饰博物馆馆藏编号为 MFB005378 的蓝菊花绸曲巴普美标本的面料中织有"快乐""健康""幸福""寿考"字样，从文字信息可以得出两个结论：一是明显受汉文化的影响；二是标本为 1977 年或之后的实物，因为"健康"的"健"采用的是 1977 年二次汉字简化的字（图 2-39）。结构上，胸腰部多处施省，肩部采用断肩，在藏族袍服中区别于其他传统藏袍而表现出明显的西式立体结构，有汉服改良旗袍的影子，然而在款式上依然沿用交领右衽大襟和通体袍服的形制，又表现出藏族服饰的独有特点（图 2-40）。

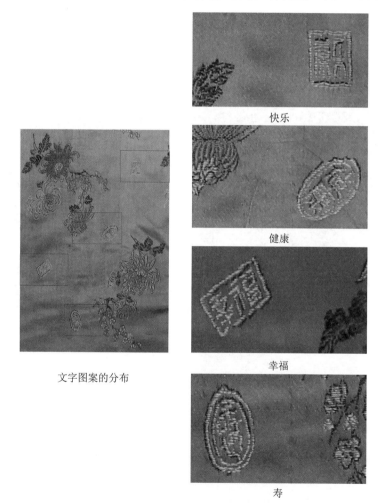

快乐

健康

幸福

寿

文字图案的分布

图 2-39　前藏曲巴普美标本纹样

展开前

展开后

图 2-40 前藏曲巴普美标本和款式图

蓝菊花绸曲巴普美脱离了传统藏袍"三开身十字型平面结构"的范畴，出现了立体结构，注重塑造人体曲线，前后以及里襟腰部均进行了多处收省处理，且有肩斜（破缝），这是改良旗袍后期的典型特征。标本为单层无衬里，通过对实物结构进行的数据采集和结构图复原可以看出，整个曲巴普美结构分为前后片、侧片、里襟和领子，其中除了里襟在腰线处有断缝，主身衣片为通体结构（图 2-41）。

领子外襟完整内襟结构进行了多处拼接，并且拼接缝并没有依据衣身的接缝出现在肩线，拼接位置随意。领子宽度亦不均衡，最宽处有 5cm，最窄处仅有 1.5cm，但是最窄的部分位于里襟隐藏部位。显然，领子的裁剪是根据主身衣片裁剪后余下的边角料拼接而成，在节省面料的同时又满足了"尊卑"的美学理念。

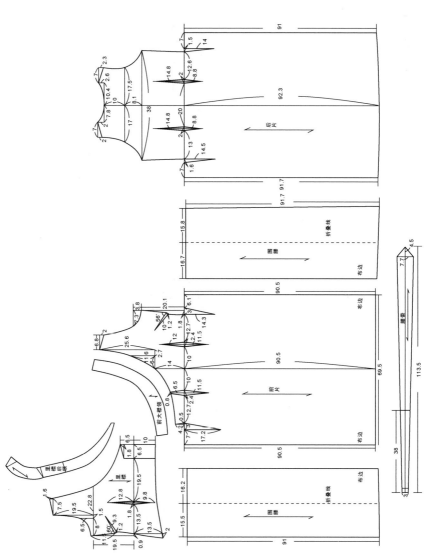

图 2-41 前藏曲巴普美标本结构图复原

曲巴普美样本上身为合体结构，通过腰省的设计解决胸腰差，下裳直身形制造成的松量通过围腰系带自由调节。修身的结构设计使得侧摆系扎后凸显出人体的曲线，也成为前藏女性和沿海地区开放思想意识的时代呈现（图2-42）。

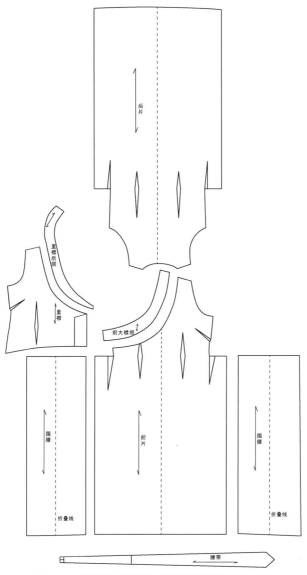

图 2-42　藏族曲巴普美与汉族定型旗袍结构对比

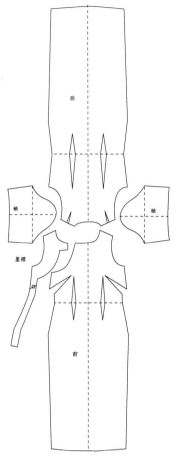

图 2-42　藏族曲巴普美与汉族定型旗袍结构对比（续）

（四）后藏氆氇短上衣堆通结构的继承

在传统的卫藏（区别于其他省份藏族聚集区的称谓）区划中，拉萨地区为前藏，日喀则地区为后藏。由于自然环境的阻隔，后藏以及前藏以外的藏族聚集区对藏服传统的保存更加纯粹和本色。因此，汉化明显的曲巴普美一定发生在前藏，不会发生在后藏；相反，固守藏服传统的堆通和褚巴在前藏以外的藏族聚集区保守得更真实，更具有研究价值。

立领大襟的短上衣藏语称为堆通，其主要面料采用氆氇，这对藏袍结构的继承起着关键作用，装饰手法上也是如此，通常用金丝锦装饰领缘和襟缘，并与交领藏袍褚巴搭配穿着。[①]随着现代文明的推进，藏族传统服饰相应发生着变化，从宽大的藏袍到短小的上衣，但对氆氇的坚守，使古老的"三开身十字型平面结构"得以保存。

编号为 MFB005390 的黑色男式氆氇堆通是典型的标本，采集于西藏日喀则地区，为后藏男子典型日常服。款式特点为立领右衽大襟，衣长较短且直身形无收腰，袖长也刚好与人体手臂相符，没有像褚巴一样采用肥大的袖子，这与褚巴（藏袍）组合穿着有关。面料采用单层氆氇，仅在领子和大襟内里有蓝色贴边[②]（图 2-43）。

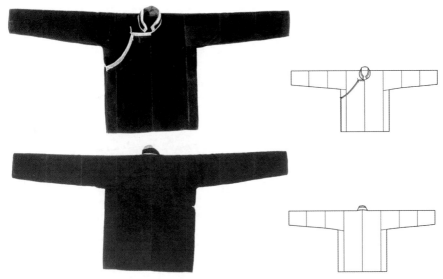

图 2-43　后藏男式氆氇堆通标本及款式图

在对堆通标本进行数据采集和结构图复原后发现，氆氇面料幅宽最大值为 22.2cm。主身左右各取了一整幅氆氇即"两拼"，袖片左右各三幅，左右

① 郭凤鸣：《秩序中的生长：少数民族习惯法的教育人类学解读》，四川大学出版社2011年版，第41页。

② 蓝色贴边是藏服贴边锦的标志性元素，且在堆通中很普遍，这中间传递着两个信息：一承载着苯教遗存，苯教视蓝为"教色"，因需要融于藏传佛教，通常以隐形样式表现；二基于以上原因，有蓝贴边的藏服通常散布在卫藏以外的偏远地区（参阅本书第三章第三节）。但现代藏服的使用已经成为"藏俗"。

侧片前后连裁刚好三分之二幅。衣长 71cm，左袖长 65.2cm，右袖长 65.4cm，胸围 116.8cm，尺寸相当于现代汉族男装的成衣尺寸，也就是说并不像传统藏袍一样设计足够大的尺寸兼作铺盖之用。相反，从合体的形制特点来看，堆通类型服饰验证了文献中堆通与交领藏袍褚巴搭配穿着的记述。两个侧片为前后连裁，侧片形制并没有采用上小下大的三角形，而是在侧片主体上保持了宽度的统一，这是衣长短的必然结果。在腋下部位即侧片的上端出现了三角形，可以说这是深隐式插角结构退化的结果，它与侧片连裁结构结合与衣身、袖片共同构成了堆通"三开身十字型平面结构"，同时又能看出苗族形制的贯首衣痕迹（图 2-37、图 2-44）。

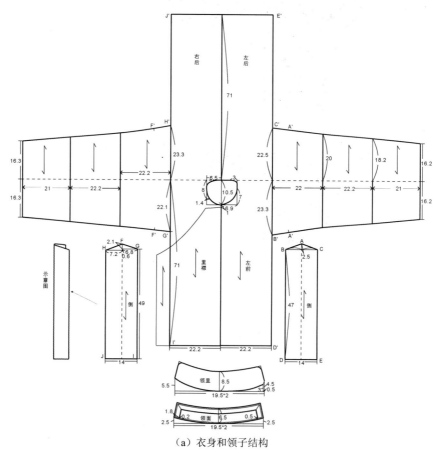

（a）衣身和领子结构

图 2-44　后藏男式氆氇堆通结构图复原

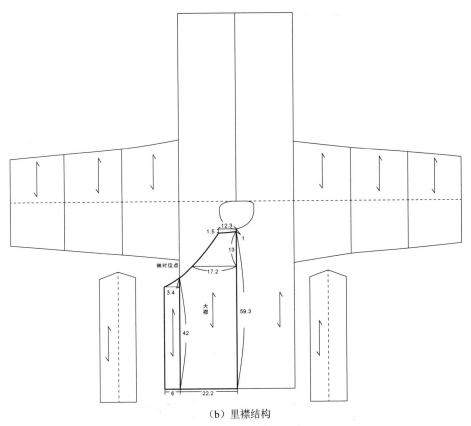

（b）里襟结构

图 2-44 后藏男式氆氇堆通结构图复原（续）

对比氆氇藏袍标本，它与氆氇的拼接方式和工艺是相同的；不同的是，氆氇藏袍保持了传统藏袍交领大襟的形制，而堆通更接近汉族传统，即立领右衽大襟。值得研究的是，根据汉俗传统，圆领和交领组合时，圆领服在外、交领服在内，由此衍变为清末民初长袍（大襟立领）在内、马褂（对襟立领）在外的礼教，而藏服的堆通与褚巴组合时刚好相反（图2-45）。

图片来源：美国杜克大学图书馆电子图片库，1917—1920 年摄影师 Sidney D. Gamble 拍摄

艺人丹真甲展示藏袍

图片来源：2016 年 11 月 11 日作者摄于钦渤藏艺服装制售店

图 2-45　汉族长袍马褂与藏族堆通褚巴搭配的比较

（五）交领长袍褚巴的先秦遗风

据《辞海》对褚巴的解释，交领右衽大襟藏袍在藏语中被称为褚巴，是藏族、门巴族的主要服装。多以氆氇缝制，考究的也用哔叽或绸缎面料。内衬皮里、布里，男士褚巴尤其肥大，束腰后在腰际形成一个兜囊，可装物件，有时袒出右臂以利劳作，夜晚可作为铺盖和衣而眠。[1]《西藏志》中这样描述，"居长穿大领无衩小袖衣，名曰褚巴，皆以五色绸缎或片子为之，亦用各色皮为里"[2]。"居长"指袍，袍无居短，恰"居短"指堆通（短衣）；"大领"指交领大襟，它是从先秦"曲裾"[3]衍变而来的，这就是褚巴有先秦遗风的重要依据；"五色绸缎"是指各种绸缎，从汉地而来；"片子"指氆氇，因为氆氇幅宽很窄，做袍裁片时便成为片子。从这些信息来看藏汉的文化交流由来已久，交领右衽大襟就是这种交流的结晶。然而，在汉地它已成为历史，却在今天的藏俗中普遍保存着。

褚巴现为藏族聚集区最常见的服装形制，既是藏文化无断裂的佐证，也是区别于其他民族最显著的服饰，保留了先秦服饰交领右衽大襟的特征。藏袍既无口袋，也不用纽扣，用系带也是汉地中古以前服饰的基本特征。腰间系上腰带将形成的兜囊作为口袋功用，藏族人穿褚巴通常只穿一只袖子，另一只袖子自然悬垂至身后，这种习俗与高原昼夜温差大的气候特点有关，更与藏传佛教僧侣"脱袖仪"有关。

从湖北江陵马山一号楚墓出土的战国袍服可以看出，从先秦开始，交领深衣便成为汉族主流服饰形制，后来出现的圆领、对襟以及明清以后出现的立领大襟逐渐替代之，汉族的传统在"改正朔，易服色"[4]的礼制之下，随着

---

[1] 夏征农、陈至立编著：《大辞海·民族卷》，上海辞书出版社2012年版，第60页。

[2] 《西藏研究》编辑部编辑：《〈西藏志〉〈卫藏通志〉合刊》，西藏人民出版社1982年版，第24页。

[3] 曲裾深衣多见于战国时期楚墓出土的大量木俑、帛画中，湖南长沙马王堆一号汉墓出土的12件完整的服饰中有9件为曲裾深衣，可见此种形制在汉代十分流行。

[4] "改正朔"即重新规定每年正月初一的具体时间，引申为颁布新的历法，如唐朝经学家孔颖达所言："改正朔者，正谓年始，朔谓月初，言王者得政，示从我始，改故用新。"中国古代统治者往往以建立新的历法作为本朝的开国标志，从而体现新政权的权威与尊严。而"易服色"是指制定新的服饰制度，所以历代都有自己的"舆服志"。

朝代的更迭，领式也相应地变化。到了清末，立领大襟基本取代了交领大襟；民国时期，交领大襟完全淡出了人们的视线，只作为僧袍形制保留着。然而，藏族褚巴却将汉族先秦的形制保留传承至今，并与立领大襟的堆通组合，形成藏制的标准搭配。

从类型学上看，北京服装学院民族服饰博物馆藏 21 件藏族服装藏品中，有 12 件属于褚巴类型，占到藏品数量的一半以上；从藏品的属地来看，有西藏、青海、四川等不同藏族聚集区习俗的褚巴，它们虽然有牧区和农区地域的特征，但"交领右衽大襟形制"和"三开身十字型平面结构"没有改变。除了编号为 MFB005489 的蓝色几何纹提花绸藏袍为立领大襟（堆通形制）外，其余标本均为交领大襟。因此，褚巴构成了藏服形态的基本特征，标志性的结构虽然有独幅、两拼和三拼，但始终保持着"三开身十字型平面结构"，也构成了藏族服饰结构谱系的基本特征（表 2-4）。

表 2-4　北京服装学院民族服饰博物馆藏褚巴"十字型平面结构"图谱

标本信息	外观图	结构图
MFB004733 氆氇镶水獭皮饰边藏袍	 两拼	

续表

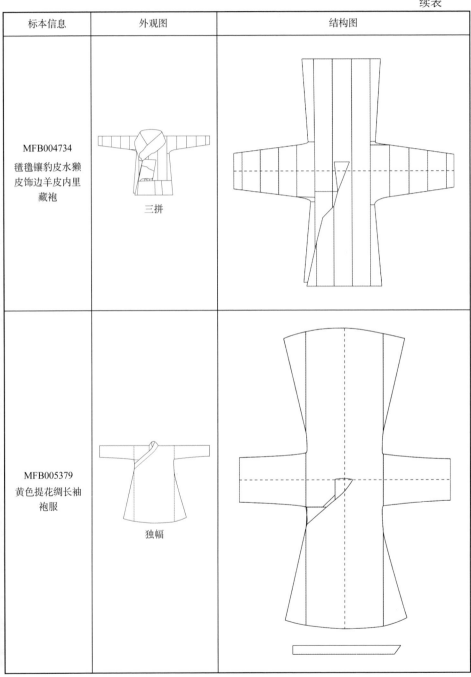

标本信息	外观图	结构图
MFB004734 氆氇镶豹皮水獭皮饰边羊皮内里藏袍	三拼	
MFB005379 黄色提花绸长袖袍服	独幅	

标本信息	外观图	结构图
MFB005381 黄缎交领喇嘛 长袍	独幅	
MFB005389 金丝缎镶豹皮 藏袍	独幅	

续表

标本信息	外观图	结构图
MFB005397 棕色氆氇交领 藏袍	两拼	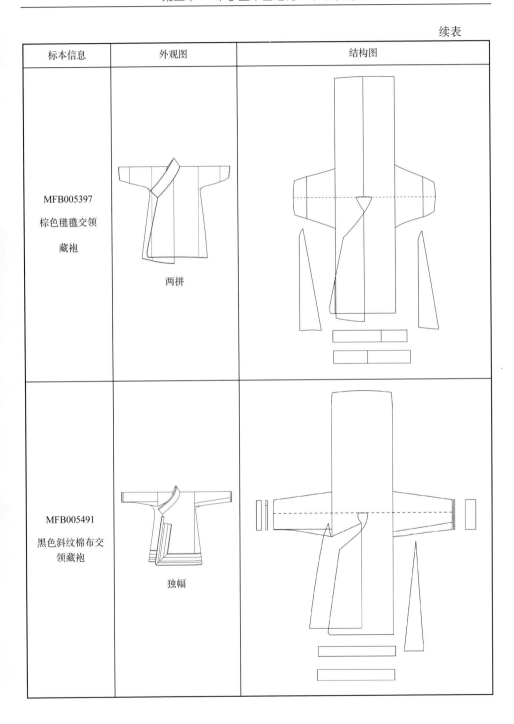
MFB005491 黑色斜纹棉布交 领藏袍	独幅	

标本信息	外观图	结构图
MFB005492 深棕丝缎团纹 交领藏袍	独幅	
MFB005991 羊皮面镶水獭 皮织金五色饰 边藏袍	独幅	

续表

标本信息	外观图	结构图
MFB005992 织金锦镶水獭皮 饰边藏袍	独幅	
MFB005993 氆氇镶虎皮饰 边藏袍	两拼	

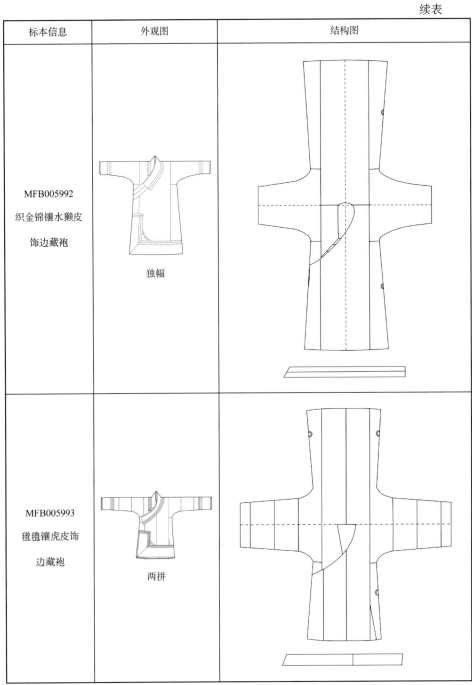

续表

标本信息	外观图	结构图
MFB005489 蓝色几何纹提花 绸藏袍[1]	独幅	

注：①立领大襟为堆通的基本形制，在藏袍中取代褡巴的交领大襟是追求汉俗贵族化产物，因此标本的贵族身份明显

四、本章小结

"丝绸文明"造就了中华服饰"十字型平面结构"系统；"羊毛文明"催生了欧洲服饰"分析型立体结构"系统，这符合物质形态决定意识形态，经济基础决定上层建筑的辩证唯物主义历史观。在中华多元一体的文化背景下，藏族服饰形态的演变也不会违背这个规律。藏族服装材质的改变，经历了初始的兽皮、兽皮与毪氇结合的过渡期，到毪氇、织锦、棉麻等纺织材料为主的定型期，引起了不同材质服装的不同结构特征。皮袍"前整后零，外全内碎"体现了朴素的尊卑美学，随着织物的出现、纺织业的发展和藏汉贸易的

繁荣，氆氇、织锦和棉麻藏袍的结构伴随着面料幅宽的改变而改变，以氆氇为代表的纺织品成为藏服的主流，也就形成了以"三开身十字型平面结构"为标志的藏族服饰结构谱系。然而，无论哪种材质，或是不同文化区域的藏服类型，始终没有脱离"十字型平面结构"的中华服饰结构系统，而表现出高寒域的结构形态，在中华服饰结构谱系中具有特殊和重要的历史地位。

藏族服饰发展到吐蕃时代呈现出相对稳定的状态，并一直延续到今天，但仍具有区域性差异，参考藏学的分类方法可分为工布服饰、前藏服饰、后藏服饰和全域的褚巴类型。工布古休贯首衣可以说是藏族服饰系统中最独特的一支，带有远古的服饰形制信息，甚至可以还原出藏族服饰"三开身十字型平面结构"的原始状态，而区别于西南少数民族贯首衣结构形制①，为藏袍深隐式插角结构的形成提供了条件。前藏地区女子普遍穿着的无袖交领长袍曲巴普美出现了立体结构，已经脱离了"三开身十字型平面结构"的范畴，与民国时期汉族改良旗袍的收省设计如出一辙，属于藏汉融合的产物，这种藏汉文化在 20 世纪初"同期同构"的文化现象需另辟专题研究。后藏立领偏襟的氆氇短上衣堆通更接近于汉族传统服饰结构，但是氆氇面料的使用令其保留了"三开身十字型平面结构"，且侧片的形制已经发生了改变，介于西南少数民族和藏族之间。全域褚巴为藏族聚集区最常见的形制，是不具有地域性、适用于任何面料制作的常服，然而，其交领右衽袍制带有先秦"深衣"的遗风，深隐式插角和单位互补算法的古老术规也为研究中华民族"多元一体"文化特质的实证提供了重要线索或藏族模式。

在中华服饰系统中，其他民族的服饰已不再在日常生活中使用，而藏族服饰却始终沿用到今天没有发生断层，与藏族固守亦俗亦教的文化特质有关，这种继承借助了宗教的力量，赋予了服饰独特的文化内涵，使得服饰承载了藏族其他物质文化不能替代精神寄托，才得以如此稳定地延续下来。从对纵向不同时期、不同材质的藏袍结构梳理，到横向同一时期、不同形制的藏服比较，构建了藏族服饰充满高寒域和宗教色彩的结构谱系。

---

① 贯首衣结构，在中原表现为史前状态，它的特点就是"整裁整用"。记史以来它的平面结构有所保留，交领大襟成为主流，确定了左右分裁的结构格局，而贯首衣仍在少数民族边远地区保留着。

第 三 章

从藏族服饰结构看中华民族多元一体格局

中国是一个多民族国家，呈现"大杂居、小聚集"的民族杂聚特点，藏族域广高寒封闭的地貌气候造就了其独特的民族性格、亦牧亦农的生活方式和亦俗亦教的文化特质。从服饰的表象很容易辨别出民族文化的不同，但不同民族之间的服饰结构就不那么容易辨别了，而这一点却又很关键，亦需要专业知识来分析。藏族创造了一种独特的"高寒域结构"，即"三开身十字型平面结构"。然而在整个中华民族服饰结构谱系中，包括藏族在内不同民族服饰间虽存在差异，但它们都归于中华服饰"十字型平面结构"系统，体现出中华民族多元一体的文化面貌，藏族服饰的"高寒域结构"又在这个系统中具有特殊的地位。上一章通过服饰结构系统研究得到了实证，这里需要做民族学的理论梳理。

一、中华民族多元一体与藏族服饰结构

中华民族是众多民族经过漫长的历史积淀、分化和融合而形成的复合民族，在这个漫长的过程中有些民族被别的民族同化，但不变的是任何一个民族都对中华民族的历史做过贡献。所以说，各个民族共同创造的物质文化成为联结整个中华民族的纽带，民族与民族之间文化艺术的交流和吸收，成为中华民族多元一体格局与服饰文化产生关联的重要原因。藏族服饰有着自己独特的高原文化特点，同时又不断地吸收着汉族和其他少数民族的服饰文化，这中间作为物质文化的服饰是如何体现的？"结构形态"是重要的观察指标。

（一）中华民族多元一体与服饰结构

1. 中华民族多元一体命题

中华民族多元一体的命题最早由费孝通先生于20世纪80年代首次提出，其中56个民族是多元，中华民族为一体，两者虽都称为"民族"，但是两个"民族"所代表的层次不同；56个民族是基层为实体概念，中华民族是高层为文化属性。[①]这个理论是费老先生在人类学、社会学、民族学的研究基础上提出的，创立了一个新的"民族文化学"理论。

中华民族族体结构与文化发展，是以"多元起源，多区域不平衡发展，反复汇聚与辐射"的方式作"多元"与"一体"辩证运动。[②]虽然不同的民族在经济类型、语言甚至历史文化、宗教上存在差异，但是他们仍然是相互平等、相互融合、不可分割的统一体，这一格局在中华服饰结构研究中得到了证实。

2. 中华民族服饰结构的多元一体

中国传统文化是中华各民族文化的集合体，作为中国传统文化最重要内容的民族服饰，也同样是对中华民族多元一体格局很好的诠释。《中华民族服饰结构图考》一书中，在对中华民族服饰结构作系统研究整理后首次提出了这一命题，认为在中华民族服饰"十字型平面结构"体系中各民族存在着"多元"的地域性特征。通过对汉族以及少数民族的服饰结构比较研究发现，虽然不同民族服饰有着各自的结构特点即"多元化"，但是始终保持在"十字型平面结构"的"一体"系统之下，平面结构是指所有衣片之间的接缝均为直线而不产生立体效果，由此产生"十字型"的必然结果，这种由"敬物尚俭"的初衷升华为"天人合一"的物化。各民族服饰所表达的结构都不尽相同，藏族的"三开身"结构、汉藏的"两开身"结构、西南民族贯首衣的"整裁整用"结构等都表现出地域性的族属特征，而它们都没有脱离"十字型平面结构"系统这一中华传统服饰文化一脉相承的

---

① 费孝通主编：《中华民族多元一体格局》，中央民族大学出版社1999年版，第13页。
② 阴法鲁、许树安主编：《中国古代文化史 1》，北京大学出版社1989年版，第1—41页。

共同基因。重要的是这是基于实物的民族服饰结构研究的成果对费孝通先生中华民族多元一体的民族学理论的生动实证（表3-1）。

表 3-1 同时期汉族和主要少数民族服饰的"十字型平面结构"

民族	外观图	袍服主结构分解图
藏族 《藏族服饰研究》		
汉族 《中华民族服饰图考 汉族编》		

续表

民族	外观图	袍服主结构分解图
蒙古族 《中国北方少数民族服装结构研究》		
苗族 《中华民族服饰图考　少数民族编》		
广西茶山瑶 《中华民族服饰图考　少数民族编》		

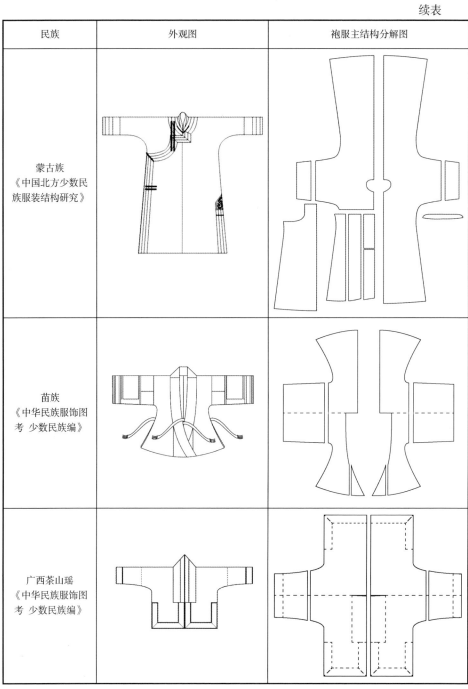

续表

民族	外观图	袍服主结构分解图
海南润黎《中华民族服饰图考 少数民族编》	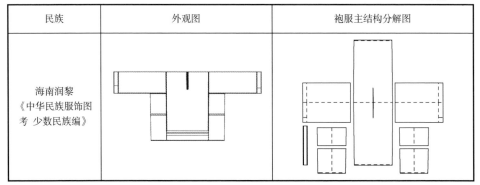	

（二）藏族服饰结构特征释义

1. "三开身十字型平面结构"

对比传统藏汉袍服基本形态发现，传统的藏袍前后中无破缝，衣身（前片和后片）采用一个整幅面料居中，虽然有"两拼"和"三拼"的情况，都是由布幅所致，在藏族先民看来它们都是一个整体。而汉袍无论布幅宽窄，都会采用两个布幅在中间拼接。因此，"中缝"早在先秦《礼记·深衣》中就有"准绳"的礼制记载，而秦简《制衣》中不叫"绳"而叫"督"。这就是它们有无中缝的"敬物"和"崇礼"的区别。根据各自的结构机制，两者虽然都是右衽形制，但藏袍必须通过拼接里襟才能保证主体完整，袖子和侧摆另接，故形成了藏袍独特的衣身、袖子和侧摆"三开身十字型平面结构"，这一点完全不同于汉族传统服饰结构。传统的汉族服饰结构前后中均有破缝呈现左右对称的形式特点，左右对称的两个衣片都是一个整幅面料，衣身与袖子连裁而不产生袖和身的接线，只是受幅宽的限制会在袖子部分接一段以满足袖长的需求。两者最大的区别体现在大襟的裁法上，由于汉族服饰前中缝的存在，右侧前片直接作为里襟使用，而大襟刚好利用中缝单独裁出拼接，"准绳"（礼制）犹在。不变的是它们都没有脱离"十字型平面结构"这一主体（图3-1）。藏汉服饰结构都采用二次元的思维（"十字型"产生的必然），也都遵循"布幅决定结构形态"的节俭造物原则，而为什么藏袍整幅居中、汉袍整幅拼接，这或许可以从素有活化石之称的工布古休中找到答案。

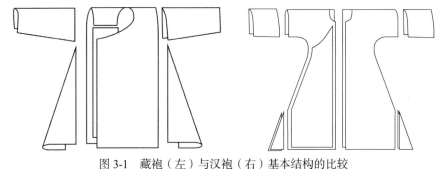

图 3-1 藏袍（左）与汉袍（右）基本结构的比较

2. 从古休贯首衣到"三开身十字型平面结构"褚巴

藏族服饰中有一类特殊的形制，即生活于西藏自治区东南部林芝市的工布藏族居民所穿的古休贯首衣，它是包括东西方人类混沌初开典型的"蒙态形制"。具体的尺寸数据和裁剪方法在其他章节中有详细的叙述，这里仅对它的结构特点做专门的讨论，去探讨它与定型的藏袍"三开身十字型平面结构"的关系。

工布藏族的古休是由贯首衣和筒裙组合使用的，在结构上它们都保持了藏族服饰典型的整幅氆氇面料居中的特点，前后中均没有破缝。古休贯首衣被学术界认为是世界服装史上最古老的服装形制之一，最原始的贯首衣结构状态并不是圆形的领孔，只是在套头的位置横向或竖向破开一条缝作为领口，后来慢慢演变为现在工布古休的形制（图 2-35、图 2-36）。值得一提的是，贯首衣形制更多地存在于西南少数民族中，如黎族、壮族、苗族等，这种情况在今天海南润黎古典上衣中仍坚守着（表 3-1 最后列图），但在藏族中得以保存实属罕见，由此可以还原出藏族服饰结构发展的演变过程，甚至可以建立出从远古的贯首衣到定型下来普遍存在的"三开身十字型平面结构"的藏族服饰结构谱系（图 3-2）。

将古休贯首衣和"三开身十字型平面结构"联系起来可以发现，古休可以理解为褚巴（长袍）三开身结构的主身部分，也是由氆氇的布幅决定的居中结构，所不同的是，在进化中"主身"在领口处外侧连裁大襟内侧拼接里襟形成拥掩，再加入袖子、侧片的部分，这就是"三开身十字型平面结构"形成的机理。这样无论是贯首衣的古休还是藏袍，主体保持完整，通过腰带系扎使腰以上形成行囊，在迁徙中当做携具，驻扎时可充当铺盖。值得关注的是，从贯首衣到"三开身十字型平面结构"的转化，正是为藏服深隐式插角结构和单位互补算法古老术规的形成提供了条件。

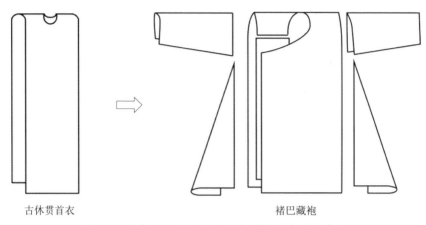

古休贯首衣 　　　　　　　　　　　　褚巴藏袍

图 3-2　藏袍"三开身十字型平面结构"的古老信息

3. 一服多用

亦牧亦农的生活方式、亦俗亦教的文化特质造就了藏袍一服多用的"三开身十字型平面结构"，也催生了藏族居民喜欢穿长袍的习惯。高寒区日照充足，气候多变，昼夜温差大，生活在这些地区的藏族居民要选择便于起居、行旅的服装形制，藏袍形态就集中地表现了这种特点。它的体积肥大、袍袖宽敞，臂膀伸缩自如，白天阳光充足、气温上升，便可以很方便地伸出臂膀调节体温，久而久之，脱下衣袖的装束就形成了藏族特有的豪放性格表达。从标准氆氇藏袍样本数据采集中得到证实，袖长（袖口间的距离）约为247.1cm，而成年男性的臂长（双手手指尖间距离）一般为170—180cm，可见藏族服饰的袖长远远超出了人体本身的尺寸，这便与他们独特的生活方式有关。白天天热时可以放下右袖露出右臂，将右袖从后面拉到前面搭在肩上，更热的时候将双袖脱下横扎于腰际，裸露双臂。无论是单袖绕肩还是双袖围腰系扎，都需要足够长的袖子。夜晚寒冷的时候可以临时搭盖足够长的袖子，起到保暖御寒的作用。这种超长袖子的形制可以说是藏袍便于劳作并充当铺盖的产物。赤裸右臂也成为了僧人的"服仪"（图 3-3）。

双袖围腰　单脱袖和双穿袖

图 3-3　藏袍的三种穿着方式

图片来源：张鹰主编：《西藏服饰》，上海人民出版社 2009 年版，第 177 页

　　氆氇藏袍标本的衣长（从肩线垂直向下到底边包括饰边）达到 129.2cm，而通常情况下男士外套的长度（下摆齐膝为标准长度）约为 110cm。藏袍多出近 20cm 正是基于游牧生活的反映，形成了一种独特的藏袍穿扎方式：藏族男子一般将袍底提至膝盖，通常以将后领用头顶住为准，用腰带扎紧，再将后领从头顶落下，多余的量就在腰以上形成一个大的行囊，牧民出牧时带的酥油、糌粑之类的食物都可以装在藏袍的"行囊"中，或在迁徙中充当必备储物袋，弥补藏袍没有口袋的缺陷，甚至把幼小的孩童直接放在大囊里。无论如何藏袍"宽袍大袖"的形制完全不同于汉人的"褒衣博带，盛服至门上谒"①，"岂必褒衣博带，句襟委章甫哉"②。古代儒生成也宽袍、败也宽袍，是对尚礼的追求。人们只需要将腰带扎紧便可以腾出双手去放牧劳作，牧民宽大的藏袍成了孩童最舒适、最安全的摇篮，因此妇女藏袍衣身更长或许与此有关。到了晚上气温下降时，长袍摊开即是一床厚实的铺盖，宽大的衣身结构居中和氆氇的"拼缝工艺"，正是这个功用的有力诠释（图 3-4）。

---

　　①［汉］班固撰：《汉书今注 4》，王继如主编，凤凰出版社2013年版，第1772页。第七十一卷《隽不疑传》，"褒衣博带"指宽大的衣服和衣带，古代儒者的装束。

　　②［西汉］刘安等：《淮南子·泛论训》，岳麓书社2015年版，第123页。

盛装食物或幼童

图3-4　藏袍的"行囊"

图片来源：Georgina Corrigan,
Tibetan Dress：In Amdo and Kham,
London：Hali Publications Ltd,
2017, p.186

藏袍结构的独特形制，决定了它的一系列附加功能。穿直筒大袍行走时不方便，腰带就成了必不可少的用品，起到调节衣长和行囊大小的作用。束袍腰带又是附着饰品的主要部位，各式各样的腰佩系在腰带上垂在臀部，构成形形色色的尾饰，带有原始巫术的意味。藏族人无论男女都有腰间佩戴精美腰刀等腰饰的习惯，为生产和生活提供便利。

牧区藏袍具有很强的保暖性和舒适性，在面料的选用、结构的考究和工艺的运用上体现得淋漓尽致。藏袍的保暖性是容易理解的，但对于"舒适性"的追求通常被认为是高度文明社会的行为，在藏袍中用某些形制去解释"舒适性"是不可思议的。然而，在氆氇藏袍标本结构形态的研究中却有所发现。

牧区藏袍面料多采用羊毛织成厚重的氆氇面料，可以抵御牧区高寒的自然气候。然而手工氆氇的幅宽很窄，但藏袍又需要做得宽大，这就需要两幅或三幅拼成一幅居中，也就有了氆氇藏袍两拼和三拼的说法，如果布幅足够大，藏袍是绝不会在前后中破缝的。[①]藏袍标本衣身的前后衣片都保证了居中氆氇面料的完整性，从拼接处的布边可以看出用到了氆氇的最大幅宽值，这种"居中完整结构"在藏袍履行其铺盖功能时大大增加了舒适性。同时，布边与布边之间采用手工对接缝制，因为毫无重叠的拼接缝工艺无法依靠机器完成，而布边的牢固性又给手工拼接带来了方便，并避免了搭接缝制产生的"缝梗"造成不适的铺盖感受。织金锦女袍布幅足够大而整幅居中使用，也是基于铺盖的考虑，由此形成了藏袍独特的"三开身十字型平面结构"（图 2-25）。

---

① 早期氆氇幅宽只有20cm左右，需要用三幅拼接成一个主身（图2-15）。氆氇纺织的发展依据氆氇手工织机的改进，氆氇幅宽的定型是在30cm左右，所以两幅拼接成一个主身便成为氆氇藏袍"三开身十字型平面结构"定型时的基本特征（图2-19）。织锦幅宽都在60cm以上，织锦藏袍也就回归了独幅的"三开身十字型平面结构"的真实面貌（图2-25）。

　　2016年，考察团队前往西藏日喀则吉隆县吉隆镇吉普村进行实地考察，在去往村里吉普庄园①的路上造访了真正的氆氇织娘，从主人用手工织机所织氆氇藏毯测得幅宽大约在30cm左右，藏毯是由两到三幅的氆氇手工拼接而成，不仔细辨别，难以察觉拼缝。这一方面说明氆氇拼接技术普遍应用于藏毯、藏包、藏袍等所有的氆氇制品，因此留有布边的完整氆氇就成为关键，也由此见识了为保证舒适性而采用"无搭叠量对缝"技艺的真面目（图3-5）。

图3-5　窄幅氆氇多幅拼接藏毯的实地记录
图片来源：2016年9月21日作者摄于西藏日喀则吉隆镇吉普村

　　无论是藏袍的多功能结构样式，还是基于实用而产生的宽大厚重的形制特征，都受到了地理气候和生产生活方式因素的影响，每一个功能、元素的背后都有一个"物竞天择，适者生存"的漫长发展和进化过程，这些被岁月沉淀下来的永久印记，成为藏族人民与自然博弈共荣的勋章。但这并不意味着缺少人文精神，而恰恰相反，只是这种人文精神充满着藏文化独特的宗教色彩。

4. "人以物为尺度"造物观

　　无论是藏袍的形制特点，还是结构样式、细节，都普遍存在不对称性，这似乎不符合普世的审美观。或许它与单位互补算法古老术规有关，因为这

---

　　① 尼泊尔尺尊公主嫁入吐蕃时途经此地休息，为其而建，虽昔日为庄园，但现在被用于寺庙，供奉有佛像，村民经常来此拜佛念经。

种术规正是基于"善用物"而生，即人适应物的尺度。首先，表现在它的款式上，藏袍的款式为交领，这种领型本身就带有随意性，可掩多掩少，腰带系扎可升可降。再加上藏袍的特殊穿着方式，胸前要形成一个兜囊而不是服帖于身体，所以大襟与里襟拥掩量的大小就会影响领子的形态，呈现出不对称的特点，虽然要达到大襟拥掩的实用效果，但是藏袍采用了里襟接缝的方法，这样可以最大限度地保留原本完整的主结构衣片。其次，表现在单位互补算法的古法裁制上，"单位"是指一个整幅布料算一个单位，在一个单位中根据需要裁剪的两个裁片必须达到"新拼片"的互补尺寸，以实现"善用"（零消耗），这在藏袍结构中极为普遍。这在标本的结构复原中得到了证实，即使微不足道的地方也是如此，在白马藏袍标本中，袖下的不对称三角拼片结构特点在藏袍中具有普遍性。直面观察一定会认为是用的边角余料，而排料实验表明，它采用了单位互补算法，尤其存在于布幅较宽的面料中。关于单位互补算法的具体内容和原理会在第四章中做文献和实物的考证。最后，表现在藏族服饰特有的深隐式插角结构中，关于插角的具体形态在第五章内容中会详细叙述，但是左右不对称的侧片形制也是基于节俭动机的考虑。关于后两点结构的详细解读，在后面也会辟独立的章节，这里仅列举其一作为"人以物为尺度"造物观的实例。

以北京服装学院民族服饰博物馆藏深棕丝缎团纹交领藏袍标本（编号为MFB005492）为例，从其结构复原图中可以看出，藏袍的左袖前和右袖后部位都有一片三角形的插片，呈现不对称分布。藏袍里襟与右侧片相连的衣片上端有深隐式插角结构，连裁的里襟和侧片形成的衣片形制也与左侧片不相对称。这些结构并非随意为之，也不是主观设计。通过对藏袍的排料复原实验很好地解释了这一不对称现象，是"人以物为尺度"的物化表现（图3-6）。

左右两个袖片和两个不对称袖下三角插片利用单位互补算法的原理刚好可以复原成一个完整的布幅。里襟和右侧片相连的衣片也刚好可以与大襟侧片、左侧片复原成一个完整的布幅，在一个完整布幅之下实现多个衣片的裁剪，以"物尽其用"为最终目的，最大化地使用面料，几乎达到零消耗，而宁愿牺牲藏袍的对称性。这是一种朴素的节俭美学，是藏族原始宗教苯教"万物有灵观"的体现，藏族人民相信自然万物皆有灵，包括"造物"本身，应该对它们心存敬畏，最好的办法就是从完整中来，又回归到完整。所以在进行藏袍制作时以尽量不破坏它的完整性和不浪费为原则，以面料的幅宽来决定成衣的结构，完美地诠释了"人以物为尺度"的造物观，这种造物观与其说是一种术规，不如说是一种仪规（图3-6、图3-7）。

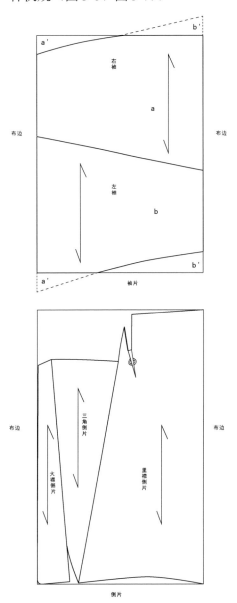

图 3-6　深棕丝缎团纹交领藏袍结构从单位互补算法到"人以物为尺度"不对称表达

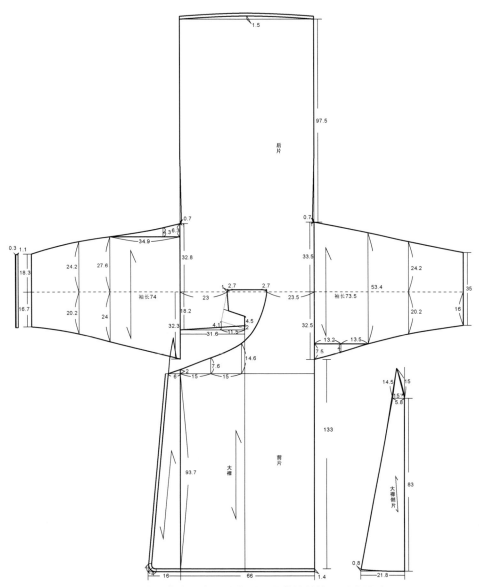

图 3-7 "人以物为尺度"造物观下的藏袍结构不对称设计
（袖片插角、右侧腋下深隐式插角等）

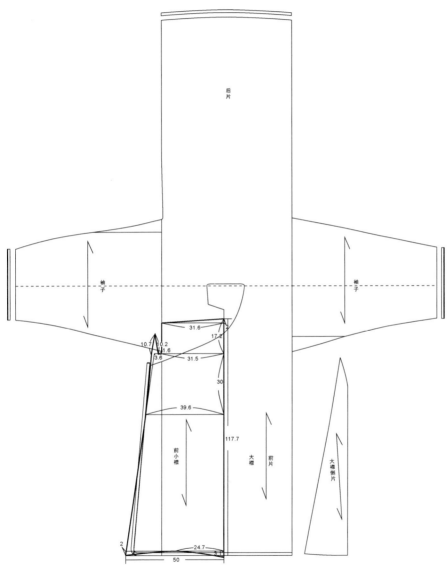

图 3-7 "人以物为尺度"造物观下的藏袍结构不对称设计
（袖片插角、右侧腋下深隐式插角等）（续）

从表 3-1 中可以看出，几乎所有的民族服饰结构中都遵循"布幅决定结构"的古老术规，但是藏袍将"人以物为尺度"上升到了神化的高度，所以相比其他民族来说表达得更加淋漓尽致。

二、藏族与其他民族服饰结构比较

要想确立藏族服饰结构在整个中华民族服饰结构谱系中的坐标，就必须将藏族与其他民族服饰结构进行比较研究，找寻藏族服饰结构特征的固有性、特殊性及其在中华民族文化中的共生关系和交流的物质信息，这有利于藏族服饰结构谱系的构建。而且，它作为唯一的"高寒域服饰类型"和藏传佛教[①]服饰文化形态的载体，对整个中华民族服饰结构谱系的完善具有指标意义。藏汉民族服饰结构的比较是最重要的观察点。另外，在地域、生产生活方式和宗教习俗方面与之接近的民族中，最具代表性的是蒙古族和西南地区少数民族。

（一）汉族服饰结构

先秦时期从周朝开始，冕服制度就已十分完善，这种"十字型平面结构"一直延续到清末民初。湖北江陵马山一号楚墓出土的精美服饰为先秦服饰结构研究提供了珍贵的实物样本，所有袍服的衣身部分都呈现"十字型平面结构"；湖南长沙马王堆一号汉墓出土的曲裾和直裾袍服为汉代袍服结构研究提供了实物，无论是曲裾袍服还是直裾袍服，衣身结构和马山楚墓的袍服一样保持了"十字型平面结构"，或许更加标准化了，为后续各代继承着。"十字型平面结构"的上衣下裳制，通过汉代罢黜百家，独尊儒术的礼教历练，在盛唐形成了通袍制，并成为主流，而后又有宋明"褒衣博带"的古典气象，并以"十字型平面结构"的经典样式确立下来，直至民国初年改良旗袍和中山装的出现。当然，在这个过程中，绝不是汉族单一民族的发展成果，从一开始就是"多元起源，多区域不平衡发展，反复汇聚与辐射的多元与一体辩

---

① 藏传佛教与汉传佛教构成了中华民族佛教文化系统的两大支柱。藏传佛教形成的路径，是在汉传佛教形成之后，7世纪吐蕃时代汉传佛教和印度佛教同时向西藏传入，与藏地原始宗教苯教融合产生的。

证运动"的民族融合成果，在其他民族统治的北魏、元代、清代亦是如此。因此就"多元与一体辩证运动"的中华文化特质来看，历史上虽然没有藏族统治的中华王朝，但它的古典藏袍右衽交领形制和"三开身十字型平面结构"具有汉唐的遗风却比其他任何民族保留得更生动而深刻（表3-2）。

纵观中华古典服饰历史演变中各个时期的服饰结构，在始终保持"十字型平面结构"的同时，领型上经历了从交领到盘领再到立领的变化过程，形态上始终保持左右对称，并且从交领时代开始，结构上始终保持前后中缝礼制，这种结构形制一直延续到民国。

对比藏族服饰结构，到现在还保存着古典华服最原始的交领右衽大襟形式，不同的是前后中不破缝，衣片保持居中样式，这种贯首衣初始的形制，在汉地从交领出现时就淡出了历史舞台，却在现今的藏族服饰中得以保留和延续。值得研究的是藏袍结构单位互补算法的古老术规以确凿的"术理"诠释着记录于先秦《制衣》交窬理论的上古简牍文献，可以说藏族服饰结构是中华古典服饰结构的活化石（后章作专论）。

表 3-2　汉族古典服饰基于样本历史节点的"十字型平面结构"

	款式图	结构分解图
"十字型平面结构"的基本形制	战国·小菱形纹锦面绵袍	
	汉·直裾袍服	

续表

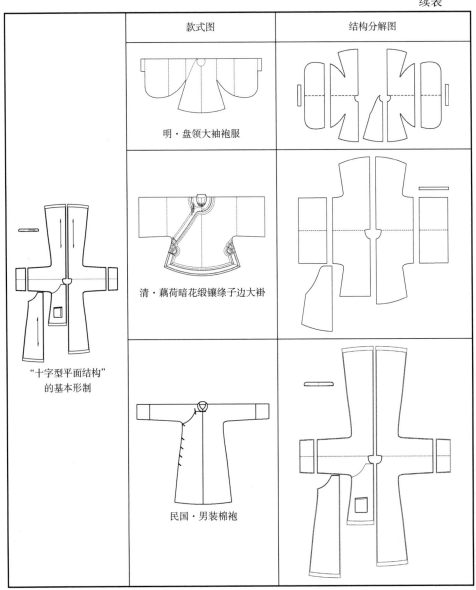

	款式图	结构分解图
"十字型平面结构"的基本形制	明·盘领大袖袍服	
	清·藕荷暗花缎镶绦子边大褂	
	民国·男装棉袍	

（二）蒙古族服饰结构

历史上蒙藏关系一直处于不断交融、相互影响的状态,早在公元 13 世纪,萨迦班智达受邀带着八思巴和恰那多吉前往蒙古，并且在凉州（今甘肃武威市）讲经说法传播佛教。公元1260年，元太祖忽必烈封八思巴为国师，并且让他管理全国的佛教僧人，封其为上师。藏传佛教的萨迦派教义开始传入蒙古，西藏的佛教文化开始渗透到蒙古族。①后来，八思巴又在藏文的基础上受命于忽必烈创制了八思巴文，语言和宗教的吸收使得蒙古族文化受到藏族文化的极大影响，藏传佛教一度成为元朝国教，这种影响同样体现在服饰上。服饰作为文化的载体，藏族服饰形制同时受到蒙古族和汉族的影响，甚至还会直接采用蒙古族服饰形制，而蒙古族服饰结构由于元蒙统治的历史原因，也在不断强化汉族主流服饰文化的汉儒宋理，而从蒙藏系统脱离出来变得更加汉化（表3-3）。

蒙古族袍服的基本形制是宽袍窄袖，这与蒙古族游牧的生产生活方式相关，肥大的下摆能够满足大幅度活动的需求，窄袖则便于骑射和御寒。对于那些以游牧为生的蒙古族先民来说，没有长久的定居点，一年四季都在广阔的草原上随牧群迁徙，肥大的长袍不仅日间能穿着，晚间睡觉时还能铺盖全身如同被子，这一点和藏袍在功用上非常类似。

北京服装学院民族服饰博物馆藏蒙古族羊皮镶边熏皮袍收集于内蒙古锡林郭勒盟东乌珠穆沁旗地区，为典型的蒙古族皮袍，对其进行数据采集、测绘和结构图复原发现，与藏族皮袍有着惊人的相似，当然主要体现在结构上，亦可以归为"三开身"结构。

蒙古族熏皮袍标本为立领、大襟，领、襟、摆缘镶有黑色羊皮，受皮张的限制，皮袍出现了很多大大小小不规则的分割。但是从结构复原图上看，蒙古族皮袍也呈现出对称的居中结构，前中破缝接偏襟后中无破缝，且前中缝并未通到底而是终止于腰线，大襟为整皮保持居中。这种结构形式虽然与藏族皮袍相似，但并没有延续下去。当进入锦袍时代，其结构与锦缎一并被汉化了（图3-8、图3-9）。

---

① 恰白·次旦平措、诺章·吴坚、平措次仁：《西藏简明通史》，五洲传播出版社2012年版，第104—107页。

表 3-3 蒙汉藏典型袍服结构对比

名称	款式图	结构图
蒙古族左衽偏襟"十字型平面结构"（元代印金提花绫长袍）		
藏族右衽拼里襟"十字型平面结构"（清代黄提花绸长袖袍服）		

续表

名称	款式图	结构图
汉化的右衽蒙古族袍服		
汉族典型袍服		

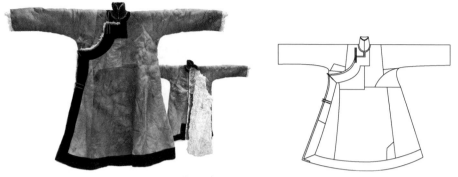

图 3-8 蒙古族羊皮镶边熏皮袍标本

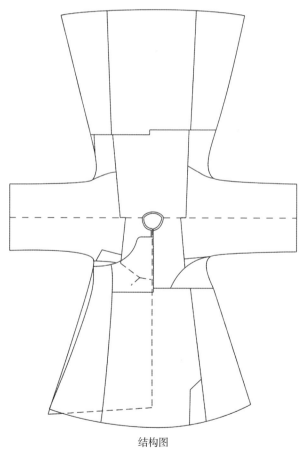

结构图

图 3-9 蒙古族羊皮镶边熏皮袍结构图复原

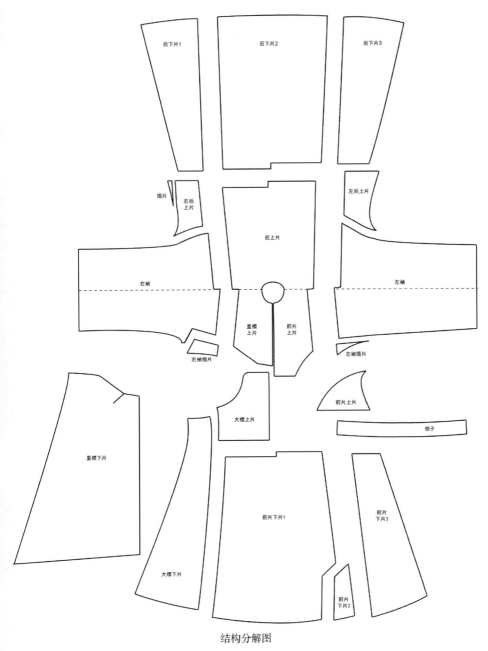

结构分解图

图 3-9　蒙古族羊皮镶边熏皮袍结构图复原（续）

对比蒙古族和藏族的皮袍结构，有很多相似之处。居中结构可以说是蒙藏区别于其他民族的最明显地方。它们虽然有很多零碎衣片，但都遵循"前整后碎，外全里散"的原则，同是受皮张大小的限制，蒙藏皮袍都在腰部产生断缝，这种结构在氆氇或织锦制藏袍中很难出现（表3-4）。

表3-4　蒙古族与藏族皮袍结构对比

标本名称	款式图	结构分解图
蒙古族羊皮镶边熏皮袍		
羊皮面镶水獭皮织金五色饰边藏袍		

蒙、藏、汉文化不断地相互影响和融合，但其结果并不相同，在服饰上体现得尤为明显，织锦面料虽通用，但结构各行其道就是生动的体现。其主身都保持无中缝的完整"十字型平面结构"，藏族袍服与早期的蒙古族袍服同属一个系统，即前后衣身居中，采用一个整幅布料，无中破缝；不同的是元蒙开始蒙袍的形制迅速汉化，采用了汉式的右衽，主身结构也运用了汉制的左右开身，即两开身中缝制（准绳制）。

在元朝，蒙袍接受了汉制，出现了蒙、汉服饰结构共制的局面，主体结构汉化明显，蒙、汉服饰的典型结构均为衣身前后中有破缝，左右各是一个布幅，袖子与衣身连裁，前中拼接大襟，说明较藏服汉化明显。

（三）纳西族服饰结构

纳西族虽不能代表整个西南地区少数民族，但它是一个分布在我国云南、四川，与西藏相邻，与藏族文化联系最紧密，且有着悠久历史文化的民族之一，它与藏汉文化的交流情况和服饰结构形态的探讨或许会提供些有价值的信息。纳西族聚居区域主要分布在云南省西北部的丽江市城区、玉龙纳西族自治县、永胜县大安彝族纳西族乡和迪庆州香格里拉市的三坝纳西族乡，此外，在西藏昌都芒康县和四川凉山彝族自治州木里县、盐源县等也有分布。从地理位置上可以看出，纳西族分布的区域主要位于青藏高原的东南边缘，和藏族形成杂居的状态。从语言文化上来看，纳西族的语言属于汉藏语系藏缅语族彝语支，是一种汉藏彝杂糅语系。在宗教传播方面，这一区域刚好处在藏传佛教和苯教的传播范围内。[①]正因为纳西族和藏族很早就居住在相邻的区域甚至杂居在一起，所以两个民族之间在语言、宗教等方面有着很高的相似度。然而在物质形态上，纳西族在藏汉之间更偏移于汉文化，服饰结构很早就被汉化了，从标本上观察，显示出更多的汉族服饰痕迹，因为在结构上，它几乎是汉族传统的翻版。这从一个侧面也证实了，藏族服饰结构在多元一体中华服饰结构谱系中所表现出民族的原生性是不可替代的。

那么纳西族服饰的汉化是如何表现的？其实，服饰外观上纳西的符号仍很明显，如朴素的黑白对比，"披星戴月"的羊皮披肩、袍衣的前短后长等。

---

① 赵心愚:《纳西族与藏族关系史》，民族出版社2014年版，第1—2页。

如果深入到它的结构，"汉化"就变成了铁证。不同地区的纳西族服饰有着各自的特点，丽江地区的纳西女子穿圆领大襟长袍，外罩紫红色翟氇坎肩，腰系黑色百褶围裙，后背披挂一块羊皮披肩。这一套完整的装束是纳西族服饰最具有代表性和民族识别性的。背在后面的羊皮披肩称为"披星戴月"，与披肩相连接的白色长带从肩部绕至胸前交叉为十字结，再系于腰后。藏族服饰文化考察团队 2009 年 9 月 22 日至 24 日期间前往云南进行了纳西族服饰考察，对云南丽江典型的纳西族服饰样本进行了数据采集、测绘和结构图复原。由于纳西族服饰结构汉化明显，整套服饰的穿着方式成为考察的重点（图 3-10）。

（a）　　　　（b）

（c）　　　　（d）　　　　　　（c）

图 3-10　云南丽江纳西族全套服饰的穿着步骤
图片来源：2009 年 9 月作者拍摄于云南丽江

　　完整的纳西族女子服饰由长袍、翟氇坎肩、百褶围裙和羊皮披肩组合而成，从图 3-10 中可以看到整套服饰的穿着顺序，先穿长袍，外罩翟氇坎肩，再系上百褶围裙，最后披挂上羊皮披肩。纳西族长袍袖口装饰成蓝色，实地采集长袍样本的真实性从北京服装学院民族服饰博物馆藏纳西族长袍形制中得到了证实（图 3-11）。纳西族长袍形制的明显特点是前短后长，是适应下田劳作的产物，做家务或出行时，会被罩上翟氇坎肩、系上围裙掩盖起来。

长袍前短后长的两侧开衩部分用黑色布做缘饰，衬里和袖口用相同的蓝色土布，这显然是借用"汉俗"诠释纳西古老氏族的人文密码。和汉人不同的是，没有过多的装饰，汉俗特别关注的领缘，在这里既无领，也无饰边，只有加固用的绲边，值得专题研究。同样是蓝色饰边，在藏袍中有更深刻的表达，因为它被用在隐蔽处的贴边锦上，值得思考的是它们都"尚蓝"，蓝又都与苯教有关①；不同的是纳西族用"显蓝"的形式表达，藏族用"隐蓝"的形式表达，其中贴边锦图符的信息更需要解读。

对纳西族长袍标本进行结构图复原，发现只有做细致、完整的结构研究才能判断纳西族服饰是偏向藏族，还是归属汉族。判断的重要指标是衡量它是贯首衣的原生结构，还是藏制的三开身结构，抑或是汉制的两开身结构，结果是后者。前后中破缝，左右对称拼接两个整幅面料，袖长不足，采用接袖，显然属于汉制结构特点，却与藏族服饰前后不破缝整幅居中的"三开身十字型平面结构"不同，但是三者都具有"十字型平面结构"的共同基因（图3-12、表3-5）。

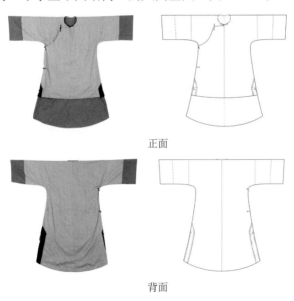

正面

背面

图3-11 纳西族女子圆领右衽大襟长袍标本汉化明显

---

① 据：《苯教源流·弘扬明灯》记载，昔日被堪布恩赐的苯教四标志为：行走或居住时要追忆我的恩赐，所以要用蓝色；要恒常观想我于顶门之故，要戴蓝帽；在做长净的时候要念我恩赐，所以要用蓝色敷具；起卧的时候要追忆恩德之故，裙子的饰片要用蓝色。见巴·旦嘉桑波：《苯教源流·弘扬明灯》，卡纳尔·格桑嘉措译，青海民族出版社2016年版，第124页。

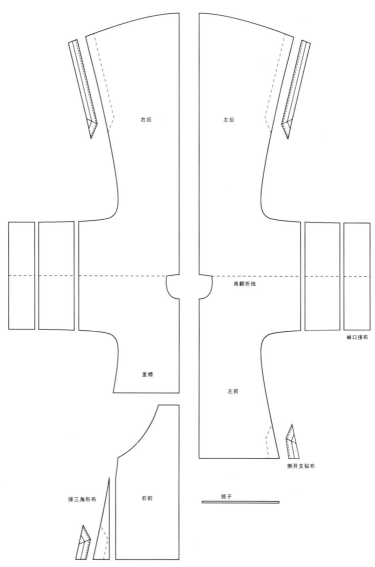

右后　　　左后

肩翻折线

袖口接布

里襟

左前

侧开叉贴布

接三角形布　　　右前　　　领子

图 3-12　纳西族女子长袍结构图复原呈汉服特点

表 3-5　纳西族与汉族、藏族袍服结构对比

标本名称	款式图	结构分解图
纳西族女子圆领右衽大襟长袍（两开身）		
汉族蓝土布圆领黑边大襟袄（两开身）		

续表

标本名称	款式图	结构分解图
藏族黄提花绸长袖袍服（三开身）	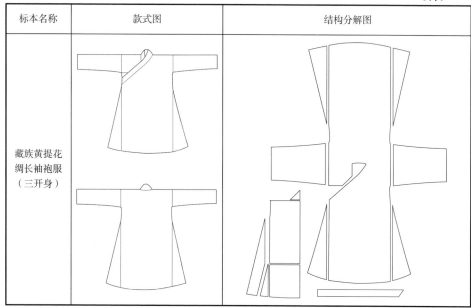	

三、藏袍五色饰边和贴边锦的道儒文化认同

从西藏宗教发展史和现实看，其始终承载着藏汉文化交流的信息，可谓一部西藏的宗教史就是一部藏汉文化的交流史，那么它是如何表现在物质形态方面的呢？博物馆重要藏族服饰标本结构研究，为破解这些文化谜题提供了线索，特别是藏汉交流原生文化的线索。

藏族原始宗教苯教，重自然崇拜，相信万物有灵，那里的人们寻找着超自然力和神祇在大自然中的代理形象。[①]这种近乎巫教的传统观念中也不乏藏汉文化融合的痕迹，事实上从佛教入藏之前就开始了。从古老的康巴兽皮饰边藏袍标本研究中或许可以找到实证，可见藏汉文化融合是藏族宗教最核心的部分。佛教教理通过各种渠道（如中亚、汉地和尼婆罗等地区）传入吐蕃，形成藏传佛教，所以说藏传佛教的最终形成也受到了汉文化的影响。正因为藏族人生活在自然条件恶劣的高寒地区，又被世界最高的喜

---

① 察仓·尕藏才旦编著：《西藏本教》，西藏人民出版社2006年版，第17页。

马拉雅山、唐古拉山等大山阻挡，形成万物皆灵的自然经济。所以他们感知的世界既是自然的，又是超自然的，一方面他们珍惜自然的馈赠，另一方面他们将对生活的憧憬寄托于超自然的神力。①在文化上表现出强烈的"围城效应"，渴望交流的心理甚至比任何一个民族都更加强烈。因此，从苯教到藏传佛教与汉文化之间的交流就从来没有停止过。从最具标志性的康巴兽皮饰边藏袍缘饰形制所承载的道家"五行"和儒家"五福"的信息中，或许能够得到实证。

就苯教传统而言，通神最适合的媒介就是服装的修饰，因此阿里的藏族群众转冈仁波齐神山时一定要披通神的改巴（披单），用狩猎的战利品兽皮图腾化建立的"纹章制度"，赋予人自然神力，这是这种巫教的原始体制。他们认为"在外出时，一个人如果没有穿洁净、体面的衣服，那么他的'龙达'即潜在的机遇（获得猎物的机会，笔者注）就会减少，因而使他比较容易受到咒语的影响"②。因此，对兽皮的修饰就是增加"龙达"的手段，这就给康巴藏袍"五色"和"兽皮"结合的缘饰装扮提供了理由和契机，至于康巴兽皮藏袍为什么选用"五色"纹章来修饰需要进一步解读，有一点是肯定的，五色是藏传佛教定型后才形成色彩图腾③，它就是"大虫皮制度"④。北京服装学院民族服饰博物馆藏三件早期川西康巴藏袍，即氆氇镶虎皮饰边、织金

---

① 李玉琴：《藏族服饰吉祥文化特征刍论》，《四川师范大学学报（社会科学版）》2007年第2期，第53页。

② 群沛诺尔布、向红笳：《西藏的民俗文化（长篇连载）》，《西藏民俗》1994年第2期，第50页。

③ 据《再析西藏五色文化》，西藏五色文化既是西藏民俗文化、宗教信仰等众多方面的一个集中缩影，也是周围文化圈相互融合、对话的产物。西藏五色文化具有极强的象征意味，其不仅与藏地的自然崇拜、宗教文化等密切相关，与汉地五行五色也具有一定关联。见杨博：《再析西藏五色文化》，转引自中国流行色协会《2020中国色彩学术论文集》，2020年6月。

④ 大虫皮制度，是以虎皮作为衣饰对有战功者颁行"生衣其皮，死以旌勇"的褒奖，也是吐蕃王朝一项重要政治制度。据《贤者喜宴》记载，吐蕃进行了政治制度上的统一，颁布了"以万当十万之法"，也被称为吐蕃的六法之首，其中包括六标志、六褒贬、六勇饰。其中，勇者的标志是虎皮袍，勇士褒以草豹与虎。六勇饰包括虎皮褂、虎皮裙两者，缎鞢及马镫缎垫两者，项巾及虎皮袍共六种。这些规定也基本奠定了吐蕃的服饰制度。这些服饰制度中，有些具有很典型的吐蕃地域特点，如对虎皮的使用，在六标志、六褒贬、六勇饰中均有提及。

锦镶水獭皮饰边和织金锦镶豹皮饰边藏袍是三种典型的兽皮饰边藏袍，为研究藏袍"五色纹章"形制提供了绝佳的实物标本。考证后发现，"五色"既是藏传佛教的体现，又是汉道"五行"的产物；五福捧寿和长寿纹无疑源于汉儒文化；兽皮则承载了原始氏族社会的古老信息。三者在藏袍中的集中运用既是藏汉文化交流的生态，又是中华民族认同的归属，为中华民族多元一体的文化特质提供了生动的服饰范示。

（一）"五色"和"五行"

藏学界习惯以藏族方言的差异划分为三个区域，即卫藏、康巴、安多，服饰也相应地划分为卫藏服饰、康巴服饰和安多服饰。[①]三种兽皮五色饰边藏袍均征集于典型的康区四川甘孜州，属于康巴服饰的代表，其中虎皮饰边的氆氇藏袍年代最为古老，为20世纪初的藏品，水獭皮和豹皮饰边藏袍最接近现代，因为西藏文化历史没有断裂，它们仍有文物价值。三个样本所镶兽皮饰边的领缘、袖缘和摆缘均相伴多层黄、红、蓝相间的金丝缎饰条和大面积的兽皮和嵌在兽皮边缘的彩色锦条，其间还镶有硬芯金丝滚边，起到固定整个饰边的作用（图3-13）。所有的条状饰边都很硬挺，除了美观外还起到增加衣服边缘的耐磨性和袍身寿命的作用。其领缘、袖缘和摆缘的内部覆盖着五福捧寿和长寿纹织锦贴边。兽皮与彩条锦边轮廓由绿色装饰滚条勾勒，而饰边中间没有出现绿色滚条（如水獭皮饰边藏袍样本），其面料本身纹样在最初的织造阶段也会考虑到绿色丝线勾勒的运用，绿色装饰的存在可以说是"五色"中一种不可或缺的颜色。金、绿、蓝、红、黄的五色饰边在暗沉色调的兽皮衬托下格外醒目。这五色刚好与道家"金、木、水、火、土"的五行要素不谋而合，五色释五行在藏袍中的运用与其说是巧合，不如说是藏汉文化认同的自觉，或是借用汉道五行诠释藏传佛教教义。

---

① 安旭主编：《藏族服饰艺术》，南开大学出版社1988年版，第44页。

（a）织金锦镶水獭皮饰边藏袍

（b）氆氇镶虎皮饰边藏袍

（c）金丝缎镶豹皮饰边藏袍

图 3-13　三种康巴兽皮藏袍及五色缘饰局部

　　藏族天文历法在体系形成及其发展的过程中，吸收了大量汉地的天文历法知识，西藏史籍曾记载"朗日伦赞时期由汉地传入历算六十甲子"，以及唐朝文成公主远嫁吐蕃赞普松赞干布时，"文成公主带来了《占卜历算之书六十种》（也译作《五行图经六十部》）"[1]。后来五行天文原理被藏传佛教教义所吸收，藏汉文化在藏传佛教和道教之中殊途同归。与汉文化的契合让这种充满自然神力的五色宗教的藏文化和五行礼教的汉文化更合乎逻辑地镶嵌在藏袍中和任何可以表达的事项中，也就是说五色在康巴藏袍中不是孤立的，也不能用一般的装饰去理解，而是"功利主义"的。因此，"五色纹章"不是随心所欲处之，而是存续五色典章规制，不可擅动。不过，教俗还是有所区别的，金色在藏传佛教中被独立使用，即"独尊"，世俗中白色便取代了五色中的金色，如五大教派也称五色教派，在世俗中五色经幡、五色风马、五彩帮典等都各有五色的解释。康巴藏袍中的五色宗教寓意更是如影随形。康巴藏族服饰中的五色章制既源于藏传佛教中五种色彩的宗教教化，又是汉道五行文化融合的产物。五色在藏传佛教教义中有多彩的含义，因此三种标本五色纹章并不相同。在非宗教的民俗中，也不仅是指五种颜色，三种颜色以上的组合都可被视为五色，寓意"万物"，这与道教中"道生一、一生二、二生三、三生万物"的宇宙观有异曲同工之妙，即象征宇宙万物。[2]因此，有时不限定五种颜色，也不强调统一如邦典的彩虹，确切的表达往往与宗教的教义有关。寺院上的五色旗代表了藏传佛教的五个教派，分别为宁玛派、噶当派、噶举派、萨迦派和格鲁派，它们分别对应红教、黑教、白教、花教和黄教。[3]五教聚一旗，说明藏传佛教追求融合而非对立，虽然有教派寺庙之分，但风格教义无法区分。寺庙内随处可见的五彩经幡上面印有佛经，在普遍信奉藏传佛教的人们看来，教派并不重要，重要的是随风而舞的五彩经幡每飘动一下，就是诵经一次，不停地风动就意味着在不停地向神传达人的愿望，祈求神的庇佑。在藏族群众心里，五彩经幡是他们通神的纽带，寄托着

　　① 达仓宗巴·班觉桑布：《汉藏史集——贤者喜乐赡部洲明鉴》，陈庆英译，西藏人民出版社1999年版，第87页。

　　② 胡化凯、吉晓华：《道教宇宙演化观与大爆炸宇宙论之比较》，《广西民族大学学报（自然科学版）》2008年第2期，第12页。

　　③ 嘉益·切排：《藏传佛教各教派称谓考》，《内蒙古社会科学》2003年第3期，第62页。

人们的美好愿景（图 3-14）。

五色教派

五色邦典

五色风马旗

五色织锦

五色风马纸

五色氆氇

（a）宗教五色的确定代表教义　　　　　　（b）世俗五色的灵活运用代表万物

图 3-14　藏族五色亦俗亦教的运用

　　这些五彩缤纷的经幡，其颜色有固定的含义：蓝幡是天际的象征，白幡是白云的象征，红幡是火焰的象征，绿幡是绿水的象征，黄幡是大地的象征。①这样一来，各种颜色是固定的，而且是按照其象征的物质在自然界的存在方式排列，顺序不能更改。②如同蓝天在上、黄土在下的自然规律一样亘古不变。宇宙秩序通过这种"通神媒介"传递并指引着人间的行为，因此在藏族聚集区无处不在的五彩转经筒、佛教圣地和寺庙都不可以逆时针行动。这似乎更像天人合一的宇宙观和五行太极的伟大践行者，如同必须顺时针运转的道教阴阳八卦图（图3-15）。

顺时针转转经筒

顺时针围绕寺庙行祀

图3-15　转经筒和寺庙都必须顺时针行祀或成道教宇宙观的践行者

---

① 蓝、白、红、绿、黄，在藏传佛教中象征五方佛。蓝色象征不动如来佛，是中央和东方的金刚部怙主。白色象征大日如来佛，是中央或东方的佛部怙主。红色象征无量光佛，是西方的莲花部怙主。绿色象征不空成就如来佛，是北方的羯磨部怙主。黄色象征宝生如来佛，是南方宝生部怙主。[英] 罗伯特·比尔：《藏传佛教象征符号与器物图解》，向红笳译，中国藏学出版社2014年版，第244页。

② 李翔：《五彩风马旗·风中的祈祷——浅析藏族风马旗的文化内涵》，《魅力中国》2010年第12期，第189页。

藏传佛教的"五色经"(藏族群众行使宗教仪式必用五色经幡和纸风马)和道教的"五行学"是契合还是继承已经不重要了,文化基因的一脉相承甚至比理论家的结论来得更真实可靠。阴阳五行的易经学说成为道家的宇宙哲学,它以日常生活的五种物质,金、木、水、火、土元素作为构成宇宙万物及各种自然现象变化的基础。古代先哲将宇宙生命万物分类为五种基本的构成元素,这是一种伟大而朴素的宇宙观。而中国在5000年前就建立了以"五行"为载体的宇宙观,将赤、黄、青、白、黑作为"五行""五方"天人合一的社会秩序。① "五色"与"五行"学说的结合,让金、木、水、火、土"五行"有了金、绿、蓝、红、黄"五色"的藏文化解释,将汉藏文化融合推到了源头的哲学层面,既丰富了哲学内容,又增加了多元文化的内涵(表3-6)。藏传佛教"万物皆灵"的五色运用与源于汉道文化的"阴阳五行"学说体现出对中华古老文化的认同。

表 3-6　藏"五色"与道"五行"的异曲同工

五色(藏传佛教)		五行(道教)	
金(白)	器物、饰物	金	金属
绿	树木、植物	木	树木
蓝	天、湖、河流	水	水
红	火、日、血	火	火
黄	土地、果实	土	土壤

(二)兽皮五色饰边从氏族图腾到藏汉文化的归属

对原始宗教事项研究的主流观点认为,以巫教为特征的原始宗教的一切形态都是"功利主义"的,图腾就是它的集中表现,因而图腾的原始形态是无处不在的,表现出泛神社会的文化结构。康巴兽皮五色饰边藏袍就承载了苯教这种古老的信息,当它与"五行"结合的时候,会变得更强大

---

① 谢松龄:《天人象:阴阳五行学说史导论》,山东文艺出版社1989年版,第103页。

且具有自身文化的诠释。事实上，藏族原始宗教与汉早期道教周易的宇宙观就具有同构性，只是"五行"被本土化了，五色便保持了苯教的纯粹性，所以藏袍的兽皮（自然之力）饰边与"五色"（宗教之力）结合就成了自然而然的事。因此兽图腾中加入五色，既有巫教到宗教进步的意义，又有藏汉文化交融的痕迹。相传吐蕃时期，吐蕃赞普对英勇善战的有功者奖赏长约 1m、宽 6cm 的兽皮制成的围带，以水獭皮、虎皮和豹皮三种不同的兽皮制成的围带分别授予三个等级的英雄，特等英雄被授予水獭皮围带，一、二等英雄分别被授予虎皮和豹皮围带，且规定围带的两头连接起来，作为勋章左肩右斜挎于腋下。[①]形制很像现代人颁奖时用到的绶带，这就是后来的"大虫皮制度"。但是佩戴兽皮围带却给英雄的狩猎征战带来了不便，围带经常会套住手足，于是他们将围带缝缀于领缘和衣缘上，这会赋予他们猛兽一样的神力，无疑是氏族文化的遗留。随着社会的不断发展，原本作为藏族英雄勋章的围带逐渐演变为具有藏传佛教色彩的藏袍，也从对人生经历和氏族图腾的"铭示"衍生出一种宗教文化归属的表征。

　　这三种典型的康巴藏袍标本虽然不能以氏族社会制度去标榜拥有者功绩的等级，但从藏文化连续不断的历史来看，保持这种重要的原始信息是可能的，从标本的材质和工艺来看与文献记载情况也是吻合的。标本水獭皮藏袍无论是质料，还是工艺，等级都是最高，虎皮次之，豹皮等级最低。具体划分的依据和动机已无从考证，但是三种动物的稀有度对应等级也是符合逻辑的。水獭体积最小，要想制成与虎皮和豹皮同等大小的围带需要用到多只水獭，而且水獭是傍水而居，习水性，很难捕捉，且又不产自西藏，这也许是将它作为最高奖赏的原因所在。而老虎是兽中之王，地位显然比豹要高。现如今，康巴服饰中兽皮的运用已无等级之分，男女皆宜。男袍镶虎皮、豹皮居多，女袍主要镶水獭皮，偶尔也会镶豹皮。但无论如何这些真皮藏袍一定是 20 世纪前遗留之物，因为现在已无法获得皮料。位于西藏与青海交界的石渠县丽日高悬，太阳与火又是康巴藏族崇拜的图腾[②]，因此至今还有原始游牧部落生活在那里，仍被称为"太阳部落"，而服饰上兽皮所承载的远古信息

---

① 周裕兰：《康巴藏服　五彩祥云》，《中外文化交流》2013年第5期，第72页。
② 曲径：《雅砻江源头的太阳部落——石渠》，《中国西部》2002年第2期，第15页。

是氏族社会的活化石。重要的是不同兽皮的原始信息中都加入了"五色纹章"赋予藏传佛教的宗教色彩，藏传佛教与汉传佛教构成了中华佛教的两大支柱，兽皮五色饰边藏袍正是藏汉文化归属表现的物质形态，是"五色"也是"五行"。

（三）外"五色"饰边和内"五福"贴边锦的藏汉密符

从苯教到藏传佛教从不缺少与汉文化的融合，如果说"五色"具有苯教原始表征的话，"五行"则是道教的初始表象，对古老兽皮五色饰边藏袍所承载的信息做系统研究会有确凿的文化交流痕迹被发现。它们是什么时候融契的虽无从可考，但如今从藏族文化固有的物质形态研究中所破解的密码是客观存在的，甚至在康巴藏袍的形成或定型中成为儒释道的集大成者，藏汉"纹章共治"成为确凿的证据。如果说康巴藏袍饰边 "兽皮配五色"与"汉道五行文化"的融合还缺少直接证据的话，那么内贴边五福捧寿和长寿纹这种充满"汉儒文化"的智慧表达（贴边锦的隐现意义），让"藏五色"源于"汉五行"变得真实可靠。这个结论的真实性在于它不是孤立的个案，在馆藏同一地区三种不同类型兽皮五色饰边康巴藏袍形制研究中发现，它们普遍采用寿纹贴边形制的汉地织锦，这种形制一直沿用到今天，形成一种独特的贴边锦藏制。当然，它们因藏传佛教中所传递的信息变得神秘而丰富，只是借用儒家的符号诠释藏传佛教的教义，祈福未来，这或许就是康巴藏袍外用"五行"之道行"五色"之相，内用"五福"之德寓神祇之惠的原因（图3-16为内用五福捧寿贴边锦，同标本又有外用五色锦边，见图3-13）。

佛教早在两汉时就已经传入内地，随后的时间里，佛教在发展过程中不断地吸收中国传统儒道文化，形成了与印度佛教迥异的汉传佛教。7世纪中叶，当时的吐蕃赞普松赞干布迎娶尼泊尔尺尊公主和唐朝文成公主时，两位公主都带去了佛像、佛经。8世纪中叶，佛教又直接从印度传入西藏地区。10世纪后半期，藏传佛教正式形成。[1]从时间上看，甚至汉传佛教比印度佛教还要

---

① 时兰兰：《藏传佛教与汉传佛教的异同及在中国的传播》，《丝绸之路》2012年第6期，第66页。

（a）水獭皮饰边织锦藏袍贴边锦

（b）虎皮饰边氆氇藏袍贴边锦

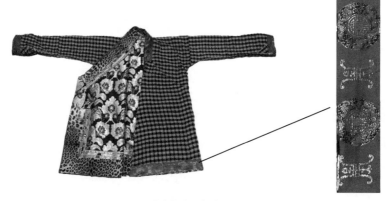

（c）豹皮饰边织锦藏袍贴边锦

图3-16　三种典型兽皮饰边藏袍的五福捧寿和长寿纹贴边锦

更早进入吐蕃，由此也揭开了从不缺少儒道文化的藏传佛教改革和发展的序幕。[①]此时，印度佛教、汉传佛教与吐蕃地区的原始宗教苯教相互融合，最终形成了各教派融合的藏传佛教格局，且延续至今（图 3-17）。其影响渗透到藏族群众生活的方方面面，并内化到藏族人的思想观念、审美情趣和艺术风尚中。兽皮五色饰边藏袍寓涵的"五行"之道和内缝缀代表儒文化的五福捧寿与长寿纹贴边锦便是最直接的证据。值得研究的是，它们为什么普遍使用五福捧寿和长寿纹而不用其他？这些纹章为什么不用在表面缘饰上，而用在看不到的内贴边？

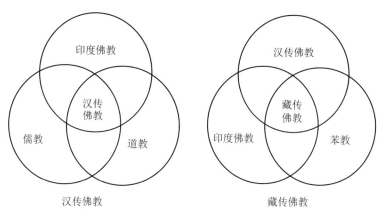

图 3-17　藏传佛教和汉传佛教的形成特点及相互关系

五福捧寿是清代在上层社会普遍使用的一种吉祥图案，出自《尚书·洪范》"五福，一曰寿，二曰富，三曰康宁，四曰攸好德，五曰考终命"[②]。"攸好德"是"所好者德也"的意思；"考终命"是指善终，所以后世画五只蝙蝠，取其谐音。五福围着寿字，寓意多福多寿。长寿纹是汉族文化中标志性的符号，在民间是五福观念的主体，构成维系宗族体制的图腾。然而它在兽皮饰边藏袍纹样中受到青睐，并不像汉人服饰中那样被用在主要部位，作为重要的吉语纹章。在汉族传统中，团寿纹意为故去的人无病而终，长寿纹意为逝去的人长寿无疆，这也是汉人将团寿纹和长寿纹多用在寿衣和冥器上的原因。而

---

① 胡启银：《吐蕃时期汉传佛教在藏地的传播和影响》，《西安文理学院学报（社会科学版）》2010年第1期，第13—14页。

② ［春秋］孔子：《尚书》，慕平译，中华书局2009年版，第141页。

五福捧寿和长寿纹织成的金丝缎面料被用作藏袍贴边，缝缀在袍服根本看不到的衬里作边饰，用"寿章暗示"的方式体现在现实生活的服饰中（汉人用在逝去人的服饰中），这样既避免了源自汉人"明示"寿衣的习俗，又表达了隐藏于内心对长寿的祈愿。

藏族服饰中的纹饰系统，少有对现实图景的模仿或再现，多为意象（通神）的几何图形，如邦典的彩虹纹、五色饰边等，在藏族群众看来抽象的图形与神的沟通更加灵验。在藏族服饰中，将"万物皆灵"的精神寄托经营在完全看不到的内贴边上，但纹饰完全是儒家文化的传统，或许以此方式给予宗教力量。选择能够承载和契合藏传佛教的要素形式，甚至直接照搬过来再赋予它新意，如五福捧寿和长寿纹的儒家纹饰，因为它们既有藏传佛教"圆通""圆觉""圆满"的理性精神（五福捧寿的寓意），又是儒教的宗族愿望（长寿纹有宗族兴旺的寓意），使人感到稳定、坚实，显现出一种神秘的威力和祈福的愿望。它们虽然不能被看到（内贴边），但在藏族人看来内心的慰藉更重要。正可谓藏袍独特的"贴边锦文化"[①]孕育着多元的藏传佛教和儒道思想于中华文化的共同基因之中。正由于共同的文化认同，这种独特的"贴边锦文化"成为表达民族精神、歌颂生命、寄托信仰的文化载体，尽管经历多次朝代的更迭和文化观念的变迁，依然能够保持藏袍稳定的缘饰系统与宗教意蕴的文化内涵，而成为中华传统服饰最重要的文化类型之一。

四、本章小结

从表面上看藏族服饰结构所表现的中华民族多元一体是物质形态，然而它"亦俗亦教"的文化特质一定会上升到精神层面，如康巴藏袍的五色饰边和贴边锦，且是在结构研究中发现的，因此藏族服饰结构术规或许不光是一种简单的技艺，否则就不会如此地被坚守着。

藏袍独特的衣身、袖子和侧摆"三开身十字型平面结构"，不同于其他民族传统服饰结构，且主体居中排列，无前后中缝。这种特点也体现在氆氇制

---

① "贴边锦文化"是藏服中独一无二的物质文化符号，但所用材料的锦和图案的五福捧寿、长寿纹又是地道的儒家文化。这一切都是在对藏袍结构做系统的研究过程中发现的，也解释了古人把有结构理论的"术规"放到"礼部"文献中传承的缘由。

工布古休贯首衣和筒裙上，甚至可以建立出从远古贯首衣到定型下来普遍存在的"三开身十字型平面结构"藏族服饰结构谱系。藏族服饰和其他民族如汉族、蒙古族、纳西族服饰之间始终保持着它的特殊性，这就是"高寒域类型"。相同的是它们都基于中华服饰"十字型平面结构"系统，是中华民族多元一体格局生动的物态体现。

高寒地区特殊的地理环境和自然气候造就了藏袍独特"脱袖"的穿着方式，宽袍大袖的特殊形制也给藏袍附加上了保暖、携具和铺盖的多功能性，藏袍的多功能性既是藏袍形制结构的诉求，同时也是藏族先民改造自然、适应自然的智慧表达。

藏袍独有的"三开身十字型平面结构"和"一服多用"的功能都是"布幅决定结构"物质条件下"人以物为尺度"造物观的精神体现，藏族先民相信万物有灵，敬畏自然并将其神化。

万物皆灵的自然经济造就了藏族"围城效应"，渴望交流的心理，使得他们与汉文化的交流和对它的吸纳呈现在了一切可以表达的地方。对兽皮饰边康巴藏袍缘饰形制研究发现，五色饰边的"五行"之道和五福捧寿贴边锦说明中华文脉成为了藏文化的自觉，如同汉藏佛教文化普度众生的佛心成为儒道文化"仁德"思想的彻悟一样没有了边界。如果把藏袍五色饰边、兽皮图腾、团寿纹样等这些美好的事物综合在一起理解的话，这将是描绘了一幅极其美好的生活图景，也完全不亚于汉人服饰的阴阳五行、花团锦簇、吉祥如意等内涵丰富的礼制表达。这或许是中华民族服饰传统多元一体文化特质最真实、生动、深刻呈现的藏族范示。

第 四 章

古籍中的交裔与藏袍结构的单位互补算法

在对藏族服饰标本进行系统的信息采集和结构图复原中发现，除了沿袭"三开身十字型平面结构"以外，还普遍存在着一种单位互补算法的古老术规。在藏学文献考证中没有任何线索，但在我国古文献和简牍考古中发现了交裔的记载和相关交裔术规的记述。藏服结构古老的单位互补算法与交裔有什么关系？在汉文化体系中，汉代以后服饰结构的交裔术规就失传了，这是因为交裔裁剪算法只用在上衣下裳中裙、襦或绔的裁剪，汉以后上衣下裳深衣制逐渐由"通袍制"取代，交裔也就不流行了。后朝渐有裙装流行和深衣形制复现，交裔结构也再复生，但与先秦相比也"异化"了，如明代的曳撒、清代的马面裙等，并没有发现相关文献记载。古文献所记述的有关交裔的裁剪算法和考古发现汉以前的深衣结构得到了互证，之后的古籍文献对此只作为古礼法的考证对象。然而它在现存藏袍古法结构中以单位互补算法（古文献考证前，依据此算法原理的自命名）保存着，在藏族民间艺人的裁剪技艺中也有传承，甚至在我国西南少数民族族属服饰结构中也有发现。它们有一个共同的特点就是原生态保存得越好，这种技艺保持得越纯粹，这就解释了藏族服饰结构单位互补算法普遍存在的原因，对其进行系统研究的学术价值和史学意义也在于此。

一、秦简《制衣》中的交裔算法

北京大学所藏已释读的秦简《制衣》[①]中,讲述制裙、制襦、制绔时均提到了交裔的裁剪计算,这是迄今发现有关服装裁剪计算最古老的文献,对我国服装科技史的研究具有重要价值。它为江陵马山楚墓出土的上衣下裳扇形裙的裁剪方法找到了文献依据,也为清代黄宗羲《深衣考》、江永《深衣考误》和戴震《深衣解》中的交输、交解、交裂裁剪算法找到了初始的文献面貌。这批秦简出土于长江中游地区汉族聚居地,然而这门技艺和算法在2000多年的历史长河中几乎在汉族服饰中失传,却在近现代的藏族服饰标本中被发现,以单位互补算法的形式存在。并且现今藏袍艺人仍在沿用,使得这种技艺得到了很好的传承,但没有任何藏文文献线索。

在对北京服装学院民族服饰博物馆藏藏族服饰进行数据采集、测绘、结构复原、排料实验等专业化的整理过程中发现,侧片、摆角、袖片甚至藏靴裁片都普遍运用着一种单位互补算法,并且在四川阿坝州红原县藏袍艺人旦真甲师傅那里也得到了传统匠作的佐证。与秦简交裔算法的实验结果相比较,它们有异曲同工之妙。这给早期藏汉服饰文化交流史的研究提供了一个重要的线索,新的史料和实物证据让藏汉文化交流变得鲜活起来。

不同时期、不同地域、不同支系、不同面料的藏袍结构中都存在单位互补算法的运用情况,虽然没有发现对其记录的相关藏文文献,但秦简《制衣》中制裙、制襦、制绔的交裔算法,清代黄宗羲《深衣考》中的交解算法,江永《深衣考误》中的交裂、交解算法,以及戴震《深衣解》中的交输、交解和交裂算法均在藏袍结构中得到实证。这种技艺"汉废藏存",文献"汉奢藏

---

① 参照北京大学出土文献研究所《北京大学藏秦简牍室内发掘清理简报》《北京大学藏秦简牍概述》和刘丽《北大藏秦简〈制衣〉简介》中的介绍,此批秦简由冯桑均基金会于2010年捐赠给北京大学,并由北京大学出土文献研究所主持进行了室内发掘清理与保护工作,据检测和相关的研究报告,秦简出土于秦始皇时期今江汉平原地区(今湖北安陆、江陵地区)。共清理出的竹简有762枚、木简21枚、木牍6枚、竹牍4枚、木觚1枚。竹简部分共包含10卷内容,卷四为篇幅最长的一卷,包含竹简318枚,抄有9段不同的文献,分别是《算书》甲篇、《算书》乙篇、《日书》甲组、《日书》乙组、《制衣》、《医方》、《道里书》、《禹九策》、《拔除》。其中《制衣》共有27枚竹简,详细记录了各种服装的形制、尺寸和剪裁、制作方法。

寡"的文化现象，正为我们提供了中华民族多元一体文化特质学术研究的经
典范示，故对其进行文献和实物的双重考证或能有重要的学术发现。

（一）交裳在秦简中的出处

自北大藏秦简发掘简报公布以来①，不同领域的专家学者相继从不同的专
业视角展开了研究。据分析，简牍的抄写年代大约在秦始皇时期，且很可能
出自湖北中部江汉平原地区的墓葬。②竹简的卷四篇是此批秦简中篇幅最长的
一册，含竹简 318 枚，共抄有 9 段不同的文献，其中《制衣》含 27 枚简，现
存 649 字，内含重文 6 个、残字 1 个。详细记录了各种服装的形制、尺寸和
裁剪计算方法，种类包括下裙（含大衺、中衺、少衺）、上襦（含大衣、中衣、
小衣）、大襦、小襦、前袭、绔等。③

秦简《制衣》中有关下裙、大襦、小襦、绔四个类型服装的裁剪文字
描述都提到了交裳二字④，在《制衣》所有专用词汇中占很大比例。其中裙
分为大衺、中衺、少衺三类，每一类的裁剪中均有提到交裳，并且在后面
对裙制法的总结时也强调了裙三章的重要性，再次提到了交裳，且特别强
调善用布幅，甚至"二尺五寸"布幅成秦律的标准之一。关于裙的文字介
绍共 118 字，交裳二字出现了四次，都出现在对三种不同"裙"的幅数和
尺寸描述中：

> 大衺四幅，初五寸，次一尺，次一尺五寸，次二尺，皆<u>交裳</u>，上为
> 下=为上，其短长存人。
> 中衺三幅，初五寸，次一尺，次一尺五寸，皆<u>交裳</u>，上为下=为上，

---

① 北京大学出土文献研究所：《北京大学藏秦简牍室内发掘清理简报》，《文物》2012年
第6期，第32—44页。

② 北京大学出土文献研究所：《北京大学藏秦简牍概述》，《文物》2012年第6期，第
65页。

③ 刘丽：《北大藏秦简〈制衣〉释文注释》，《北京大学学报（哲学社会科学版）》2017年
第5期，第58页。

④ 刘丽：《北大藏秦简〈制衣〉简介》，《北京大学学报（哲学社会科学版）》2015年第2
期，第46页。

其短长存人。

少袤三幅，初五寸，次亦五寸，次一尺，皆<u>交裳</u>，上为下=为上，其短长存人。

……

凡裳衣之状，先道中赐，始令<u>交裳</u>，欲为大袤、中袤、少袤，各如裙三章之数而。

秦简《制衣》篇中有关"大襦"和"小襦"尺寸及裁法的描述中也同样提到了交裳：

大襦有袤，长丈二尺而<u>交裳</u>，其一尺各以其袤为上褻，褰半幅长五尺，傅之令北二尺，杀其余，以褰兼之，令兼相过五寸，长者居前，短者居后，督长二尺八寸。

大襦毋袤，长各六尺，褰半幅长五尺，傅之令北二尺，杀其余，以褰兼之，令其兼相过五寸，长者居前，短者居后，督长二尺八寸。

小襦有袤，长丈<u>交裳</u>，其一尺各以其袤为上褻，褰半幅长四尺，傅之令北二尺，杀其余，以褰兼之，令兼相过五寸，长者居前，短者居后，督长二尺四寸。

小襦毋袤，长各五尺，褰半幅长四尺，傅之令北二尺，杀其余，以褰兼之，令其兼相过五寸，长者居前，短者居后，督长二尺四寸。

最后关于"绔"的描述中亦提到交裳：

裳绔长短存人，子长二尺、广二尺五寸而三分，<u>交裳</u>之，令上为下=为上，羊枳毋长数，人子五寸，其一居前左，一居后右。

从北大藏秦简《制衣》中节选的这几段文字可以看出，交裳这一专业词汇被使用于当时几乎所有上衣下裳和绔的类型中，就技术而言可以说是服装结构的基本形态，故具有普遍性。那么，交裳究竟为何意？为什么会出现在与服装裁制有关的描述中？有待进一步探究。

（二）交裔考释

交裔在秦简《制衣》中虽使用普遍，但在查阅其他古文献时难觅其踪。《说文解字·穴部》："裔，穿木户也。从穴俞声。一曰空中也。"①所谓"穿木户"，就是固定于门框上方两端的中空木块，用以穿入门板上端的枢，下端则置入门臼中。然而，"裔"不见有关服制的文献，交裔一词更无从考证，但在秦简之后的《汉书》中却出现有"交输"一词，且此词同交裔一样均与服装有关，故推断交裔只在当时的"行内"流行（就像今天的"省道"只在裁剪圈中流通一样），"交输"疑为交裔的异化。

《汉书·蒯伍江息夫传》："初，充召见犬台宫，自请愿以所常被服冠见上。上许之。充衣纱縠禅衣，曲裾后垂交输，冠禅纚步摇冠，飞翮之缨。"如淳曰："交输，割正幅，使一头狭若燕尾，垂之两旁，见于后，是《礼记·深衣》'续衽钩边'。贾逵谓之'衣圭'。"苏林曰："交输，如今新妇袍上挂全幅缯角割，名曰交输裁也。"②

根据汉书中交输的两种解释来看，交输实为一种服装的裁剪方法，也称"交输裁"。"割正幅""全幅缯角割"二词说明了此种裁法需要将整幅的布帛裁开，而"一头狭若燕尾"和"衣圭"则是裁剪后的形态特点。这样一来，交输的裁剪原理和结果都十分清晰明了，对照"交裔"裁剪算法记述的实验结果也得到了证实。另外，《说文解字·车部》："输，委输也。从车俞声。"③可见，"输"与"裔"同音，那么交输与交裔为异体同义词的推测是符合汉字的演变规律的。故交裔和交输一样，亦是一种裁剪方法。

（三）交裔算法结构图复原

交裔一词中的"交"字有交互的意思，通过裁剪计算的描述复原裙的结构图来看，就是今天理解的"互补"。结合"割正幅""衣圭"可以得出，交

---

① ［汉］许慎撰：《说文解字》，［宋］徐铉校定，中华书局2014年版，第149页。
② ［汉］班固撰：《汉书补注》，［清］王先谦补注，上海师范大学古籍整理研究所整理，上海古籍出版社2008年版，第3574页。
③ ［汉］许慎撰：《说文解字》，［宋］徐铉校定，中华书局2014年版，第304页。

裪的裁剪方法实则是一种斜裁的裁剪算法，从整幅面料中斜向破开，使形成的两部分形同"衣圭"，且"一头狭若燕尾"。这一分析从秦简《制衣》中的"上为下=为上"可以得到证实，即意为一整幅面料刚好裁成了上下倒置的两个互补梯形。虽然目前《制衣》中各个类型的服装只有下裙部分的秦简文字得到了释读的公布，但是秦简发掘简报中明确指出"交裪"和"上为下=为上"等关键词同时出现在了所有类型服装的裁剪算法描述中，由此可见这种裁剪算法在秦代的服装中已经得到了广泛应用。以裙大衺为例，北京大学刘丽博士对秦简大衺裁剪的文字有如下解读：

> 大衺为四幅，裁为八幅，依照初五寸、次一尺、次一尺五寸、次二尺的数，狭头长度分别为二寸、五寸、七寸、一尺，宽头为一尺七寸、一尺二寸、一尺五寸、二尺，各边去一寸缝杀，每幅交解之，这样狭头（腰长）为三尺二寸，阔头（下摆）长为一丈一尺二寸。[①]

从这段文字的尺寸数据可以看出，刘丽博士采用的幅宽是二尺二寸，这个布幅是参考清代江永《深衣考误》中的古代布幅宽度。然而，作者在《北大藏秦简〈制衣〉简介》一文中提到秦布幅是"二尺五寸"，从秦开始度量衡就得到了统一，根据《秦律十八种·金布律》[②]的规定："布袤八尺，福（幅）广二尺五寸。布恶，其广袤不如式者，不行。"[③]可见，秦代的布幅宽度必须达到二尺五寸，不可能出现二尺二寸的情况。事实上布幅的差异并不重要，重要的是只要在一个布幅中采用交裪的方法就可以实现完整布幅的利用。刘丽将"皆交裪"解释为"每幅交解之"，这里的交裪和交解都是指"上为下=为上"的布帛裁剪后状态。

---

① 刘丽：《北大藏秦简〈制衣〉简介》，《北京大学学报（哲学社会科学版）》2015年第2期，第47页。

② 金布律是关于货币及其他物资收支保管的法律。《秦律十八种·金布律》详细规定了货币的使用、保存，布匹的规格、布匹与货币的换算，还涉及债务偿还等。

③ 李均明：《秦汉简牍文书分类辑解》，文物出版社2009年版，第181页。此段文字出自睡虎地秦墓竹简之上。见睡虎地秦墓竹简整理小组编：《睡虎地秦墓竹简》，文物出版社1990年版，第36页。

对于秦简《制衣》中大衺的裁剪方法,荆州博物馆的研究员彭浩和传媒大学的张玲有了不同于刘丽博士的解读,采用秦制布幅进行了实验:"布幅按照二尺五寸设计,第一个全幅取值五寸(余二尺)、第二个全幅取值一尺(余一尺五寸)、第三个全幅取值一尺五寸(余一尺)、第四个全幅取值二尺(余五寸)。"[①]

以上两种解读都可以完成秦简交衺算法的实验。现取四幅秦制幅宽为二尺五寸的面料,根据"其短长存人"可知实际裙长的设定是根据具体穿着者身体尺寸而定,所以在此仅取一个较为合适的长度作为例子以便图示说明,就"裳"的结构而言,相对合理的尺寸,长大约是布幅的两倍即五尺。在裁剪后各边含一寸缝杀(缝份),裙大衺四幅交衺分别为:初五寸(余二尺)、次一尺(余一尺五寸)、次一尺五寸(余一尺)、次二尺(余五寸)(图4-1)。这只是裙大衺交衺裁剪算法完成的前身,秦简《制衣》中没有交衺的裁剪也就没有算法尺寸的记录,或前后相同。

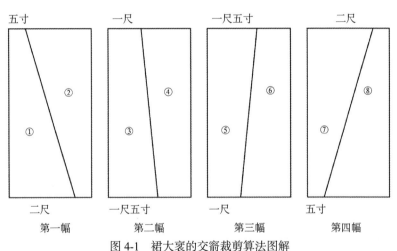

图 4-1　裙大衺的交衺裁剪算法图解

注:依照秦制布幅二尺五寸按交衺记述裁为两片(裙长,秦简为"督长"取五尺)

① 彭浩、张玲:《北京大学藏秦代简牍〈制衣〉的"裙"与"袴"》,《文物》2016年第9期,第74页。

如图 4-1 所示，按照交裔的裁剪算法将四个全幅面料裁剪成八片，八片直角边之间和锐角边之间拼合后形成规整的裙大裹结构（图 4-2）。值得注意的是，为了使八片拼合后呈"前平侧展"效果，也就有了交裔算法的不同。本算法是将几近于正裁的四幅置于中间，大斜裁的四幅梯形各居左右，这是依据秦简记述交裔算法得到的秦裙大裹真实的结构面貌。依据秦简记述的"中裹三幅"和"少裹三幅"的交裔算法同样也可以得到裙中裹结构图和裙少裹结构图。

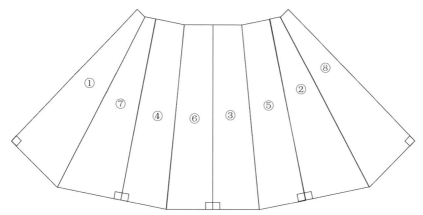

图 4-2　依据交裔算法八片拼合为裙大裹的结构图复原

秦简《制衣》所记制绔的交裔算法，或许对藏袍结构单位互补算法原理的解读更为直接，将秦简所记复原的制绔交裔结构图与古法藏袍结构比较，二者几乎如出一辙，可谓是重要的学术发现。"裁绔长短存人"是说制绔长短依不同人而定，即度身定制。"子长二尺、广二尺五寸而三分，交裔之，令上为下=为上"，取布幅二尺五寸，子长二尺的布，"子长"相当于今裤的"立裆"，按"三分"做交裔裁剪算法，使上下尺寸相同（图 4-3a）。"羊枳毋长数"，羊腿（枳）状如裤筒，无（毋）长度尺寸也是因人而定，因无须交裔裁剪，也就没有提供数据算法，推断左右裤腿分别用两个布幅，至于羊腿状，是因为从周至秦绔口束之源于内裤。"人子五寸，其一居前左，一居后右"中的"人子"是指"三分"中的裤裆插角，尺寸为五寸，居中是从交裔后"其

一居前左，一居后右"的判断，同时也告诉我们这种算法是完成"裂绔"前
后片的（图 4-3b）。加上推测的两个布幅（二尺五寸）裤筒裁片和腰头就还
原了全部的"裂绔"结构（图 4-3c）。汉之后在汉地基本消失了，但在学术
界并没忘记它，成为典型的"有史无据"状态。

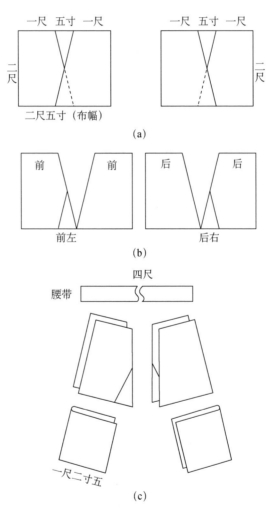

图 4-3　"裂绔"交裆裁剪算法复原结构

二、古籍中的交解、交裂、交输算法

与交裣相关的记载，属《礼记·玉藻》《礼记·深衣》等古籍中所记最早。《礼记·玉藻》中记述："朝玄端，夕深衣。深衣三祛，缝齐倍要，衽当旁，袂可以回肘。长中继掩尺。袼二寸，祛尺二寸，缘广寸半。"[①]《礼记·深衣》中记述："短毋见肤，长毋被土。续衽，钩边。要缝半下；袼之高下，可以运肘；袂之长短，反诎之及肘。带下毋厌髀，上毋厌胁，当无骨者。制：十有二幅以应十有二月。"[②]两古籍虽未直接提及深衣的交裣裁剪方法，但不意味着不存在，更强调"幅"和"礼"（"应十有二月"）的关系，幅的裁断一定会用到交裣，这在后朝学者的考证中得到了印证。清代的黄宗羲和江永都分别对深衣进行了不同角度的考释和辨析，分别撰写了《深衣考》和《深衣考误》，同时被收录在《四库全书》经部礼类中，充分显示了古人对服饰"术规"视为衣冠之国、礼仪之邦的制度作用。之后由江永的弟子戴震[③]通过《深衣解》对深衣的裁剪方法进行了更为翔实的解读。这三个文献中与深衣裁剪、尺寸甚至相关部位名称均提到了交解的算法，在《深衣考误》和《深衣解》中还出现了交裂的解释，最直接的是《深衣解》提到了与秦简交裣同音同义

---

①［汉］郑玄等注：《十三经古注（五）礼记》中华书局2014年版，第991页。此句对深衣尺寸的描述译为：诸侯、大夫、士早晨在家服玄端，晚上在家服深衣。深衣的大小尺寸：袖围是二尺四寸，腰围是袖围的三倍，深衣的下摆是一丈四尺四寸，是腰围的加倍。衣襟开在旁边，左襟掩住右襟。袖子的宽度是二尺二寸左右，不妨碍肘部的自由活动。长衣、中衣和深衣的形制大体相同，只是长衣、中衣的袖子要比深衣长出一尺。曲领宽二寸，袖口宽一尺二寸，衣裳的镶边宽一寸半。

②［汉］郑玄等注：《十三经古注（五）礼记》，中华书局出版2014年版，第1100页。此句描写深衣的尺寸样式译为：深衣的长度即使再短，也不能露出脚背；即使再长，也不能齐地。裳的两旁都有宽大的余幅作衽，穿着时前后两衽交叠。深衣腰围的宽度，是深衣下摆的一半。袖子与上衣在腋下连合处的高低，可以运肘自如为原则。袖子出手部分的长度，以反折过来刚好到肘为合度。腰间大带的位置，下面不要压住大腿骨，上面不要压住肋骨，要束在大腿骨之上、肋骨之下的无骨部位。深衣裁制的方式：上衣用布六幅，下裳用布六幅，共十二幅，以象征一年有十二个月。

③戴震，字东原，安徽休宁隆阜（今属安徽省黄山市屯溪区）人，生于雍正元年十二月己巳（1724年1月19日），卒于乾隆四十二年五月二十七日（1777年7月1日），是我国清代著名学者和思想家。

的交输一词。无论是交解、交裂还是交输，它们与交裻之间是否有关联，它们之间所流露出的裁剪算法是否指向同一含义？有待进一步分析，去寻找确切的答案。

（一）黄宗羲《深衣考》中的交解

黄宗羲[①]所撰《深衣考》，属于《四库全书》第二十一卷经部中的礼类内容之一。从《深衣考》中提要的文字中可以得知，《礼记·深衣》后经朱子、吴澄、朱右、黄润玉、王廷相五家进行图说，黄宗羲又逐一对五家之说进行了辟谬，因此《深衣考》主要是通过对前人关于深衣说法的纠正，试图还原深衣传统古法裁制的真实面貌。

《深衣考》在考证深衣下裳部分的裁制时，是这样描述的：

> 裳六幅。用布六幅，其长居身三分之二，<u>交解</u>之，一头阔六寸，一头阔尺二寸，六幅破为十二，狭头在上，阔头在下，要中七尺二寸，下齐一丈四尺四寸。[②]

此段对深衣下裳的裁制方法解读不同于后文提到的《深衣解》中的方法，而考虑到了深衣本是交领右衽制式，深衣的下裳部分会有搭叠量。故即使下裳共有 12 个象征 12 个月的衣片，因为搭叠量，必然有几片是隐藏在大襟之下的。这是区别于其他古人对深衣的记述和解读，而将交领整装后产生的搭叠量考虑在内。按照他对下裳的裁制解读，共用了六个布幅，长度约占整个深衣衣长的三分之二，经过交解的裁剪，形成一头宽六寸、一头宽一尺二寸

---

① 黄宗羲（1610—1695年），字太冲，号南雷，又号梨洲，浙江绍兴余姚人。著述多至50余种，300多卷，主要有《明儒学案》《宋儒学案》《明夷待访录》《恩旧录》《南雷文定》《南雷诗历》等，明末清初思想家，与孙奇逢、李颐并称"国初三大儒"，又与顾炎武、王船山并称"明清之际三大思想家"。见胡迎建主编：《鄱阳湖历代诗词集注评 下》，江西人民出版社2015年版，第466页。另外，他还是明末清初的天文历算学家、教育家，相关著述有：《割圆八线解》《勾股图说》《测图要义》《开方命算》《圆解》等。黄宗羲多才博学，于经史百家及天文、算术、乐律以及释、道无不研究，尤其在史学上成就很大，而在哲学和政治思想方面，更堪称是中国思想启蒙第一人。
② ［清］黄宗羲撰：《深衣考》，中华书局1991年版，第8页。

的直角梯形。如图 4-4 所示，按照幅宽二尺二寸计算，还原黄宗羲的深衣下裳交解裁剪算法示意图。

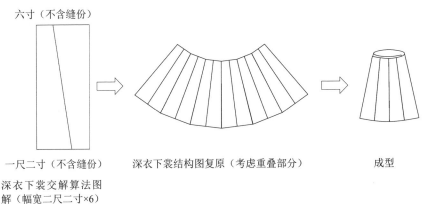

六寸（不含缝份）

一尺二寸（不含缝份）　　深衣下裳结构图复原（考虑重叠部分）　　成型

深衣下裳交解算法图
解（幅宽二尺二寸×6）

图 4-4　《深衣考》交解裁剪算法的结构图复原

按照黄宗羲的说法，将大襟与里襟的搭叠量考虑在内，六幅下裳又只有一种交解裁剪，产生的每个下裳衣片均为统一的直角梯形，所以无论是正视图、背视图还是隐藏在里面的里襟，均要遵循左右对称前后一致的原则。经过测算，现复原深衣下裳的结构图及成衣搭叠的效果与《深衣考》提供的图示是吻合的（图 4-4、图 4-5）。

图 4-5　《深衣考》中的深衣图示（考虑里襟重叠部分）

图片来源：[清]黄宗羲撰：《深衣考》，中华书局 1991 年版，第 16 页

在《深衣考》中，记述完下裳的裁剪算法之后，有如下一段文字：

盖要中太广则不能适体，下齐太狭则不能举步，而布限于六幅，两者难予兼济，古之人通其变，所以有<u>交解</u>之术也。世儒不察以为颠倒破碎，思以易之，于是黄润玉氏有无裳之制，则四旁尽露，不得不赘以裾衽，王廷相氏增裳为七幅以求合乎下，则要中旷荡又假于辟积，何如<u>交解</u>之为得乎？①

这段文字主要体现了交解裁剪算法的智慧之处，"布限于六幅"，通过交解尽用之，实现了上狭下阔，刚好使得深衣下裳既保证了腰部的适体，又满足了下摆足够的活动量，是对交解裁剪算法功能性的最好诠释。可见交解是实现功用与节俭结合最有效的方法。

黄宗羲是著有《明儒学案》《宋儒学案》《明夷待访录》的明末大儒，在清代剃发易服的大环境之下，写出《深衣考》这样的著述对传统深衣进行再次考证，并对深衣古法裁剪背后的功能性进行解读，无非是抱着复兴和传承汉统礼制的目的，通过文字图术记录，将其流传下去，在将来才有恢复的希望。黄宗羲承担起抢救和存留正在流失的文化精华的历史使命，深衣是传统华夏文化的标志，具有汉儒礼仪的象征，交解算法便是它的精髓和古人智慧。因此，清代学术界出现如此多的"深衣考"都是从文献中展开的，从未提到物证，说明在当朝这种术规就消失了，或以变异的状态"隐形"着，可见"深衣考"与其说是"术考"，不如说是对儒统文化的坚守。

（二）江永《深衣考误》中的交裂和交解

江永②在《深衣考误》中描述了下裳续衽的交裂机埋。《深衣考误》同样属于《四库全书》第二十一卷经部中的礼类内容之一，在《深衣考误》的提

---

① ［清］黄宗羲撰：《深衣考》，中华书局1991年版，第8—9页。

② 江永，字慎修，婺源人。专心《十三经注疏》，而于《三礼》功尤深。以朱子晚年治《礼》，为《仪礼经传通解》。所著有《周礼疑义举要》七卷、《礼记训义择言》六卷、《深衣考误》一卷、《律吕阐微》十卷、《律吕新论》二卷、《春秋地理考实》四卷、《乡党图考》十一卷、《读书随笔》十二卷、《古韵标准》四卷、《四声切韵表》四卷、《音学辨微》一卷、《河洛精蕴》九卷等。卒于乾隆二十七年（1762年），享年82岁。撰写后文所提到的《深衣解》的作者戴震乃是江永的众多弟子之一。见中国文史出版社编：《二十五史　卷15　清史稿　（下）》，中国文史出版社2002年版，第2312页。

要中，江永对深衣"衽"的定义做了新的阐释：

> 如裳前后当中者，为襟为裾，皆不名衽。惟当旁而斜杀者乃名衽。
> 考《说文》曰："衽，衣裣①也。"《说文》乃以衣襟为衽，则不独裳
> 为衽矣。又《尔雅》曰："执衽谓之袺，扱衽谓之襭。"李巡曰："衽者，
> 裳之下也。"云下则裳之下皆名衽，不独旁矣。然《方言》曰："褛谓之
> 衽。"郭璞《注》曰："衣襟也。"与《说文》前襟名衽义正同。而郭《注》
> 又云："或曰衽，裳际也。"云裳际则据两旁矣。永之所考，盖据璞《注》
> 后说也。又刘熙《释名》云："襟，禁也，交於前，所以禁御风寒也。裾，
> 倨也，倨倨然直，亦言在后当见倨也。衽，襜也，在旁襜襜然也。"证
> 以永说，谓裳前襟后裾，皆直幅不交裂，则即《释名》所云"倨倨然直"
> 也。谓在旁者乃名衽，则即《释名》"在旁襜襜"之义也。其释《经》文
> "衽，在旁"三字实非孔《疏》所能及。其后辨续衽钩边一条，谓续衽在
> 左，前后相属，钩边在右，前后不相属。钩边在汉时谓之曲裾，乃别以
> 裳之一幅斜裁之，缀于右后衽之上，使钩而前。孔《疏》误合续衽、钩
> 边为一。其说亦考证精核，胜前人多矣。②

这段文字江永通过引用《说文》《尔雅》《方言》《释名》③等训诂④诸书对
"襟""裾""衽"的解释，然后提出自己的见解，具体三者在深衣中所指的部
位用图例明示，即前襟、后裾、旁衽。江永提到"谓裳前襟后裾，皆直幅不
交裂"，这里的交裂明显是相对于"直幅"而言的，前"襟"后"裾"皆为直
裁，纱向为竖直，即所谓"倨倨然直"。而在旁的"衽"，以一幅斜裁之，即
相对于"直幅"的交裂裁剪方法。《深衣考误》均提供了它们的图示，对比秦
简《制衣》交裳算法复原的结构图完全一致（图4-6、图4-7）。

---

① 裣即襟，永以裳之前为襟，而旁为衽。
② [清]江永撰：《深衣考误》，中华书局1991年版，第40—42页。
③ 汉代是训诂学发展的第一个黄金时期，与先秦散见于典籍文献中的训释形式不同，汉
代出现了较多系统、完整的训诂专著。成书于秦汉之际的《尔雅》和成书于汉代的《方言》《说
文》《释名》是周秦以来训诂实践的理论总结，是训诂学史上的代表著作。
④ 训，通俗的解释词义；诂，用当代的话解释古语。训诂学是中国传统研究古书词义的
学科。

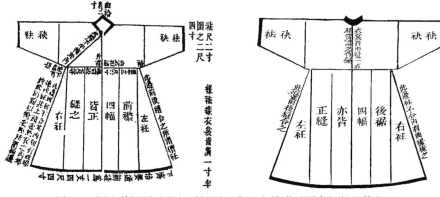

图 4-6　深衣前视图（左）后视图（右）和前襟后裾旁衽的具体位置

图片来源：［清］江永撰：《深衣考误》，中华书局 1991 年版，第 28—31 页

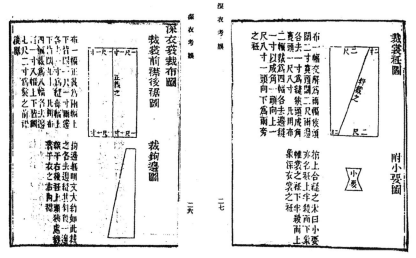

图 4-7　深衣前襟后裾直幅正裁（左上）和下裳衽之交裂斜裁（右上）

图片来源：［清］江永撰：《深衣考误》，中华书局 1991 年版，第 26—27 页

　　《深衣考误》还提到"裳交解十二幅，上属于衣，其长及踝"。江永按[①]：
"孔氏误释玉藻裳幅皆交解，家礼遂承其误，当以玉藻衽当旁郑注为正，又按
深衣篇制，十有二幅以应十有二月，郑注云裳有六幅，幅分之以为上下之杀，
此注亦略言裳以六幅分为十二幅，下齐广于要中耳，其为上下之杀者，在当

────────────

　　① 按：编者或作者在正文之外所加的说明或论断。

旁之衽，非谓十二幅皆杀也。"①

　　江永对深衣下裳的裁剪方法提出了不同于孔注的观点，认为下裳并非将六幅全部交解为十二幅，仅将两旁"衽"通过交解裁剪也可以达到"下齐广于要中"的效果，而其余前后中下裳部分，即所谓的"前襟后裾"均为直幅正裁。可见交裂不包括前襟后裾的直幅正裁，用交解说明了"衽"的裁剪方法，亦与交裂同义。秦简"交窬"的发现又否定了"直幅正裁"的存在。

　　（三）戴震《深衣解》中的交输、交解、交裂

　　戴震于乾隆三十八年（1773 年）开始撰修《四库全书》，撰修的过程中对其中正文内容部分做了按语。十三经是儒学经典，汉代有郑玄作注，唐代有孔颖达为之正义，《深衣解》一篇是戴震在郑注和孔正义的基础上对《礼记·玉藻》和《礼记·深衣》中深衣尺寸和裁法进行的重新注解。

　　《礼记·玉藻》中提到的"缝齐倍要"，郑注："缝，纴也。纴下齐，倍要中。齐，丈四尺四寸。"正义曰："齐，谓裳之下畔。要，谓裳之上畔。言缝下畔之广，倍于要中之广。"戴震按："以布二幅交输裁为四，一端广二寸，一端广二尺。乃以广二寸为一端置在上，与要缝齐。其二寸两边连合为缝适足，故不入围数。以广二尺之一端置在下，与齐齐，每幅两边亦各去一寸为缝，可计者尺八寸，四幅通七尺二寸，当裳之左右，并与裳正幅，得齐围一丈四尺四寸，倍于要围也。"②意思是说，下摆的围度是腰围的两倍，按照戴震的解析，幅广二尺二寸，取两个整幅面料利用交输裁为四片，一端长二寸一端长二尺，除去每片两侧各一寸缝份后，四片均变为直角三角形，即一端长度为零、一端为一尺八寸。通过交输得到的四片均置于下裳两侧，作为前后两边的侧片，正中的前后各四片均为矩形，即所谓的"正幅"，使得下裳的腰围为八个宽为九寸的正幅衣片宽度，即七尺二寸。而下摆围（古籍中称之为"齐"）在腰围的基础上，再加上两侧四片三角形侧片的宽度，即四个一尺八寸，得出下摆围为一丈四尺四寸，刚好为腰围七尺二寸的两倍（图 4-8、图 4-9）。

---

　　① ［清］江永撰：《深衣考误》，中华书局1991年版，第14—15页。
　　② 《续修四库全书》编纂委员会编：《续修四库全书》，上海古籍出版社1996年版，第176—177页。

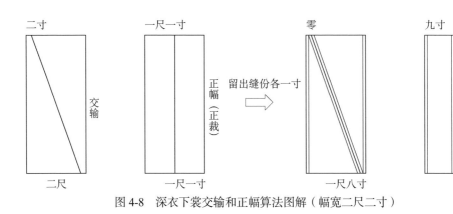

图 4-8　深衣下裳交输和正幅算法图解（幅宽二尺二寸）

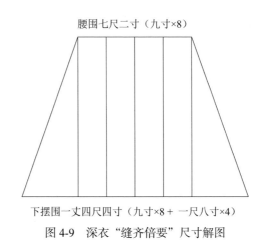

图 4-9　深衣"缝齐倍要"尺寸解图

正义曰："案《深衣》云'幅十有二'以计之，幅广二尺二寸，一幅破为二，四边各去一寸，余有一尺八寸，每幅<u>交解</u>之，阔头广尺二寸，狭头广六寸，比宽头向下，狭头向上，要中十二幅，广各六寸，故为七尺二寸。下齐十二幅，各广尺二寸，故为一丈四尺四寸。"戴震按："正裁者八幅，<u>交解</u>而成者四幅。"[①]这里提到的交解和上文中提到的交输实则为一种裁法，都是相对于"正幅"而言，同时包含"阔头"和"狭头"的不规则直角梯形，且两

<hr />

　　① 《续修四库全书》编纂委员会编：《续修四库全书》，上海古籍出版社1996年版，第177页。

两相对可以刚好拼成一整幅。在戴震的校注中对交解是这样解释的，交解又作交裂，意同交输，即将整幅布对角裁开。[1]

《礼记·玉藻》中提到的"衽当旁"，郑注曰："衽，谓裳幅所交裂也。凡衽者，或杀而下，或杀而上，是以小要取名焉。衽属衣则垂而放之，属裳则缝之以合前后，上下相变。"戴震按："裳前后正幅八，不交裂。所交裂惟当旁之幅四。深衣衽属裳，杀而上，缝合之。朝祭丧服之衽属衣，杀而下，垂放之。形制不同，其为在旁交裂之幅则同。古者小要亦名衽，汉时谓之小要。皆取其形之似。"[2]因此，"衽"和小要相似，或是小要的一部分。小要类似于古建筑的榫卯，这与秦简《制衣》中交裳的"裳，穿木户也"的含意就联系起来了，不过戴震的"正幅"和江永的"直幅正裁"同样被它颠覆了（图4-10）。

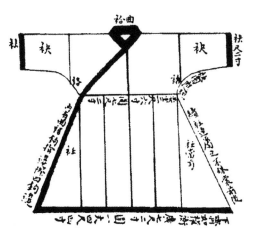

图 4-10 深衣各部位名称图示

图片来源：[清]戴震撰：《戴震全书（二）》，张岱年主编，黄山书社 1994 年版，第 98 页

综合上述文字，戴震在深衣下裳裁制方法中提到的交输、交解、交裂三个词指向同一种含义，均相对于前后"正幅"而言，两侧是将整幅面料通过"斜裁"一破为二的裁剪计算方法，与秦简《制衣》中出现的交裳裁剪算法原理如出一辙，而且秦简交裳有更复杂且科学的算法，如"裂绔"交裳，说明

---

① [清]戴震撰：《戴震全书（二）》，张岱年主编，黄山书社1994年版，第99页。

② [清]戴震撰：《戴震全书（二）》，张岱年主编，黄山书社1994年版，第178—179页。

秦简的信息更丰富、真实而可靠。从语境上看，交输更接近交衺，但只是形声字，衺的"穿木户也"的含意没有了。交解、交裂或是交衺算法的解释语，更接近动词。在藏袍中出现的单位互补算法也是解释性用语，重要的是，这种情况可以说是古文献的物化，甚至比《深衣考》《深衣考误》和《深衣解》的记述更接近秦简的面貌。

三、藏袍标本古老单位互补算法的发现

在对北京服装学院民族服饰博物馆藏清末民初的藏族服饰标本进行数据采集、绘制、结构复原的过程中，根据衣片布边间距推断出面料的幅宽，然后根据幅宽和各个裁片的形状以及裁片中布边的位置复原出藏袍结构，依据标本全部裁片做排料图复原实验。实验结果显示完全符合秦简交衺的裁剪算法，也与汉文古籍中提到的交解、交裂、交输相同，即在单位布幅内进行斜裁分割，形成两个或若干个互补衣片，在最大可能节俭的前提下，满足服装功用的结构形态。

藏族服饰衣身主结构一般为整幅面料，相当于古籍中的"正幅"但不裁，所以互补算法、分割、拼合的结构一般都是出现在两边的侧片、摆片和袖片中，甚至古老牛皮藏靴的裁剪方法也遵循这种原理。可以说藏靴形制的确立和单位互补算法有直接的关系，当然最具有代表性的还是藏袍的侧片结构，成为文献考据确凿的实证。

（一）双侧缝氆氇藏袍单位互补算法

藏袍单位互补算法最具有交衺特征的是藏袍侧摆结构的三种表现方式，它们的形成与布幅的宽窄有关：一是双侧缝侧片为窄氆氇藏袍；二是无侧缝侧片为宽氆氇藏袍；三是单侧缝侧片为更宽的织锦藏袍。双侧缝氆氇藏袍是四个侧片通过两个整幅氆氇面料的单位互补算法完成的，分割后小头朝上、大头朝下，与衣身拼合放置于四个侧摆位置，这个结果几乎是秦简裙大袤交衺算法的再现。此裁剪方法在藏袍结构中具有普遍性，它的宗旨完全与交衺算法相同，即无论采用怎样的算法进行分割，必须在一个整幅面料中实现零

消耗。藏袍整体宽大，而氆氇面料幅窄，这和古代"宽衣窄帛"的物质环境类似而产生相似的技术手段被藏袍这个古老的载体保存了下来。

在对北京服装学院民族服饰博物馆藏藏袍标本进行数据采集、测绘和复原的过程中，发现编号 MFB004734 的氆氇镶豹皮水獭皮饰边羊皮内里藏袍就是典型的双侧缝氆氇藏袍，是氆氇幅宽最窄的一种，故普遍存在单位互补算法，也是藏袍中承载古老信息最多的一种。

标本氆氇厚实，很容易辨别其布边位置，主身部分基本采用整幅氆氇，根据实测结果发现，袖子、前后片和里襟所有布边之间的宽度为 21—22cm，故可以判定此件藏袍所采用的氆氇幅宽值。

此件标本四个摆片下边宽在 12cm 到 13.5cm 之间（图 4-11a）。假设左右侧片为连裁，那么左侧片和右侧片的下摆宽度至少要达到 25cm（12cm+13cm）和 26.5cm（13.5cm+13cm），显然超出了氆氇的最大幅宽 22cm，通过单位互补算法就可以解决这个问题。综合标本的前后左右四个侧片，考虑面料的正反因素，标号为①的侧片与标号为③的侧片上下倒置，再加上各边的缝份刚好构成一个氆氇幅宽，两个直角梯形的斜边长度吻合，说明它们出自整幅氆氇的同一斜裁破缝；标号②和④两个侧片也是同一原理。

单位互补算法和交窬的目的相同，都是为了最大限度地使用面料，因此这种方法只要条件适宜就会使用，古老藏袍更是如此。双侧缝氆氇藏袍结构完全体现了这种古老算法。标本袖片用五个布幅左右各裁五片⑤⑥⑦⑧⑨，袖口⑨为半个氆氇幅宽，左右两个半幅刚好拼成整幅。在靠近主身的两个袖片⑧腋下的对角线位置加入插角，使袖片⑧一边线为水平线。如果按照互补原理将左右袖⑤⑥⑦片两两对应，两个⑧片封住两端，就实现了零消耗裁剪。所以，腋下对角线三角插片的水平边线处理不是偶然的，是最大程度利用面料的结果。从袖片的排料复原也可以看出，左右不对称的三角插片设计正是由于袖片排料时为节省面料所致（图 4-11、图 4-12）。

大襟相邻的两片，也是利用单位互补算法完成的裁剪。藏族服饰这种妥协于敬物尚俭而牺牲美观的造物观也正是"人以物为尺度"美学思想的生动表现。

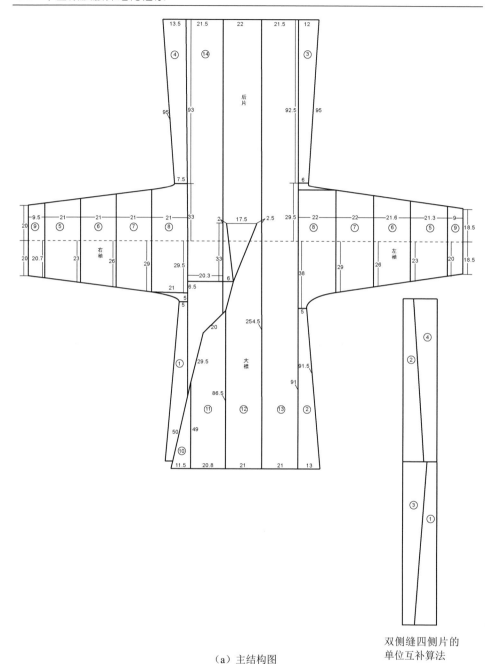

（a）主结构图

图 4-11　氆氇镶豹皮水獭皮饰边羊皮内里藏袍主结构图

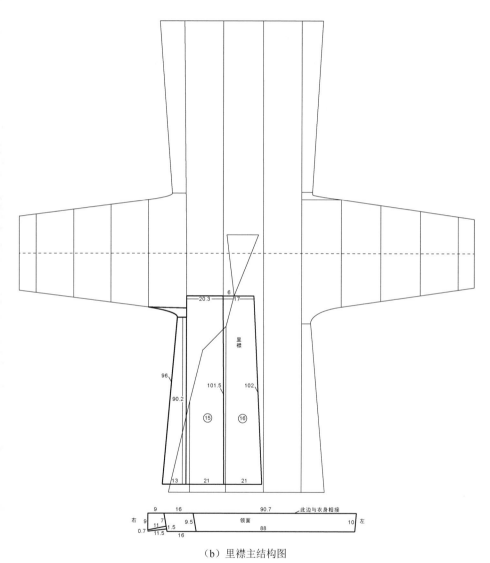

（b）里襟主结构图

图 4-11　氆氇镶豹皮水獭皮饰边羊皮内里藏袍主结构图（续）

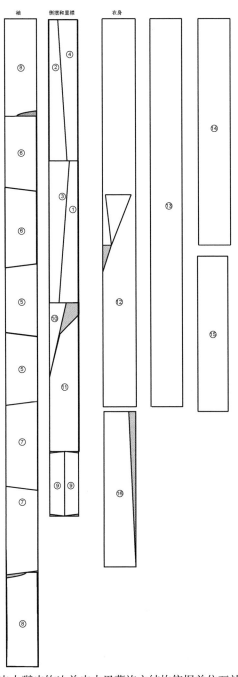

图 4-12 氆氇镶豹皮水獭皮饰边羊皮内里藏袍主结构依据单位互补算法的排料复原图

将图 4-12 的双侧缝氆氇藏袍侧片、袖片、大襟衣片排料图与图 4-1 裙大衮的交裔裁剪算法图解、图 4-4《深衣考》交解裁剪算法的结构复原图、图 4-7 的交裂裁剪示意图和图 4-8 的交输裁剪示意图比较发现，无论秦简还是古籍中出现的不同称谓的裁剪算法，都与该藏袍标本的裁剪方法一致，即标本侧片、袖片、襟片等都灵活地使用了这种古法，其具有汉典籍古法术规的普遍性，用单位互补算法的命名是基于更容易令人理解的表述。还有一个考虑，单位互补算法毕竟不是古籍交裔、交解、交裂、交输用于下裳的裙、襦、绔、续衽、襘等古代服饰的表述，但古籍文献与实物的相互印证性又是确凿的，且不是个案。

（二）无侧缝氆氇藏袍单位互补算法

第二种无侧缝结构表现形式出现在藏品编号为 MFB005993 的氆氇镶虎皮饰边藏袍标本结构侧片中，可以说它是氆氇幅宽定型后，"三开身十字型平面结构"最典型、最复杂、最具有学术价值的藏袍标本①（图 4-13a）。通过标本侧片插角互补算法拼合实验的结果看，其使用的氆氇宽约 30cm 属于藏袍的定型结构（图 4-13）。在对其进行全息的数据采集和结构图复原的过程中发现，在两个侧摆和里襟下摆形成的三角插片，是对单位互补算法或交裔的古老术规一种精妙的诠释，因为它更接近秦简《制衣》"裂绔"中复杂的交裔算法。

氆氇跟其他藏袍面料相比最大的区别在于它的幅宽较窄，定型时也只有约 30cm。三角插片是为了达到节省面料的目的，宁可牺牲藏袍结构的完整性。而其中的原理正是秦简《制衣》"裂绔"中的"人子五寸，其一居前左，一居后右"的重现。

---

① 氆氇镶虎皮饰边藏袍标本的"最典型"是指在氆氇幅宽定型后（约30cm）形成的标志性"三开身十字型平面结构"；"最复杂"是指利用单位互补算法最复杂，它不仅具有对汉典籍古老交裔术规的物证考释，还揭示了交裔原理的发展和应用情况。无疑这对于中华服饰结构谱系的完善具有重要的史学意义，是"最具学术价值"的发现。

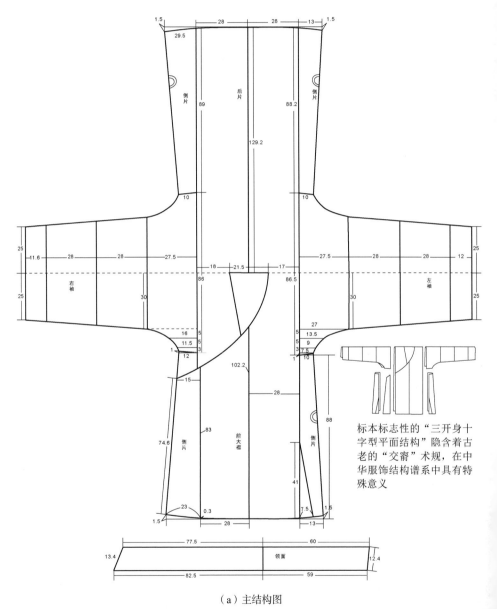

标本标志性的"三开身十字型平面结构"隐含着古老的"交裔"术规，在中华服饰结构谱系中具有特殊意义

（a）主结构图

图 4-13　氆氇镶虎皮饰边藏袍主结构图

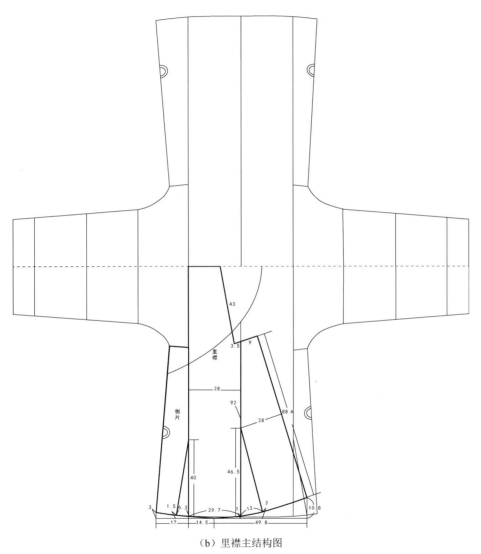

（b）里襟主结构图

图 4-13　氆氇镶虎皮饰边藏袍主结构图（续）

标本大身左侧的插角位于前片与左侧片的拼接处，从复原的裁片上看属于侧片的范畴。大身左右侧片均为连裁，侧片与后片衣身连接的部位和与前片插角连接的部位平行且同为布边，说明这是一个氆氇幅宽。三角插片与侧片拼接线也都是布边，适合采用对接缝工艺，可以判定侧片为整幅面料，插角的加入是因为氆氇幅宽的限制。同样，里襟侧片与衣身连接线和各自插角连接线平行且均为布边，也采用了对接缝工艺，所以里襟侧片亦为整幅氆氇面料，插角也是因氆氇幅窄而采用的单位互补算法。结合三角插片和摆片结构宽度实验的考证，最终它们都可以拼成一个氆氇面料的幅宽，复原实验也确凿地证明了这一点。这个实验结果几乎成为秦简《制衣》"裚绔……子长二尺、广二尺五寸而三分，交窬之，令上为下=为上……人子五寸，其一居前左，一居后右"的实物重现。不同的是一个用在袍摆，一个用在绔裆，而它们相隔 2000 多年；相同的是它们都笃信"节俭"。

我们可以通过单位互补算法的裁剪流程来体验这种"节俭美学"。如图 4-14 所示，氆氇藏袍标本的面料幅宽是约 28cm，主身是两个整幅的氆氇面料，即所谓深衣的"正幅"。选取氆氇藏袍主结构分解图中摆片六个部分为实验对象，分别为三个三角插片和与插角相邻的摆片。由于三个摆片的左右两边均为布边，它们的宽度都是一个整幅，延长较短的布边线直至与上方边线的延长线相交于一点，两条延长线 b、c 均用虚线表示。此时出现了一个巧合的现象，三个摆片缺失的三角形状与它相邻的插角形状相吻合。理由是，摆角的两条边，一条边为裁剪缝，另一条边为布边，而且每个插角的布边、靠近底摆的边和另一条段缝与裁剪掉的三角对应尺寸一致，经测量两个三角形边线的 a= a'，b= b'，c= c'。更加精妙的是将三个插角分别按照三个相等的边补到摆片中发现，插角的纱向和摆片的纱向完全一致。试验结果表明，形状完全互补、段缝和布边方向完全相同的两块面料，拼合后纱向刚好一致，故可以断定三个插角结构原本是各自摆片的一部分。为了达到肥身阔摆的效果而将竖直的三块氆氇面料进行不同角度的倾斜，也就造成两侧插角和里襟插角角度的不同，它们的零消耗和隐秘性令人叹为观止。

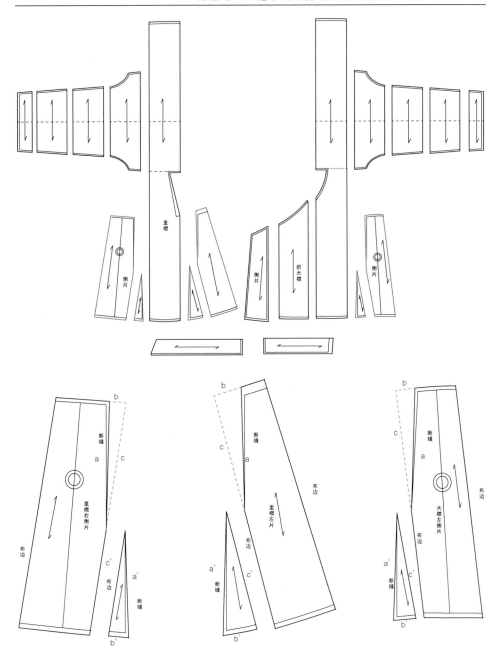

图 4-14　氆氇镶虎皮饰边藏袍插角结构依据单位互补算法的布幅复原实验

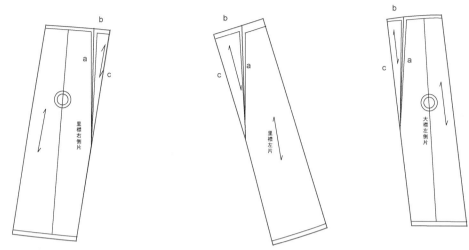

图 4-14　氆氇镶虎皮饰边藏袍插角结构依据单位互补算法的布幅复原实验（续）

　　藏族服饰的布幅决定结构、巧妙的裁剪拼接和隐秘的插角设计都是节俭思想的完美体现。受布幅限制，底摆增加插角来满足阔摆结构需要，且插角与相邻侧片"化整为零"的裁剪方法，是将面料的使用达到最大化。这种节俭美学与汉族传统服饰的"敬物尚俭"理念不谋而合。而在文化上又表现出民族的多元性。三角插片位置的不对称性也是"自然主义"的另外一个体现，与汉族封建礼制不同的是，藏族信仰藏传佛教，不追求以人为尺度而崇尚以自然为尺度，更具有藏文化的合理性。所以氆氇原生态的使用赋予了藏袍以灵性，在服饰结构形态上较之汉族服饰就显得更加隐秘，是一种万物皆灵自然观的流露。

　　该标本普遍采用单位互补算法实现了阔摆设计和材料的物尽其用。它的原理与交窬算法相同，只是从"均衡算法"变成了"主次算法"，即通过斜裁分割的两个衣片不再是上下倒置的、完全一致的梯形，而存在大小的区分。与汉族服饰相比，藏族服饰由于标准化建设的滞后（秦代就实行了布幅二尺五寸的标准化），而随机性更强。该标本的两个侧片为连裁（多用宽幅氆氇），保持了前后侧摆的相对完整，下摆的上窄下宽刚好通过单位互补的计算分割得以实现。而完成的侧片与后片衣身连接的部位和与前片插角连接的部位同为布边，说明这是一个氆氇幅宽，适合采用对接缝工艺（更平伏）。同样，里襟的侧片与三角插片连接的部位均为布边，也采用了对接缝工艺，所以里襟的侧片亦为整幅氆氇面料，通过摆片插角单位互补算法完成。结合三角插片和摆片结构宽度的验证，它们可以拼成一个氆氇面料的幅宽，复原实验也确凿地证明了交裣算法可以实现多种分割和拼合形式。 正因为氆氇的幅宽不足，而产生了单位插角互补的巧妙设计。这种古法术规并不孤立，在后来织锦面料藏袍中也被广泛使用，其比氆氇幅宽增加了一倍多，也就出现了以织锦（包括棉麻织物）为特征的单位互补算法，且沿袭至今，但交裣算法的基本原理并未改变。

（三）单侧缝织锦藏袍单位互补算法

上述双侧缝和无侧缝两种情况均出现在氆氇质地的藏袍结构中，由于藏汉文化频繁交流，汉地织锦在贵族藏袍中被广泛使用，但单位互补算法的古老术规并未消失。织锦相较于氆氇布幅大大加宽，相应结构也发生了变化，形成了织锦藏袍典型的居中一个独幅和两侧单侧缝结构，即衣身、侧片和袖片的"三开身结构"。这里以第二章中提到的一件征集于四川甘孜州石渠县的织金锦镶水獭皮饰边藏袍为例，解读单侧缝织锦藏袍结构存在的原因。通过该标本的信息采集和结构图复原发现，它与氆氇藏袍不同，左侧片为连裁，右侧片为分裁，且无三角插片，构成了单侧缝结构，其中充满了玄机（图4-15）。

由于织锦面料的幅宽增加到氆氇的两倍多，如果像氆氇面料那样，在一个布幅范围内完成两个侧片的裁剪会造成很大的浪费。如图4-16所示，标本左侧片为前后连裁，展开左侧完整的侧片可知上边狭头宽22cm，下边阔头宽42cm。从袖子与衣身纱向的一致性和布边之间的宽度可以推算出这件织锦藏袍的面料幅宽约为71cm，结合右侧前后两个独立的侧片和连裁左侧片，通过排料复原实验发现，三个侧片刚好可以利用单位互补算法达到零浪费。右侧前后两个独立侧片的狭头宽分别为11.5cm、11.4cm，加上连裁左侧片的阔头宽42cm，共约65cm；再加各片应有的缝份共约6cm，相加总和约为71cm，即为一个织锦面料的布幅宽度。另一边的宽度是两个独立侧片的阔头与连裁侧片的窄头，加上应有的缝份共计67cm，也接近一个布幅宽度。排料复原实验结果表明三个侧片纱向与标本测量时采集到的纱线方向保持一致，这证明了实验结果与单位互补算法的关系。

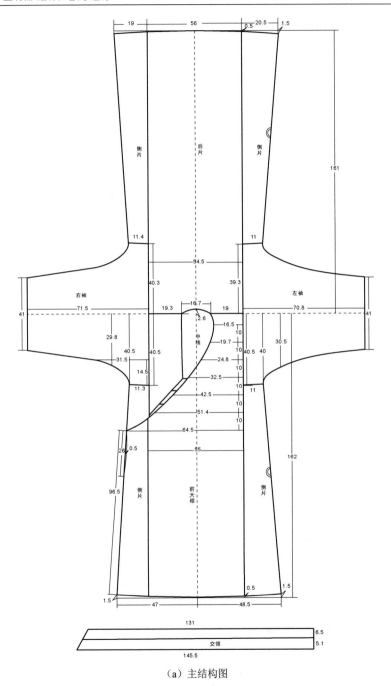

（a）主结构图

图 4-15 织金锦镶水獭皮饰边藏袍主结构测绘与复原

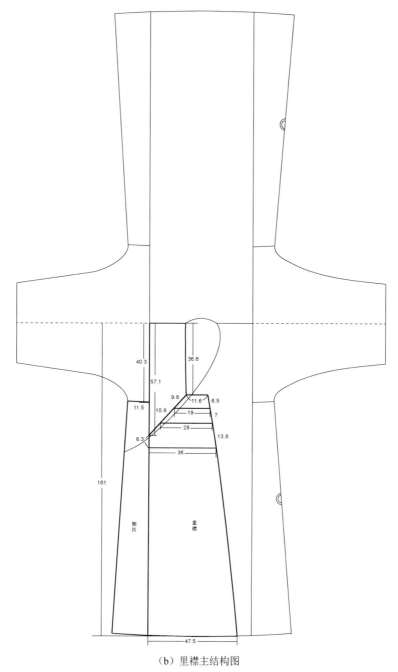

（b）里襟主结构图

图 4-15　织金锦镶水獭皮饰边藏袍主结构测绘与复原（续）

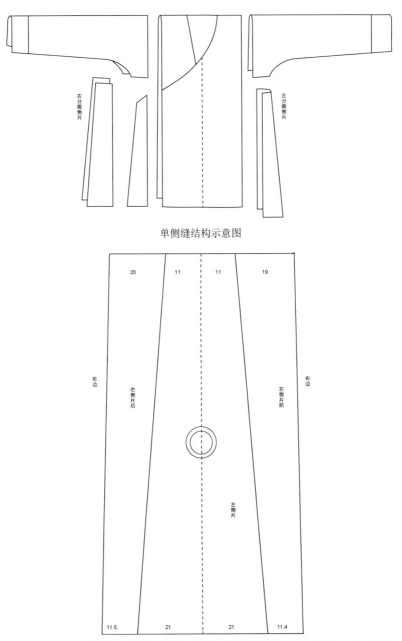

单侧缝结构示意图

图 4-16　织金锦镶水獭皮饰边藏袍侧片结构依据单位互补算法的布幅复原图

以上三种不同侧缝形制的藏袍结构单位互补算法与汉地古籍交窬这种古老术规的记载有着异曲同工之妙，且藏袍由于面料的不同形成了"开放性"特点，使标本表现出丰富性。氆氇面料分为窄氆氇和宽氆氇，窄氆氇面料的单位互补算法，使得各自狭头的宽度加上阔头的宽度刚好为一个氆氇的幅宽，而形成前后左右四个侧片就必然产生两个侧缝；宽氆氇面料出现了不规则三角插片的单位互补算法，并且可以实现无侧缝前后侧片连裁，这需要比第一种情况更宽的布幅才可以实现。说明这种古法是可以应对不同布幅的，因此在藏袍标本中的应用比古籍记载更具普遍性和灵活性。如在这两种氆氇面料的单位互补算法实例中，袖子的单位互补算法可以说是对古法交窬裁剪算法的演绎，窄幅的四幅半接袖，将腋下插角上下相互放置转变为左右相互放置，使得狭头向外，阔头向内，将八个袖接片还原就可以得到没有消耗的一个幅宽的长条氆氇（图4-12），宽幅氆氇藏袍也是如此，这可以说是对交窬古法术规的活化呈现，也是藏袍单位互补算法的技艺精华所在。而第三种单侧缝结构，出现在比氆氇幅宽大出几乎三倍的织锦藏袍中，但并没有因为织锦的使用而改变传统，恰恰相反，更加促进了这种古老术规的发展，出现了在一个布幅内实现所有侧片的单位互补算法，左侧片没有侧缝，且纱线方向刚好跟侧缝的位置一致，说明左侧片在布幅中处于中间位置并连裁。这样一来，两侧的空缺部分就刚好由右侧两个独立侧片来填补，同样是利用狭头与阔头交互的原则，实现一个单位布幅下所有侧片的互向处理，由此诞生了以汉地织锦为典型的藏袍形制。

无论哪种情况，侧片、袖片、摆片的插角都在单位互补算法的支配之下，实现了面料合理利用的最大化，这既是一种智慧的表达，更是一种精神世界的祈愿，一种对自然之物的敬畏，藏族先民相信万物有灵，因此民间坚守古术的艺人在织造氆氇前和用氆氇制袍前都会有隙间的祈祷。他们追求"人以物为尺度"的动机是因为"物"比人更有灵性，善待它的最好办法就是善用它。

（四）深隐式插角结构织锦藏袍单位互补算法

针对织锦质地的藏袍而言，由于织锦面料幅宽远大于手工氆氇面料，往往一个单位布幅的织锦面料可以同时裁剪出多个部分的衣片，深隐式插角结构正是在这样条件下形成的，但并没有因此放弃单位互补算法，这就是古典藏袍魅力所在。以北京服装学院民族服饰博物馆藏编号为MFB005492的深棕丝缎团纹交领藏袍标本为例，在结构图复原基础之上对其进行布幅复原。如图 4-17 所示，标本同氆氇藏袍一样，袖片和衣身的纱向一致，袖片的最宽处 74cm，衣身的最宽处约 66cm，因为都在布边范围内，可以判定织锦的面料幅宽有两种。虽然织锦的面料幅宽变大，但是仍然处处彰显着节俭意识，左右袖不对称的"腋下三角拼缀"就很说明问题，这几乎又是秦简《制衣》"人子五寸，其一居前左，一居后右"的复现。通过袖片的模拟裁剪过程发现，这种方法几乎是零消耗的，对整体外观的影响也可忽略不计，这或许是藏服古老而成功的"节俭美学"范式。由于袖片的形制不同于侧片标准的直角梯形，聪慧的藏族先民，在全布幅作横向交衽裁剪取得两个袖片之后，再利用两个直角边，裁出"人子"，使"其一居前左，一居后右"，填补了袖片腋下的空缺部位，这自然会导致腋下三角接片左右不对称的情况产生（图 4-18）。这种独特的结构形制普遍存在于藏袍之中，如在本章中提到的氆氇镶虎皮饰边藏袍标本也存在这种结构。

此标本深隐式插角结构的设计也渗透了这种"节俭美学"。值得研究的是它隐藏着"统筹理论"，结合主结构和里襟结构的复原图发现，如果把连裁三角侧片的里襟、单独三角侧片和大襟侧摆裁片通盘考虑的话，也充满了活用单位互补算法的智慧（图 4-19、图 4-20）。由于结构的特殊需要，这一复原实验的结果虽然被证实了，但并不像简单一破为二的交衽算法那样能将面料的利用率达到 100%，事实表明节俭仍然是单位互补算法的直接表达。重要的是，单位互补算法已经突破了交衽、交解等古法术规的束缚，不再仅仅表示一种相对于"正裁"的"斜裁"交衽方法，而是上升为一种更加灵活开放的"节俭艺术"，通过更为多变和丰富的裁剪方式最终达到"人以物为尺度"的共享。

通过不同藏袍结构的考证，表明了藏袍中普遍存在的单位互补算法，与其说它是藏族先民想要传达给后人的一种制衣技艺，不如说是一种"造物修行"，它的核心就是善待氆氇、敬畏氆氇，因为氆氇是神赐之物，而最好的善待方式就是节俭地使用它们，而且越古老的事物对这种造物修行思想表现得越纯粹、本真。敬畏，成为一种天人合一的普世价值。

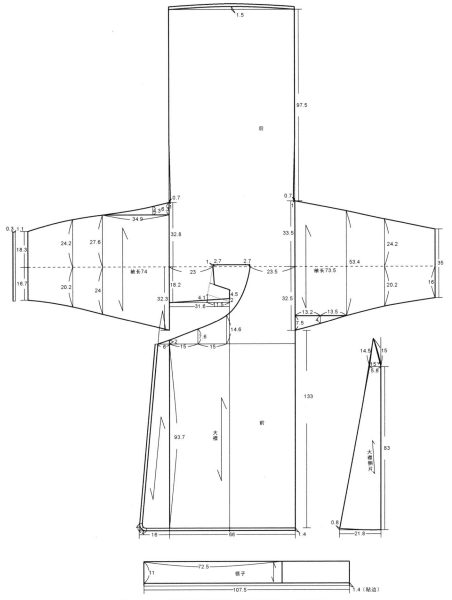

图 4-17 深棕丝缎团纹交领藏袍主结构图

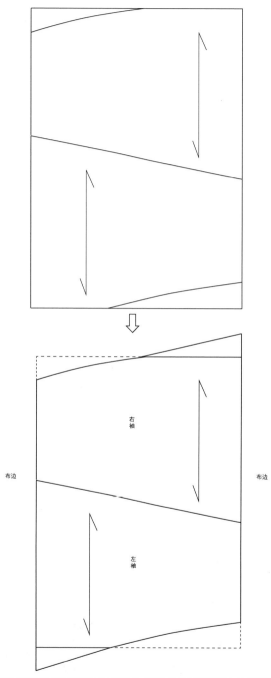

图 4-18 深棕丝缎团纹交领藏袍左右袖片依据单位互补算法的零消耗裁剪模拟图

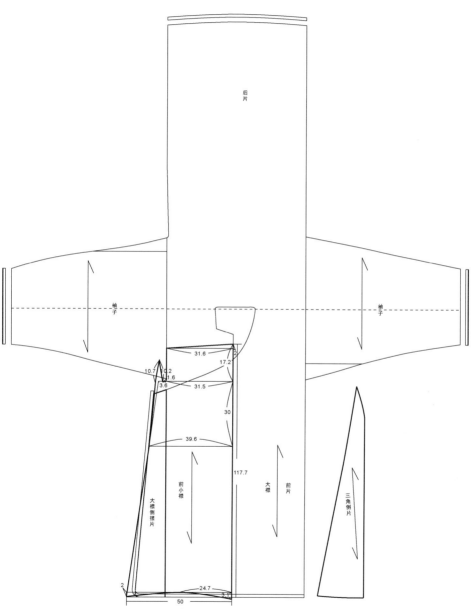

图 4-19 深棕丝缎团纹交领藏袍里襟、大襟侧摆片和三角侧片结构图

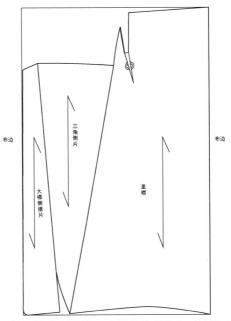

图 4-20　深棕丝缎团纹交领藏袍三个侧片依据单位互补算法的布幅复原图

（五）工布古休单位互补算法

工布古休形制具有石器时代贯首衣的特征，亦可见出藏袍结构演变轨迹或初始形态（图 2-37），值得研究的是，它不仅运用古老的单位互补算法，而且更加符合古籍所载交输术规的结果。在第二章对工布古休贯首衣和筒裙进行信息采集、测绘和结构图复原的基础上，对其进行了进一步的布幅复原，在复原试验中发现，古休筒裙的三片梯形结构与上文单侧缝织锦藏袍单位互补算法如出一辙，可以说是上古交输算法的藏族版（图 4-16）。筒裙也只有单侧缝，即右侧前后分裁形成侧缝，左侧片前后连裁，左侧连裁侧片和右侧分裁侧片三个梯形正是在一个整幅氆氇中根据"上为下=为上"的交输算法完成的，在三个完整氆氇布幅没有任何消耗的情况下完成了一个筒裙（图 4-21、图 4-22）。

值得注意的是，在工布古休结构图复原的布幅实验中，发现了运用单位互补算法颠覆斜裁交输算法的精妙设计。综合数据分析和布边的分布情况，古休结构居中左右各为两个整幅氆氇，也就是《深衣考》中所述的"正幅"，

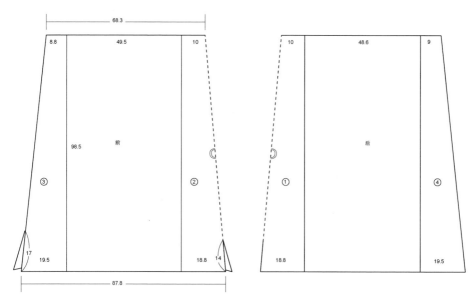

图 4-21　古休氆氇筒裙结构图复原

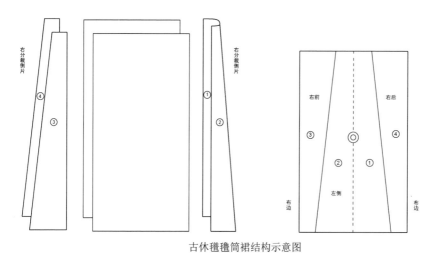

古休氆氇筒裙结构示意图

图 4-22　古休氆氇筒裙结构依据单位互补算法的布幅复原

两侧的衣片为波形，从数据表面上看是不规则的。而事实上，如果将两侧的衣片上下错开四分之一长度合并起来，刚好可以拼成一个氆氇幅宽，将左侧片最宽的部位与右侧片最窄的部位做嵌入式拼合。左右波形侧片底摆最宽位置宽度约12.6cm，最窄位置宽度约4.3cm，两者相加为16.9cm，从居中两幅氆氇布边数据判断氆氇幅宽为18cm左右，16.9cm再加缝份刚好拼成一个整幅氆氇。这种交错嵌入式的单位互补算法仅发现在古休贯首衣中，可以说是藏族服饰工布类型的标志性结构，它能不能追溯到上古汉地的"交衽时代"（秦简有记载说明先秦交衽已很成熟）无法证实，但它绝不是今天发生的，亦不是昨天发明的，总之它很古老。古休独特的结构形制与其说是精心设计的结果，不如说是这种特殊"鱼形"功用[①]，承载着节俭古老技艺的自觉表达（图4-23、图4-24）。

（六）藏靴单位互补算法

正是在藏族服饰标本的整理和结构谱系的研究过程中，发现单位互补算法并非只用在藏服裁剪设计中，在藏靴标本的信息采集、测绘和结构研究中也有所发现，这需要对藏族服饰文化的历史信息、民族交流和学术判断重新认识，藏族没有断裂的文化遗产研究远远没有达到应有的深度和广度。藏靴结构研究的重要学术发现或许可以成为深刻而生动的例证。藏靴，藏语称"杭果"，是一种长筒靴，流行于西藏、青海、四川、甘肃等牧区，一般不分左右脚，男女都可穿。[②]不同地区的藏靴有着各自的特点，卫藏地区典型样式是用黑色氆氇缝制的长筒，配以缝纳的厚底，帮面和靴靿镶红色和彩色横条的毛布，主要产于拉萨、日喀则、泽当等地。藏北和西藏东部地区的藏靴，用白色氆氇做靴筒，单层牛皮包底。川西、昌都和拉萨市区有黑色革面或绒面，厚皮绱底的带脸皮靴。[③]所以根据质地的不同，藏靴共分为三种，其中纯皮制成的藏语称为"郭罕木"[④]，也是最古老的一种，用单位互补算法裁剪皮质的形制衍生在氆氇藏靴中。

---

① "鱼形"功用，是在古休窄的部位用腰带系扎，由于腰以上尺寸大于身体而成兜囊，与藏袍同制，在肩最宽部位超出肩宽防雨。

② 铁木尔·达瓦买提主编：《中国少数民族文化大辞典 西南地区卷》，民族出版社1998年版，第738页。

③ 陈永龄主编：《民族词典》，上海辞书出版社1987年版，第1240页。

④ 丹珠昂奔等主编：《藏族大辞典》，甘肃人民出版社2003年版，第773页。

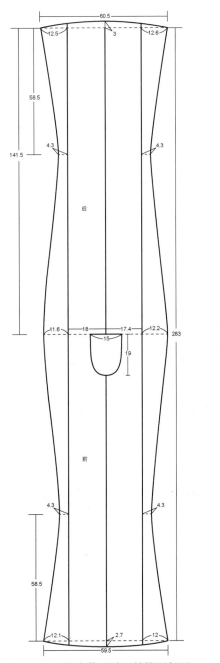

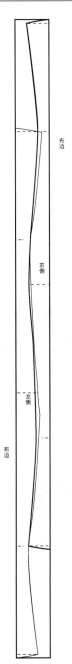

图 4-23　工布古休贯首衣结构图复原

图 4-24　工布古休贯首衣结构依据单位
互补算法的布幅复原

　　藏靴无论男女款式腰高都在小腿之上 7cm 左右，总高在 24cm 左右。藏靴后中竖向破缝通底只开一条约 15cm 长的缺口，便于穿脱。鞋面均是用黑色牛皮制成，鞋底用牛皮，也有用牛毛捻成的绳纳制而成的。其中，牛皮做底的藏靴鞋底和鞋面前端的鞋尖处同时上翘，而牛毛捻绳做底的藏靴为平底，仅在鞋面前端的鞋尖处上翘。为了抵御寒气从足侵入，藏族先民喜欢穿软皮缝制的靴子，鞋尖上翘则是为了方便在草丛中行走，整体看上去像一只小木船，据说是借用了汉人"一帆风顺"的美好祝愿。鞋帮用黑氆氇做长腰，它是皮革的替代物。[①]长腰与鞋面间用红、绿毛呢装饰，鞋腰的正面中间有彩色花纹线条，或许是有"五色"的佛教象征意义。氆氇保暖、柔软，皮革保暖、耐用，用氆氇和皮革拼接成的藏靴，正是由原始的皮靴向文明的氆氇文化过渡的产物。西藏纺织业的发展催生了松巴靴的产生，然而无论是哪种藏靴，从它们的结构判断，都承载着藏制皮靴结构的痕迹（图 4-25）。

（a）牛皮底高腰氆氇藏靴（正面、侧面、背面）

（b）牛毛绳纳制底高腰氆氇藏靴（正面、侧面、背面）

图 4-25　不同形制质地的藏靴

图片来源：北京服装学院民族服饰博物馆藏

———————

　　① 氆氇藏靴是在氆氇发明之后替代皮革而出现的藏靴，因此在结构上沿袭着皮质藏靴的传统结构形制，基于节俭动机，皮质藏靴单位互补算法的古老术规也被继承下来。

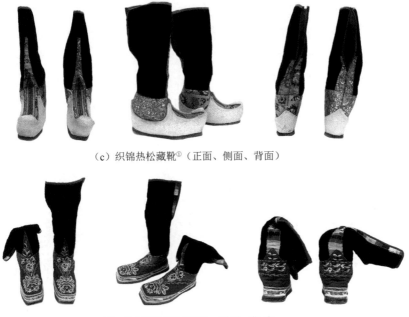

（c）织锦热松藏靴[①]（正面、侧面、背面）

（d）方头松巴靴[②]（正面、侧面、背面）

图 4-25　不同形制质地的藏靴（续）

在对四种典型藏靴标本进行测量和结构研究时发现，除了松巴靴外，其余三类藏靴的前部脚面居中位置都有一个五彩饰条，沿着靴面向上一直延伸到靴筒中部，这意味着靴筒前中并没有破开，而靴筒的后中是通底破缝的，靴底完全由牛皮包覆。虽然松巴靴的靴面为整片的氆氇，但是在绿色氆氇与黑色靴筒相接的地方也有一个饰条沿着靴筒向上延伸，后中靴筒只留了一个约 15cm 的缺口，这个结构普遍存在于松巴靴之中，它是否与皮质藏靴有关系，结构复原是破解的关键。通过对牛皮底高腰氆氇藏靴标本进行结构复原发现，船形靴帮

① 热松，藏语译音，汉意为彩靴，为一般贵族僧侣和喇嘛活佛所穿着的彩色布靴。其形制与其他藏靴相同，用高级锦缎制成，雍容华贵。见谢启晃、李双剑、丹珠昂奔主编：《藏族传统文化辞典》，甘肃人民出版社1993年版，第597页。

② 松巴，藏语译音，汉意为靴子。藏靴的一种，长靴，样式与制作方法与其他藏靴一样，多用棉毛织物缝制而成。见谢启晃、李双剑、丹珠昂奔主编：《藏族传统文化辞典》，甘肃人民出版社1993年版，第456页。

后破缝靴筒的藏靴结构形制也源于单位互补算法的古老术规（图 4-26）。

藏靴材料最早都为纯皮质，同藏袍一样经历了从兽皮到氆氇再到织锦的材质变化过程，虽然现在皮靴的材质逐渐被氆氇面料替代，但是形制延续了下来。靴筒和船形靴帮刚好可以拼成一个设定的皮张，也解释了为什么在藏靴前中部至靴面前端保留一条"双钩形"的断缝和靴筒后中破缝形制（图 4-27）。藏靴上任何一个结构细节，都可能隐藏着单位互补算法的大智慧，值得深入研究。

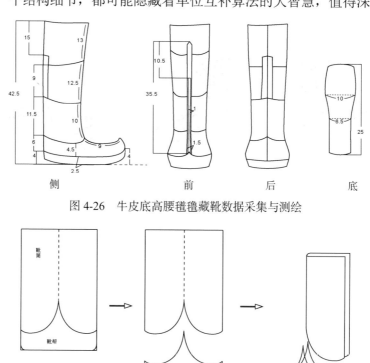

图 4-26　牛皮底高腰氆氇藏靴数据采集与测绘

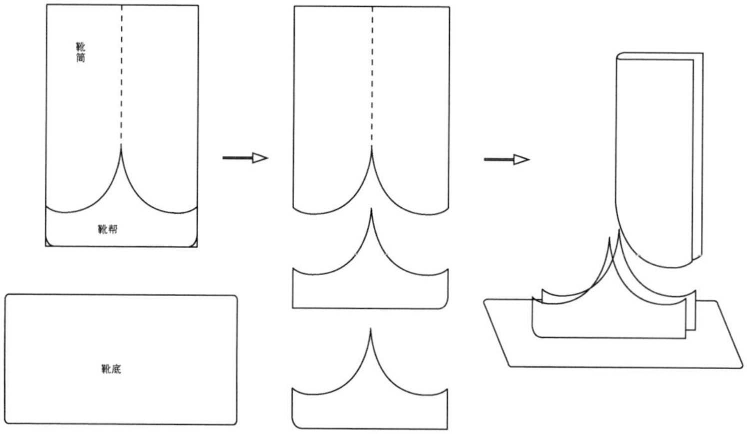

图 4-27　传统藏靴依据单位互补算法的结构复原示意图

四、藏服艺人单位互补算法实证

现代藏袍制作是否还沿袭着这个古老传统？标本和古文献之间的考证成

为关键。带着这个疑问我们慕名前往四川阿坝州红原县，请教了当地经验丰富的藏袍古法裁剪艺人旦真甲师傅，他向我们演示了一套完整的古法藏袍裁剪过程。

现制藏袍所用织锦面料的幅宽为68cm，主身衣片用一幅完整面料，四个侧片外加一个大襟侧片完全通过单位互补算法裁剪，即标本中出现的双侧缝氆氇藏袍。通过对旦真甲师傅裁剪过程的结构图复原来看，真实记录了单位互补算法的运用过程，摆阔大小根据斜裁程度决定，斜裁大则摆阔大，反之则小，也就是秦简《制衣》所记述的交裔"上为下=为上"算法的结果（图4-28）。这也印证了藏袍标本通过单位互补算法复原实验的正确性（图4-29、图4-30）。

秦简记述的古老裁剪方法在现代的手艺人那里得到了完整的演绎，是否说明藏袍服饰所承载的古老术规没有中断？和秦简交裔裁剪算法不同的是，由于织锦幅宽的大幅增加，可以实现在一个布幅内运用交裔方法完成所有的侧片裁剪，但无论如何有一点是肯定的，它们都以用尽布幅为目的。事实上，由于织锦幅宽的增加，利用单位互补算法还会有更优化的"连裁侧摆方案"（参阅第六章），中间四个直角梯形可以合并成前后连裁的两个对称梯形（图4-29），而旦真甲师傅并没有使用，或许只继承了古法程式但并不明其理，这点还需要做更深入的口述调查。不过交裔原理并没有改变，算法是与时俱进的。重要的是交裔充满人类伟大的敬物精神与节俭智慧是需要通过科学态度去继承的，单位互补算法不仅仅是一种新的称谓，更是一种对交裔与时俱进的诠释和继承。

交裔"上为下=为上"的裁剪算法

图4-28　旦真甲师傅利用单位互补算法裁剪织锦藏袍

藏袍裁片结构与标本如出一辙

图 4-28　旦真甲师傅利用单位互补算法裁剪织锦藏袍（续）

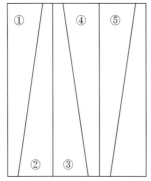

根据标本显示，②和③、④和⑤
可以连裁成无侧缝侧摆，但保持
着氆氇裁法

图 4-29　利用单位互补算法在一个
布幅中完成所有的侧片裁剪

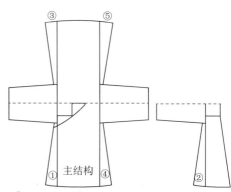

图 4-30　旦真甲织锦藏袍结构复原图

五、其他少数民族服饰结构的单位互补算法

单位互补算法在中华民族服饰结构中，是否只在藏族服饰中得到继承？其实在其他少数民族中并不少见，值得探讨的是，承载这种古法的实物一定是这个民族古老的标本，我们可以由此将其判定为民族服饰"古典样本"的重要依据，也揭示了中华多元一体文化特质的物质形态和中华服饰结构谱系"敬物尚俭"的民族基因。

我国西南地区民族服饰的馆藏和私人收藏都很丰富，在对其中具有代表性的服饰进行数据采集、测绘和结构图复原过程中确有发现。云南砚山壮族的半裙结构和贵州安顺苗族的上衣结构中都有运用单位互补算法的情况，也都被收藏家认定为该民族服饰的古典风格[1]。当然也都是从材质、刺绣和纹样风格判定的，没有一例是从结构是否运用古法术规鉴定的，它的发现与表象要素的契合成为关键。所以这一裁剪技艺在西南民族传统服饰中的普遍存在，说明它在藏族服饰中出现并非孤例，故在中华民族服饰结构谱系中，藏汉物质文化之间从不缺少沟通交流的链条。

（一）云南马关尖头土僚壮族下裙结构的单位互补算法

马关下裙标本是广西民族博物馆藏品，征集于云南省文山壮族苗族自治州马关县，当地马关壮族女子服饰由于独特的头巾扎法而被称为"尖头土僚"[2]。整个裙子分为白色腰头和黑色裙身两部分，这里主要对裙身结构进行解析，裙身用黑色土布拼缝而成，类似现代的多片裙，但拼片如此之多实属罕见，在结构上也与壮族常见的百褶裙大有不同，因裙身没有任何作褶的处理，而外观呈现出超大的阔摆之状，这确有结构上的玄机（图4-31）。其中有两个信息可以确认，一是拼片裙的历史一定比百褶裙要早，因为百褶裙至少要比拼片裙用料多出三倍，且工艺复杂，故它是社会富足和彰显财富的象征；二是拼片裙结构是规整的，但又不是现代意义上的多片裙结构，因为这种结构同样费料，玄机就在于取得超大下摆的同时，又要节省布料。

样本裙身由 16 个高为 83cm 的梯形布片拼缝而成，通过对裙片结构的综合分析发现，每片都是一个直角梯形，上端狭小、下端宽大，无疑就是"交窬"裁剪算法中的"狭头在上，阔头在下"，否则就无法在有限的布料中裁出

---

① 民族服饰古典风格，是指未被汉化，保持固有民族特点的服饰。其中重要的指标就是结构的原生态和标志性特点，但就服饰而言，其学术成果有限而争议仍存。

② 土僚，为僚人的一个支系，亦作土佬，意为本地僚人，也是壮族旧称，分布在广西、云南等地。云南省文山壮族苗族自治州境内有花土僚、白土僚、黑土僚、搭头土僚、尖头土僚、平头土僚等，它们都因服装的颜色及头饰的特点而得名，今统一称为"壮族"。见铁木尔·达瓦买提主编：《中国少数民族文化大辞典 中南、东南地区卷》，民族出版社1999年版，第356页。

如此宽大的下摆（图 4-32）。裙身呈现直角梯形两两相对排列的扇形结构，每片均为上宽 7cm、下宽 32cm，一侧为布边、一侧为毛边，且在裙身背面有锁缝的痕迹。经过布幅复原得出，刚好 2 个裙片完成一整幅面料的单位互补算法，这 2 片中沿着纱线方向的直角边为布边。裙身是将 8 幅面料按交裥算法裁成 16 片，两两相对进行拼缝完成的。每一片梯形的下底是 32cm，16 片就可以形成 512cm 的阔摆；梯形的上底是 7cm，16 片总和是 112cm，与腰头相接。将数据进行研究后发现，16 个直角梯形裁片是利用幅宽约为 40cm 的布匹进行狭头 7cm、阔头 32cm 交裥斜裁获得的，在整个剪裁过程中实现了零浪费，这确是壮族先民"整裁整用"的智慧所在（图 4-33）。汉地的古籍记载和壮族服饰保存状态如此的吻合，无论如何不能相信它们之间没有任何关系，或许其中还有更多的谜题需要破解。

图 4-31　马关尖头土僚壮族下裙标本
图片来源：广西民族博物馆藏，樊苗苗提供

（二）贵州安顺苗族盛装上衣结构的单位互补算法

另一个运用单位互补算法的经典案例是贵州安顺苗族的盛装上衣结构。贵州安顺苗族服饰以贵州省安顺市黑石头寨为代表，主要分布在安顺和普定等地。盛装上衣称为上轿衣，重大节日时人们才会穿，前后身、衣袖饰满有族属特征的星相纹，也就不难理解它所保持的古老贯首衣结构形制。

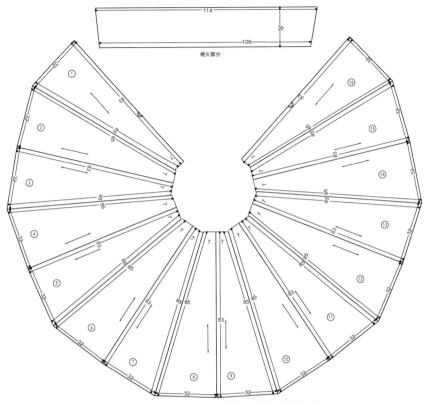

图 4-32 马关尖头土僚壮族下裙结构图复原

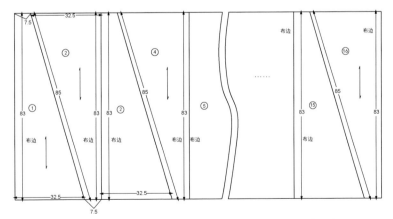

图 4-33 马关尖头土僚壮族下裙结构单位互补算法的布幅复原

　　贵州安顺苗族盛装上衣标本属于民国时期传世品，左右衣身无论是对襟竖领形制还是装饰图案均为对称式设计。基布为蓝色土布裁剪成衣身主结构，所有的花纹以绣片形式附着在基布之上，衣身较短，穿着时衣襟左搭右相交于腰间，产生一定的搭叠量，并用腰带束紧，再配上挑花青布裙，系上边缘有蜡染花草纹图案的白布围腰（图4-34）。

　　在对其进行数据采集、测绘和结构图复原的过程中发现，整件上衣分为八片，主身左右各一片，袖口左右各一片，袖子左右各两片，整个上衣展开后呈现中华服饰结构谱系典型"十字型平面结构"的原始形态贯首衣结构（图4-35）。在对上衣主结构进行布幅复原实验过程中，从袖片和衣片的纱向和宽度可以推断出，面料的幅宽在35cm左右，左右两个袖口裁片均为半个幅宽，合在一起再加上缝份刚好可以拼成一个整幅面料。两个大的袖片出现两个腋下三角插片呈交错排列，这在藏袍结构中也多有出现，我们通常会认为是使用了边角余料，但它的不对称分布又推翻了这种看法。通过袖片结构还原布幅实验，腋下的拼角刚好与袖子的一端拼合成一个整幅，巧妙地运用了单位互补算法（图4-36）。这一裁剪方法在藏袍中普遍存在，它们之间是否存在着文化和技艺的交流与传承这里暂且不做讨论，但可以肯定的是，无论是贵州安顺苗族服饰还是藏族服饰的这种不对称袖下插片形式的单位互补算法，都是对先秦交裳术规史料的物化；也都是出自节俭动机，只是它们被赋予了各自更多的民族色彩。

　　在对这个标本的衬里进行结构图复原时，也发现了袖子腋下部位出现了两个不对称的三角插片，经过布幅复原实验发现，同样是因单位互补算法而产生的结果（图4-37、图4-38）。这只能说明一个问题，这种节俭术规不仅成为民族文化的传统，还是继承这种传统的行动自觉，值得思考的是这种"传统"和"自觉"早已在汉文化中消失了，却在一些少数民族中保持着。这或许就是今天无论用多大的力气去保护并抢救我们的传统都不过分的意义所在。

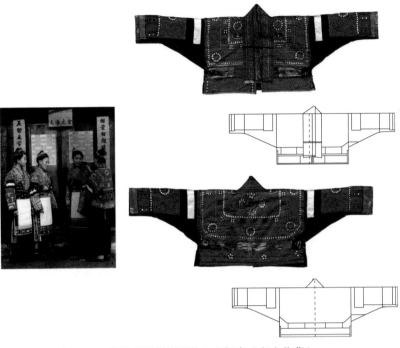

图 4-34　贵州安顺苗族盛装上衣标本（私人收藏）

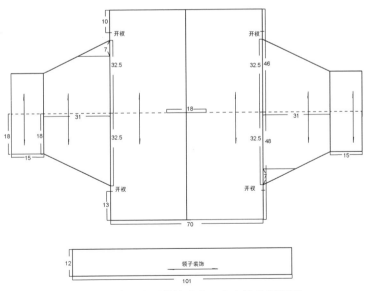

图 4-35　贵州安顺苗族盛装上衣主结构图复原

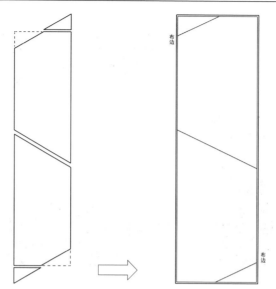

图 4-36 贵州安顺苗族盛装上衣袖子依据单位互补算法的布幅复原

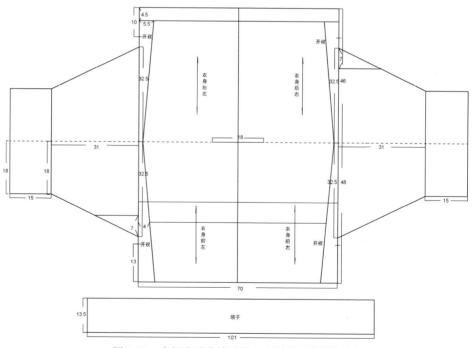

图 4-37 贵州安顺苗族盛装上衣衬里结构图复原

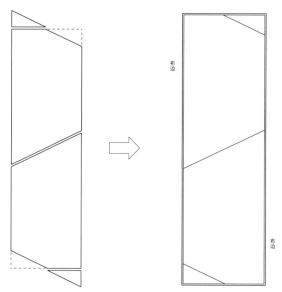

图 4-38　贵州安顺苗族盛装上衣衬里袖子结构依据单位互补算法的布幅复原

六、本章小结

在双侧缝的氆氇藏袍中，由于布幅很窄（约 21cm），在一个布幅内完成了两个侧片的单位互补算法裁剪，侧摆的尺寸根据氆氇的幅宽来设计，宽则多用窄则少用。在"无侧缝"氆氇藏袍中，由于布幅有所增加（约 28cm）前后侧片可以连裁，但也必须结合下摆插角结构的精妙计算。事实上，这正是最大限度利用布幅催生的节俭智慧，不变的是它们都保持着传统中华服饰"十字型平面结构"的共同基因。对比织锦藏袍，虽然面料源于汉俗，但并没有引入汉袍的中缝结构[①]，而采用衣身居中的布幅保持完整结构，这是因为织锦面料幅面较宽，可以实现前后中无破缝且袖子为一整片的理想布局，成为藏袍典型的"三开身十字型平面结构"。也正是利用幅宽大的特点，实现了袖片与腋下三角插片、里襟与侧片、领片单位互补算法的节俭设计。

藏袍结构单位互补算法的"物尽其用"和交领形制是中华民族古老的交

---

① 汉袍由于使用宽幅的丝织面料而采用中间破缝的左右开身结构，藏袍结构由幅窄氆氇所制而保持整幅居中的独幅结构，即使汉地织锦引入藏地，这种藏制也未改变。所以识别藏汉袍服从结构上判断是可靠的。

裔术规和深衣交衽服饰文化的活化石。交领一直以来都是中华传统服饰结构的典型形制，到清末被圆领大襟所取代。"十字型平面结构"被视为中华民族服饰结构的共同基因，在民国末年被改良旗袍的"立体结构"所取代，而这一切却在现代古典藏袍结构中保持着。

受布幅限制（物资极度匮乏）所养成的节俭意识和智慧的计算，上升到"人以物为尺度"的自然有灵观，在藏族群众看来能产生这种精妙计算一定有一种超自然之力。虽然这种关系不能直接从标本数据上联系起来，但一个客观事实是，与汉族传统礼教不同，藏族全民信仰藏传佛教，追求人以物为尺度的万物有灵观，特别是他们将可以带来福咒的东西，如可御寒的氆氇，可充饥的青稞视为灵物。所以保持氆氇羊毛织物和织锦蚕丝织物的原生态是对物的呵护，更是对神的敬畏，否则不可能创造和坚守超越时空的术规。因此，这种基于节俭的单位互补算法与其说是一种"术规"不如说是一种"仪轨"。

在对藏族服饰标本进行系统的信息采集和结构图复原中发现，沿袭的"三开身十字型平面结构"中普遍存在着一种单位互补算法古老的术规，根据藏袍面料幅宽的不同，术规有四种不同的表现方式，精彩地呈现在藏袍侧摆结构设计上，在工布古休和筒裙、传统藏靴中同样有所表现。这种藏服术规在藏文献中无从考证，却在秦简交裔和汉文古籍交解、交裂、交输的记载中得到印证。它是汉藏传承交流，还是上古技艺的遗存？在汉地被总结成术规文献，而在藏地只留存于物质形态，这值得专题研究。

藏族服饰中发现的单位互补算法术规并不是孤例，在云南马关壮族尖头土僚下裙和贵州安顺苗族盛装上衣中都有发现。从古籍文献到实物，时间跨度、标本类型有所不同，但有一点是不变的，它们都是出于节俭的动机，体现出古人"敬物尚俭"儒道思想的汉文化传统和"万物有灵"藏传佛教理念在服饰上的统一。这表明术规不仅是一种简单的裁剪方法，更是一种从"尚俭"智慧到礼制和宗仪的表达。之所以藏族服饰的单位互补算法节俭动机比其他民族表达得更淋漓尽致，是因为就藏族传统看来"术规"与其说是一种技艺不如说是一种宗教仪式。因此，单位互补算法始出"节俭"终归"敬物"，即对布料像对自然一样心存敬畏。

第　五　章

藏袍深隐式插角结构与先秦小腰

在对北京服装学院民族服饰博物馆藏藏族服饰结构进行系统性复原研究时发现，藏袍在保持"十字型平面结构"的中华传统服饰结构体系之下还隐藏着古老而独特的深隐式插角结构，这一特殊结构在传统汉族和其他少数民族中均未发现。而类似的结构却出现在了2000多年前的战国中晚期，江陵马山一号楚墓出土袍衣的小腰结构与藏袍深隐式插角结构之间有着异曲同工之妙。运用类型学、比较学研究方法，对藏袍深隐式插角结构和先秦楚墓袍衣小腰进行分析，发现两者存在诸多相似之处，都是基于"十字型平面结构"的功能性探索和实践。不同的是，藏袍深隐式插角不是单独设计，而是与侧片连为一体，有单位互补算法的节俭考虑。此项研究对建构藏族服饰结构谱系具有指标性意义。

一、藏袍深隐式插角结构的发现与复原

研究发现，藏族服饰样本始终没有脱离中华传统服饰"十字型平面结构"的基本形态，在这个古老的平面结构系统中存在形态各异的深隐式插角结构，这一独特结构形制出现的几率占到整个藏袍样本的近一半，地域分布也很广泛。对典型的藏袍深隐式插角结构进行研究会有进一步发现。

（一）黄缎交领喇嘛长袍深隐式插角结构

黄缎交领喇嘛长袍采集于西藏，是清代晚期的传世品，也是馆藏深隐式插角结构藏袍中最为古老且分布在西藏地区宗教用的典型标本。大体上看，

它与同时期其他藏袍并无区别，客观绘制其外观图后发现了差别，这完全是由其内在结构决定的，因此采取从外到内"剥洋葱"式的研究方法真实呈现它的面貌（图 5-1）。整件僧袍样本选用了黄缎面料（里襟贴补的一块与面料颜色、质地相似，纹样不同）、蓝白相间条纹棉布衬里和蓝色棉布贴边四种材料。在对藏袍面料、里料和贴边结构进行数据采集、测绘和结构图复原的过程中发现，主面料和衬里主结构的腋下都存在深隐式插角结构，它的普遍性和针对性的分布说明它的设计来自"功用"的动机（图 5-2、图 5-3）。

正面

背面

里襟

图 5-1 黄缎交领喇嘛长袍

图 5-2　黄缎交领喇嘛长袍主面料腋下深隐式插角结构细节

图 5-3　黄缎交领喇嘛长袍衬里腋下深隐式插角结构细节

　　从黄缎交领喇嘛长袍面料主结构复原图上看，它是藏袍典型的"三开身十字型平面结构"，是由身片、袖片和侧片构成，藏袍古法裁制的侧片多采用"连裁"（图 5-4）。右侧片前后连裁无侧缝，左侧片仅有的断缝为布边拼接所致，并非出于侧缝位置。侧片与里襟缝合后，侧片的尖端并未完全与袖子和衣身处在分界点位置（结构图中标注为袖子对位点），而是上端长出一部分延伸插入袖缝中。看似不起眼的侧片上端插角入袖的细节，却在腋下连接袖和侧片之间增加出一个新的维度，使得原本遵循"十字型平面结构"的主体出现了三维立体的概念。从图 5-2 标本主面料的深隐式插角结构细节图可以清晰地看出，伴随侧片上端入袖的结构旁边还有一片单独的三角形插片，属于后袖的范畴。这个三角插片结构是否与深隐式插角结构的出现有关联，这里还不能仅凭一例妄下结论，需要在之后更多藏袍样本研究中寻求答案（根据前章单位互补算法的发现与分析，认为与此属于同类型）。

标本衬里主结构的腋下细节处理与面料相似，都是侧片上端延伸到袖腋下缝中，值得研究的是，和面料深隐式插角同时出现的也有一个单独的三角形插片（图 5-3）。从衬里的主结构图中可以看出，衬里的两个侧片都不是完整的裁片，而是两三片拼接在一起，尤其上端的三角形部分也采用了拼接方式（图 5-5）。无论由几片拼接而成，将侧片看成为一个整体时，侧片与前片大襟、里襟和后片缝合时边长均要长出主身的边长，多出的部分即要向两侧弯折形成与袖下缝相同的角度，也就是说侧片弯折后形成两个面的角度实则与衣身"十字型平面结构"中袖下缝与主身竖直结构线形成的角度一致。这个角度制成成衣时呈 90°，会产生余褶供手臂活动用，裁片状态呈 180°平面状态；当侧片按照 180°处于平面结构时，从衣片、袖片弯折的 90°和侧片的 180°反差就可以判定，这里已经出现了立体的情况。其实除去两个侧片不予考虑，主身衣片也是可以缝合成一件直身型的衣服，只需将腋下和前后侧缝连接即可。但是一个不规则三角形侧片的加入，不仅增加了下摆的摆阔，而且使藏袍腋下结构（局部）由平面变为立体，在侧面形成了厚度感，改善了手臂上举的舒适度，使其更加符合人体的结构，而这种基于功用的深隐式插角结构在传统藏服（不仅是藏袍）中并非个案。

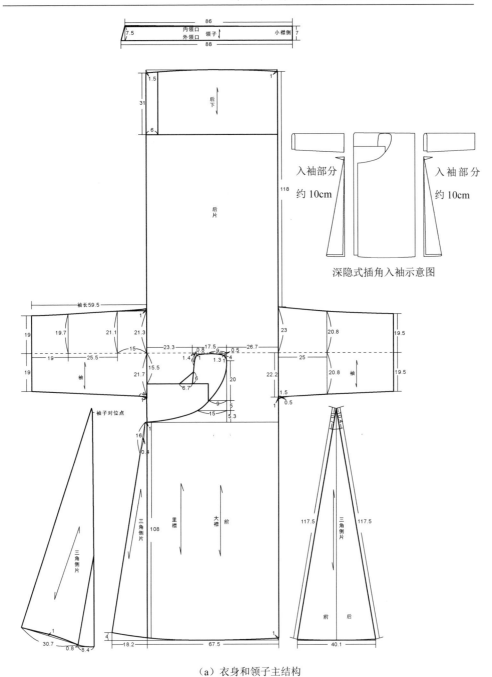

入袖部分
约 10cm

入袖部分
约 10cm

深隐式插角入袖示意图

（a）衣身和领子主结构

图 5-4 黄缎交领喇嘛长袍面料主结构复原

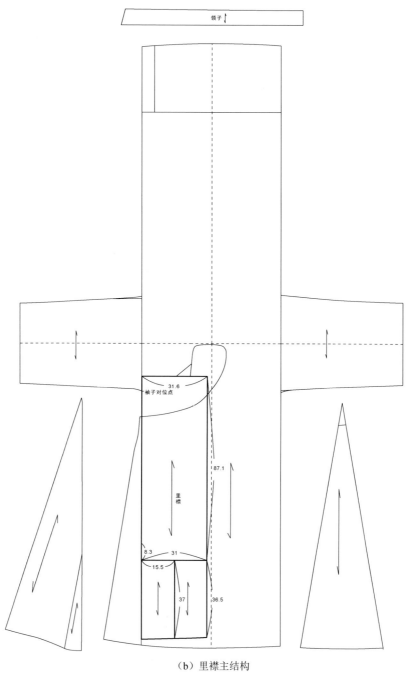

（b）里襟主结构

图 5-4　黄缎交领喇嘛长袍面料主结构复原（续）

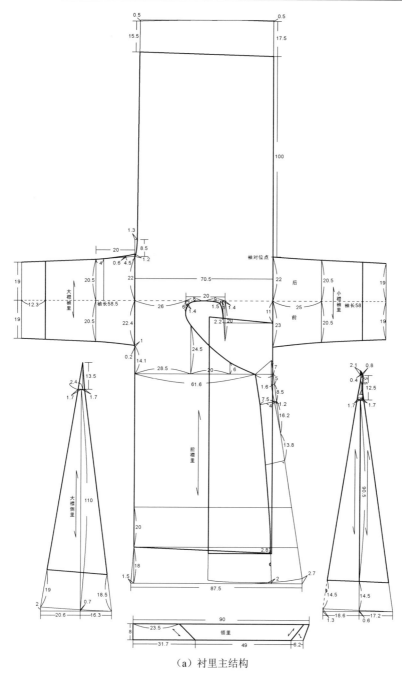

（a）衬里主结构

图 5-5 黄绫交领喇嘛长袍衬里主结构复原

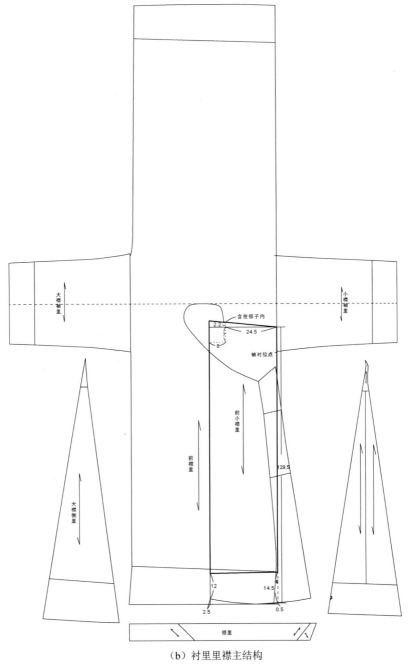

（b）衬里里襟主结构

图 5-5 黄缎交领喇嘛长袍衬里主结构复原（续）

（二）白色麻质立领偏襟藏袍深隐式插角结构

白色麻质立领偏襟藏袍，收集于四川阿坝州松潘县漳蜡乡，单层无衬里，仅在领子和摆缘处附有黑色棉布边饰（图5-6）。该标本与黄缎交领喇嘛长袍时间上同属晚清时期，它们适用对象不同、款式不同、材质不同、地域不同，但都有深隐式插角结构。

在对此件藏袍的主结构、饰边结构进行数据采集、测绘和结构图复原的过程中，同样发现了两侧腋下的深隐式插角结构，插角形式与喇嘛长袍的主面料腋下插角结构相似，由两侧一整片三角形侧片的上端延伸插入袖下缝中（图5-7）。从标本内侧深隐式插角结构的接缝细节中可以清晰地看出，侧片下部的两条边与前后片的侧边线缝合，而上部的插角入袖两条边分别与前后袖下缝相缝合，插角入袖的形态明显（图5-8）。

正面

背面

图 5-6　白色麻质立领偏襟藏袍

里襟

图 5-6　白色麻质立领偏襟藏袍（续）

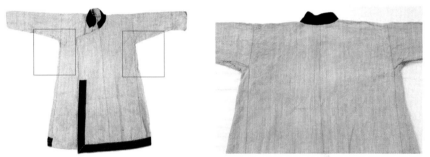

图 5-7　白色麻质立领偏襟藏袍两侧腋下深隐式插角结构细节

右侧正面　　　　　　　　　　左侧反面　　　　　　　　　　右侧反面

图 5-8　白色麻质立领偏襟藏袍腋下深隐式插角结构内部细节

　　此件藏袍前后中都产生了破缝，这正说明是手工织机面料偏窄而形成的
"变相三开身结构"，如手工麻、棉、氆氇等窄幅面料都会采用两幅拼合成衣
片的三开身结构。它还有外接的偏襟，不同于普通藏袍的交领结构，显然具
有西南民族的特点。立领结构在藏袍中是不多见的，一般以交领右衽为主。
综合这三个特点看，民族融合明显。不同的是，白色麻质立领偏襟藏袍仍然
保留了藏式袍服的基本结构，标志性特征就是侧片前后连裁的深隐式插角，
这在传统汉袍结构中是不会出现的（图5-9）。

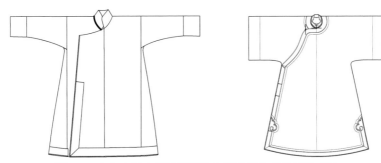

图 5-9　白色麻质立领偏襟藏袍与清末民初传统汉袍对比

　　如图 5-10 所示，衣身后片的左侧缝长 89.3cm（左侧缝长是后衣长减去
左后袖肥尺寸），和与之相缝合的左侧片竖直边长 89.5cm 相近，而在三角形
侧片 89.5cm 上端有约 9.5cm 的伸出部分，由于两部分长度相加超出了后片的
左侧缝长，超出的 9.5cm 正是插入袖下缝中的插角部分，因为处在袖下最隐
蔽处，故称为深隐式插角。

　　同样，衣身后片的右侧缝长 86.5cm（右侧缝长是后衣长减去右后袖肥尺
寸），右侧片与衣身后片右侧缝相缝合的竖直边长为 87.8cm，此外还有长出
6.5cm 的三角形尖端，两者相加长于衣身后片的右侧缝长，测算结果超出的
7.8cm 侧片上端部分伸入到袖下缝，产生袖裆功能。

　　两个侧片的上端插角入袖，使得袖子和衣身形成的不再仅仅是"十字型
平面结构"的二维平面，而增加了除前后面以外的第三个维度，更加适应人
体的活动需求。形制也随之发生改变，由 H 形变成了 A 形，衣身的围度从上
至下摆逐渐增大，袖根围度增加且呈立体结构。不过，侧摆片有大有小，也
不规则，这取决于对单位互补算法的坚守。

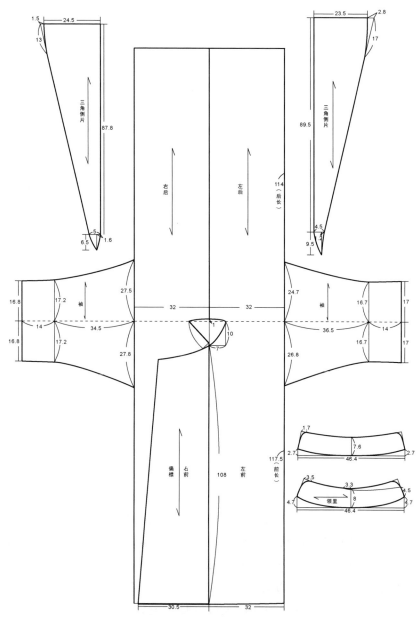

图 5-10 白色麻质立领偏襟藏袍主结构复原

（三）棕色氆氇交领藏袍深隐式插角结构

棕色氆氇交领藏袍收集于四川阿坝州白马藏族聚集区，该标本为女袍，它不同于男袍的粗犷，更加注重细节的处理，在领缘、袖缘和摆缘都镶有红色的细滚边，与暗色的氆氇形成鲜明对比。此女袍无衬里，仅在领、衣襟和下摆内里附有蓝色条绒面料的贴边。氆氇面料的幅宽较窄，所以和前一个标本一样都属于"两拼"①的三开身结构，不同的是上一例是便襟立领，这一例是偏襟交领（图 5-11）。

在对其结构进行数据采集、测绘和结构图复原过程中，也同样发现了两侧腋下的深隐式插角结构（图 5-12）。由于年代久远，袍服的氆氇面料已有多处破损，对其进行抢救性的数据采集和结构图复原显得尤为重要。

根据数据采集的结构图复原（图 5-13），氆氇女袍前后连裁的左右两个侧片与前例相比，并非是对称式结构，两个侧片虽然形态相似，都近似直角梯形，但依据宽窄数据和直角边同为布边情况来看，显然它们是通过单位互补算法裁出的。这样左侧片的短边接前片，长边接后片；相反，右侧片的长边接前片的里襟，短边接后片，导致缝合好的整件藏袍侧缝不处于对称的位置。左侧片短边长 88.5cm，另外还有一段长约 10cm 的尖角上端，而前片左侧边长仅有 86.9cm，长出的 11.6cm 插角全部伸入左袖腋下的袖下缝；右侧片短边长 92cm，外加一段长 8.5cm 的尖角上端，与之相缝合的后片右侧边长为 92cm，刚好与右侧片的短边长相符，所以 8.5cm 的尖角上端伸入右袖腋下的袖下缝，形成两侧深隐式插角的立体结构。左右袖片上的 D 和 A 两个对位点，分别对应左侧片和右侧片尖点 D'和 A'，也就是两个深隐式插角伸入袖下缝尽头的位置。更令人费解的是，出现里襟长度为 123cm，长出大襟 4.6cm 的情况，从美学的角度来看这似乎并不符合逻辑，但就女袍而言，可以通过束腰产生腹囊也就符合逻辑了。

---

① 藏袍根据布幅的宽窄，形成窄幅的"三拼"，以氆氇为主；中幅的"两拼"，棉麻和氆氇都有；宽幅的"独幅"，以丝缎为主，但无论几拼它们都居中，且成为衣身主结构，加入袖和侧摆结构就构成了"三开身十字型平面结构"。

正面

背面

里襟

图 5-11 棕色氆氇交领藏袍

左侧腋下 右侧腋下

图 5-12 棕色氆氇交领藏袍腋下深隐式插角结构细节

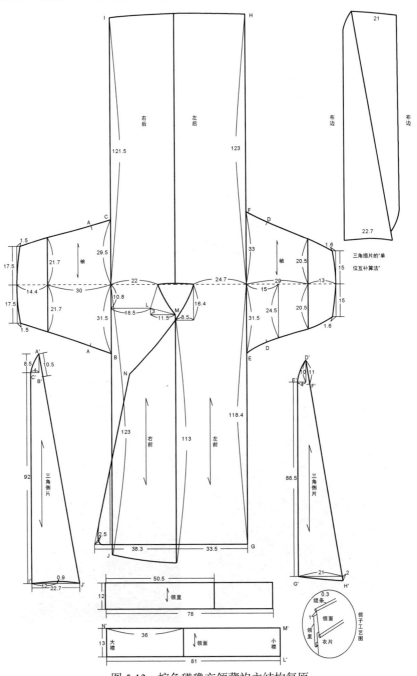

图 5-13 棕色氆氇交领藏袍主结构复原

（四）深棕丝缎团纹交领藏袍深隐式插角结构

深棕丝缎团纹交领藏袍与黄缎交领喇嘛长袍虽然在材质上相同，但适用对象一个是宗教人士，一个是贵族，在地域上该标本与前两个样本相同，都收集于四川阿坝州白马藏族聚集区。如果综合四个样本分析，从形制上看，宽幅的丝织面料都采用典型的独幅"三开身十字型平面结构"（无中缝）；中幅的麻布、氆氇面料都采用两拼的"三开身十字型平面结构"（有中缝）。值得注意的是，无论是什么材质，来自何地域，拥有者是怎样的社会地位、职业，它们都具有深隐式插角结构，这是族属的认同；也都承载着"十字型平面结构"的中华基因，这是中华民族的认同和多元一体文化特质的生动体现。贫富和地位的区别主要体现在质地上，标本面料为龙凤戏珠团纹，象征繁荣和高贵，团形纹样之间还有细小的网状底纹，这是藏汉文化和贵族生活交流的痕迹。在工艺上的讲究也是如此，由于丝织面料来源于汉地官贸或发达地区，较藏地氆氇、棉麻更为轻薄富贵，为了防寒保暖都会采用双层设计，里布施用红色棉布，在领底、衣襟和下摆内侧附有蓝色植物纹样的织锦贴边，即贴边锦（图5-14）。贴边锦的使用在藏袍旧制中是有玄机的，不论是巧合，还是刻意为之，虽考献无果，但标本研究是有律可循的。上述的四个藏袍标本中，除了第二件麻布藏袍无贴边以外，其余三个标本的贴边都采用了不同材质的蓝色面料，在康巴兽皮缘饰藏袍中贴边普遍使用织锦缎，且惯用五福捧寿和长寿纹装饰。这些暗藏"氏符"的贴边在藏袍中有何寓意，值得进一步研究。在对其进行数据采集、测绘和结构图复原的过程中发现，两侧腋下明显采用了深隐式插角结构（图5-15）。从面料主结构图的复原情况看，深隐式插角结构不同于其他标本的单独侧片，而是将插角右侧片与里襟连为一体，形成右侧片与里襟相连的复杂型深隐式插角结构，左侧深隐式插角结构仍独立成片（图5-16）。织锦面料幅宽大于氆氇和麻质面料，通过布幅还原实验可以发现，里襟与侧片合二为一的裁剪方式是为了更大程度地节省面料，运用了藏袍单位互补算法，该标本袖子结构同样是这种算法的经典案例（图5-17）。

　　标本左侧片边长 83cm，加上长约 15cm 的尖角上端，仅比后片左侧边长（97.5cm）长出 0.5cm，故左侧腋下深隐式插角入袖的量几乎为零。右侧片与后片相缝合的边长约为 100.5cm，外加 10.7cm 的插角上端，将比后片右侧边长（97.5cm）长出的 13.7cm 全部伸入到右袖的袖下缝中。这里也出现了一个在所有藏袍标本结构中普遍存在的情况，即伴随深隐式插角同时出现了一个独立三角侧片和非独立的三角形接片结构，造成位置在前左侧和后右侧呈不对称分布。

正面

背面

图 5-14　深棕丝缎团纹交领藏袍

里襟

图 5-14 深棕丝缎团纹交领藏袍（续）

左侧腋下 右侧腋下

图 5-15 深棕丝缎团纹交领藏袍腋下深隐式插角结构细节

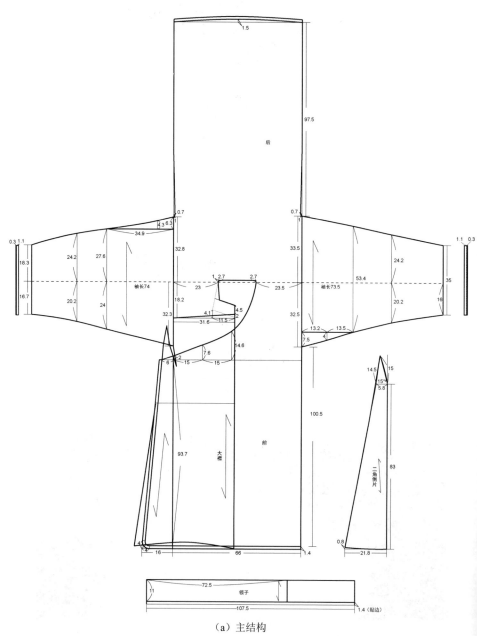

（a）主结构

图 5-16 深棕丝缎团纹交领藏袍主结构图复原

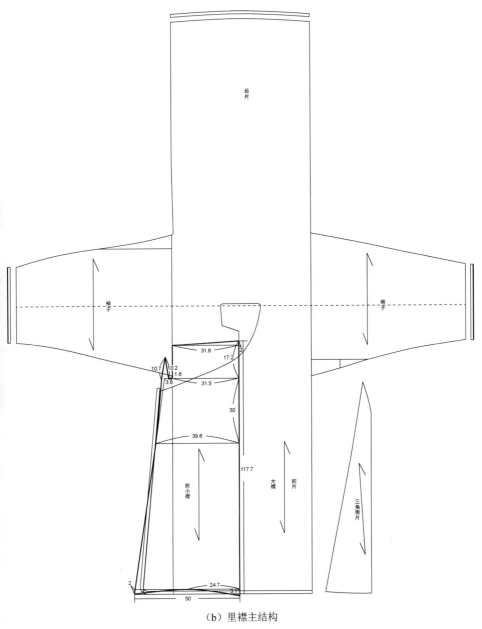

（b）里襟主结构

图 5-16　深棕丝缎团纹交领藏袍主结构图复原（续）

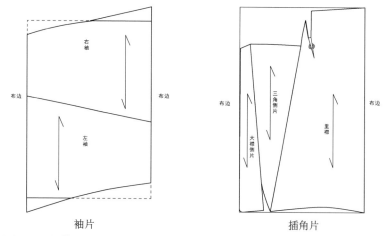

图 5-17　深棕丝缎团纹交领藏袍深隐式插角结构和单位互补算法的布幅还原

（五）黑斜纹棉布藏袍深隐式插角结构

斜纹棉布是继氆氇之后藏袍的第二种典型面料，其不分尊卑、职业、年龄、性别，运用广泛，成为现代藏袍的标志性面料。因此研究斜纹棉布藏袍对古法结构的继承具有重要的史学意义和文献价值。黑斜纹棉布藏袍就是这种典型的样本（图 5-18），它收集于四川阿坝州白马藏族聚集区，交领右衽大襟为典型的褚巴（交领藏袍）形制。襟缘和摆缘镶有黄、红、绿、紫等五彩棉布饰边，并在红绿饰边边缘镶有对比强烈的黄色廓线，使宽大的五彩饰边异常醒目，值得注意的是领缘、袖缘、襟缘和摆缘都镶有十字纹印花的氆氇饰边，说明具有苯教色彩或佛教本土化的痕迹。藏袍标本为单层无衬里，在领底附有红色棉布贴边，拼接的大襟和底摆是白色棉布贴边，整体袖子短而窄，袍身长而宽，这些信息表明它是女袍。在对其进行数据采集、测绘和结构图复原的过程中发现，左右不对称的深隐式插角结构与深棕丝缎团纹交领藏袍标本属于同一类型，带有深隐式插角结构的侧片与里襟连为一体（图 5-19）。

从主结构复原图上看，与里襟连裁形成的三角凸起被插入到右袖腋下的袖缝中，左侧片为单独的深隐式插角，故呈现出左右不对称状态。标本主身为一整块面料，无肩缝也无前后中缝，体现出藏袍典型的"裁大襟"古法，在裁开的大襟开口位置接入连裁插角侧片的里襟，呈现出典型的"独幅三开身十字型平面结构"[①]。从衣身结构宽度可知黑斜纹棉布面料的幅宽最大为 74cm 左右，根据单位互补算法完全可以容纳一个插角连裁里襟加一个侧片的宽度，与里襟连裁的深隐式插角的入袖位置与袖子三角形接片重合的位置如图 5-20b 中对位点所示；两边袖片看似不规则的拼接，却可以巧妙地还原成一个布幅，这确实是藏族人民充满节俭智慧的杰作。此发现是通过标本测绘的结构进行布幅复原实验得到的，它为我们认识褡巴具有代表性的黑斜纹棉布藏袍深隐式插角结构与单位互补算法的密切关系提供了真实可靠的实证依据（图 5-20）。

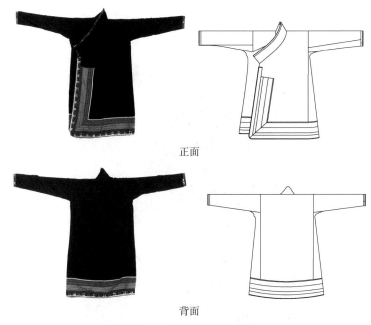

正面

背面

图 5-18　黑斜纹棉布藏袍

① 在藏族服饰结构谱系中，"三开身十字型平面结构"表现出藏服的结构特点；在汉族服饰结构谱系中"两开身十字型平面结构"表现出汉服的结构特点（很多情况少数民族服饰的汉化，就是引入了这种结构），即中华民族服饰在结构上表现出的"多元性"。不变的是它们都坚守着"十字型平面结构"的中华系统，即"一体"。在多元的形态中还表现出单一民族的复杂性和深刻性，因此就出现了由宽幅面料形成的"独幅三开身结构"、由中幅面料形成的"两拼三开身结构"和窄幅面料形成的"三拼三开身结构"，且分别对应的以织锦为主的面料、以棉麻氆氇通用的面料和以氆氇为主的面料，由此构成了藏族服饰结构谱系的核心内容，也是本书研究的重要学术成果。

里襟

图 5-18 黑斜纹棉布藏袍（续）

图 5-19 黑斜纹棉布藏袍右侧腋下"连裁式"深隐式插角结构细节

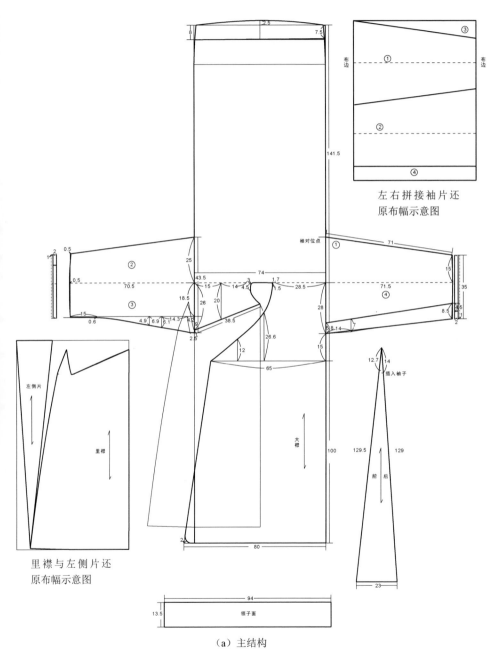

左右拼接袖片还
原布幅示意图

里襟与左侧片还
原布幅示意图

（a）主结构

图 5-20　黑斜纹棉布藏袍主结构图复原

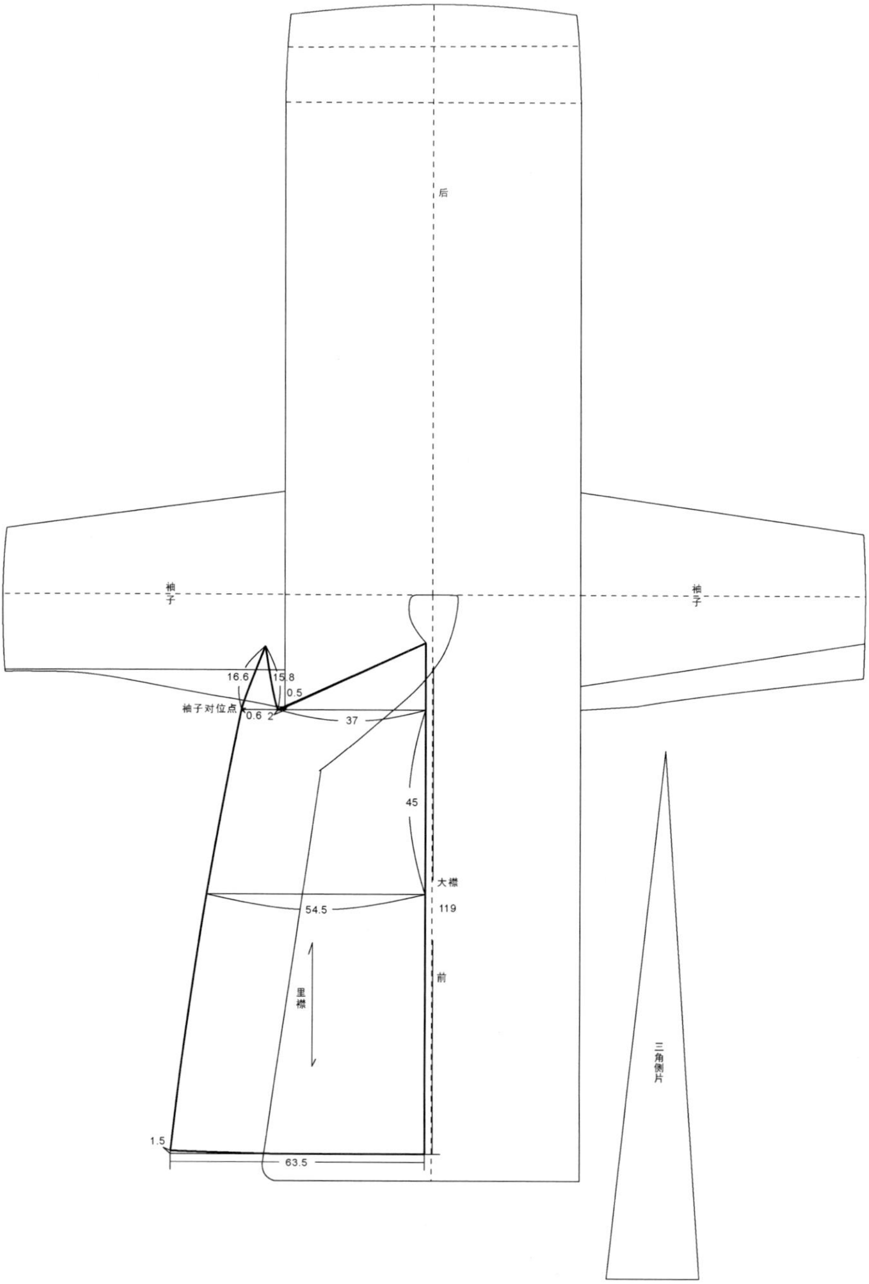

（b）里襟主结构

图 5-20 黑斜纹棉布藏袍主结构图复原（续）

　　如果考虑北京服装学院民族服饰博物馆全部藏袍标本,从统计学角度看,以上五个藏袍标本都属于清末民初时期,质地不同的四个标本都是白马藏袍,且都具备深隐式插角结构。就此意义来看,在一个特定时期,深隐式插角结构无疑在藏袍中具有代表性和典型性(表5-1)。

表 5-1　有典型深隐式插角结构的藏袍标本信息

序号	藏品编号	藏品名称	面料	藏品属地	藏品年代	藏品收集时间
1	ZA163	黄缎交领喇嘛长袍	缎	西藏	清代	2006.7.7
2	ZAs1	白色麻布立领藏长袍	麻	四川阿坝州松潘县漳腊村	近代	1991.4.1
3	ZAs2	棕色氆氇交领藏袍	氆氇	四川阿坝州松潘县漳腊村	近代	1991.4.1
4	ZAs3	深棕丝缎团纹藏袍	丝缎	四川阿坝州松潘县漳腊村	近代	1991.4.1
5	ZAs10	黑斜纹棉布藏袍	斜纹棉布	四川阿坝州松潘县漳腊村	近代	1991.4.1

　　注:编号 ZAs 的四件藏品均为白马藏支系

　　五件藏袍类别齐全,有男袍也有女袍,穿用者有宗教人士、贵族也有普通民众;面料涉及氆氇、麻、棉和锦丝缎,几乎涵盖了所有的天然织物;年代集中在清末民初。可见藏袍深隐式插角结构的发现并不偶然,至少是在一个特定时期内具有一定的普遍性,然而在其他民族服饰结构谱系中未曾发现此种结构,甚至在包括世界古代服饰史的文献中也难觅其踪。

二、白马藏深隐式插角结构的地域性和民族性

　　根据五个标本的结构图复原分析,藏袍深隐式插角结构表现为两种形制,一种是左右独立三角侧片上端的尖角横插入至腋下的袖缝中,如图5-21中编号为 ZA163、ZAs1、ZAs2 藏袍中侧片的插角结构,虽原属于侧片,但是经

缝合之后，侧片的平面空间横插于袖下的位置，达到了立体的效果；另一种是里襟与左侧三角侧片连裁，插角部分伸入到腋下袖缝中，功能亦同，如图5-22中编号为ZAs3和ZAs10藏袍属于此类。

　　两种藏袍深隐式插角结构虽形制不同，但功能一致，前者"独立三角侧片上端尖角入袖"的深隐式插角出现在的三件藏袍中，且均为侧片前后连裁形式，即无侧缝的独立三角侧摆，这是腋下插角入袖的最佳结构，但两个三角侧摆并不追求左右对称，这也是藏袍结构的普遍特征。后者为"里襟与三角侧片连裁上端插角入袖"的深隐式插角结构，另一侧仍为独立的三角侧片，与前者相同。造成三角侧片与里襟连裁的原因在于"大襟"独特的裁剪便于运用单位互补算法。它是一个独立三角形摆片与里襟拼合的结果，拼合与不拼合取决于是否能够实现单位互补算法裁剪。出于节俭的考虑，里襟与三角侧片连裁可以减少不必要的分割和缝份的损失，使得面料尽可能保持完整，使用率更大，工艺也随之变得简单。当然，所掌握的面料若适合裁剪为两个独立的三角侧片，也会选择深隐式插角不连裁形式，不变的是它们都会采用前后连裁，因为只有这样才能有效地形成插角入袖的功用，这确是藏族先民的大智慧（图5-21、图5-22）。

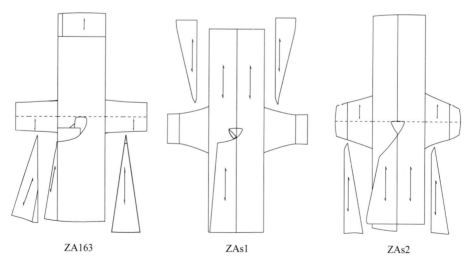

ZA163　　　　　　　　ZAs1　　　　　　　　ZAs2

图 5-21　藏袍独立三角侧片深隐式插角结构

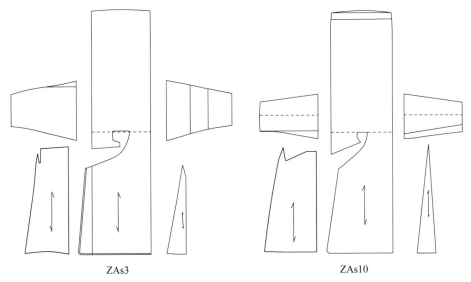

ZAs3　　　　　　　　　　ZAs10

图 5-22　藏袍连裁里襟与三角侧片深隐式插角结构

　　对五个藏袍标本基本信息综合分析发现，藏袍深隐式插角结构早在清代就已被广泛应用，这种具有立体思维的物质形态可以说是中华服饰在平面结构基础上进行的立体化探索和实践。这种探索和实践的动机或许出于追求节俭的考虑，保持了面料本身的完整性，使其在用料和制作的过程中尽可能减少破缝和消耗；也或许是为了增加运动时穿着的舒适度（腋下有插角便于活动且牢固）。值得研究的是，不论节俭意识还是功能思想，都是用平面去成就立体，其中有两个指标能证明这个问题：一，能取整幅就不去破（裁）；二，一定要破（裁）的话，能取直线不取曲线。无论先秦古文献的交裳记载还是楚墓炮制小腰的发现都提供了可靠的献证和物证。而 2000 多年后的藏袍深隐式插角结构同样没有离开二维的造物传统，根植于"十字型平面结构"这一中华传统服饰共同基因之下并与其相互依存，这便是中华文化多元一体生动的物化呈现，值得思考的是自汉代以后这种术规就消失了。

　　现在无论是在四川的白马藏聚居地还是西藏的主流藏族聚居地，都难以寻觅到藏袍深隐式插角的踪迹，它只在传统的服饰中保存着。2015 年考察团队赴四川绵阳平武县木座藏族乡民族村 2 组进行实地调查时，寻遍整个村子只在一件被村民称之为"老衣"的白色麻布立领藏袍中有所发现（图 5-23、

图 5-24）。此件麻质藏袍无论是用料还是结构形制都与村子里的其他现代藏袍有所不同，其采用小翻领而非交领，唯领面装饰为蓝印花布，襟缘、摆缘都装饰有黑色氆氇镶边，最外镶嵌上红色细线，使黑色氆氇饰边更加凸显，与白色麻布立领藏袍、黑斜纹棉布藏袍标本形制相似（图 5-6、图 5-18）。"老衣"深隐式插角结构已经变异，但还保持着"两拼三开身结构"，有趣的是藏袍后中缝插入了一个很大的三角形插片直到腰部以上，使左右单独的三角侧片变得很小。很明显，左右两个主身衣片因为中间三角插片的加入而使得衣身竖直向下的纱向发生了变化，向两侧撇开。如果按照纱向将后身归正，后中下摆就会凸起，形成一个空间，这种在"十字型平面结构"下的立体思维在北京服装学院民族服饰博物馆藏松潘县白马藏袍标本中同样有所表现，不同的是，馆藏白马藏袍标本的立体结构出现在腋下两侧位置，且上端伸出插角入袖。同样是白马藏袍，虽属于不同的白马藏族聚集区，但是多个标本立体结构的出现是巧合，还是与白马藏本身独特的族属文化有关？这些独特的形制特点是否承载着某些远古信息的密码，有待我们进一步去破解。

正面　　　　　　　　　　　　　　　　　背面

图 5-23　白马藏"老衣"藏袍

图片来源：2015 年 11 月 13 日作者摄于四川绵阳平武县木座藏族乡民族村 2 组

川甘交界地带是多民族共同繁衍生息的地方，主要生活着藏族、羌族等，其民族文化不仅长期受到汉文化的影响，多民族之间也不断地融合、同化。虽然经过民族识别后，白马族属被认定归于藏族，但是无论是服饰还是习俗与主流藏族还是有着很大的区别。白马藏族是一个古老而神秘的族群，现今主要

左侧　　　　　　　　　　　　　　后中

图 5-24　白马藏"老衣"藏袍变异的插角结构

聚居在四川省与甘肃省交汇地带，大致集中在三个区域，即四川阿坝州九寨沟县，绵阳平武县西北部的白马、木座、木皮、黄羊关四个藏族乡和甘肃陇南文县。2015 年的白马藏主题实地调查工作涉及了九寨沟县和平武县的木座藏族乡，在所采集到的信息中虽然没有发现博物馆标本出现的深隐式插角结构，但新的发现展现了白马藏袍结构的多样性和复杂性。现时深隐式插角结构的消失，也像单位互补算法在藏地消失一样，正因如此才可以从这些独特的结构因素判定，博物馆标本的文物价值，抑或带有特定时期的特殊印记。

　　事实上，深隐式插角结构是以藏袍"三开身十字型平面结构"为条件的，其中三开身的三角侧片正是深隐式插角结构形成的最佳条件。因此藏袍"三开身十字型平面结构"具有深隐式插角结构的客观性，只是在各种因素的作用下，特别是随着纺织技术的进步和生活方式的改变，深隐式插角结构发生了变异，从主流的卫藏、前藏和后藏标本的信息采集和结构图复原的情况看，无论是皮袍、氆氇藏袍、锦袍还是近现代盛行的斜纹棉袍，都有隐约保存着深隐式插角结构的痕迹，甚至被完全现代化了的藏式衬衣也不例外。因此有两点可以确认，一是有明显深隐式插角结构的藏袍为古法藏袍，且保持"三开身十字型平面结构"；二是不具有"三开身十字型平面结构"的古典汉袍不会出现深隐式插角结构。可见，深隐式插角结构是判断藏、汉传统袍服的关键，二者又都承载着"十字型平面结构"的中华基因（表5-2）。

表5-2　变异深隐式插角结构的藏袍标本信息

基本信息	形制	含有变异深隐式插角的结构
织锦藏袍独幅三开身结构		
皮袍独幅近似三开身结构		

续表

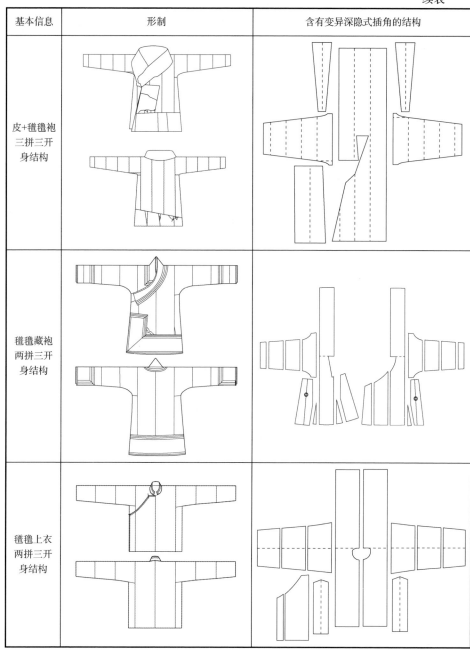

基本信息	形制	含有变异深隐式插角的结构
皮+氆氇袍三拼三开身结构		
氆氇藏袍两拼三开身结构		
氆氇上衣两拼三开身结构		

深隐式插角结构是一个时代下特殊的民族印记，还是中华古老服饰信息的遗存，还不能完全定论，但可以肯定的是，对于特殊地理环境下一直保持着中华服饰传统交领右衽形制和"十字型平面结构"系统的藏族服饰来说，深隐式插角结构一定是民族物质文化智慧的表达。汉式腋下插角结构的小腰深衣在先秦盛极一时，而在之后各朝各代既无实物发现又无文献记载。藏袍的深隐式插角结构和先秦深衣小腰结构在今天同时呈现，这本身就使中华民族多元一体的文化特质变得鲜活起来。

三、先秦小腰考释

1982 年，湖北江陵马山一号楚墓出土了大量战国中晚期（约公元前340—前 278 年）的珍贵丝质织绣品和服饰[1]，是当时国内出土的一批年代最为久远的古代服饰实物，具有很高的学术和研究价值。出土的丝质衣物共计20 件，包括袍、单衣、裙、袴、帽、鞋等[2]，其中单衣实物共有 3 件，上衣下裳连属形制的袍服有 8 件。除去残损比较严重的 2 件，剩余的袍衣中有 2件单衣和 5 件袍服出现了小腰[3]，面料涉及绢、罗、锦，小腰的出现率在所有出土袍衣中约占 77.8%，比藏袍所考标本的深隐式插角结构出现的概率还要高出很多，可见此结构在当时战国中晚期服饰中的普遍程度，也显示出它在当时服饰结构中的重要性。在使用面料上主要是丝织品，在纹饰上以龙凤图案为主，说明其中小腰结构形制的运用并不单纯（表 5-3）。

表 5-3　马山一号楚墓含小腰结构服饰信息

编号	名称	服装类别	面料
N13	一凤一龙相蟠纹绣紫红绢单衣	单衣	绢
N9	龙凤虎纹绣罗单衣	单衣	罗

---

① 湖北省荆州地区博物馆：《江陵马山一号楚墓》，文物出版社1985年版，第94—95页。

② 彭浩：《打开丝绸历史的宝库（之二）江陵马山一号楚墓发掘小记》，《丝绸》1992年第7期，第50—51页。

③ 彭浩：《楚人的纺织与服饰》，湖北教育出版社1996年版，第150—154页。

续表

编号	名称	服装类别	面料
N10	凤鸟花卉纹绣浅黄绢面袍	裼衣[①]式短袖袍	绢
N14	对凤对龙纹绣浅黄绢面袍	裼衣式短袖袍	绢
N15	小菱形纹锦面袍	表衣式大袖袍	锦
N16	小菱形纹锦面袍	表衣式大袖袍	锦
N19	大菱形纹锦面袍	表衣式大袖袍	锦

在对含小腰结构的袍衣数量进行统计时，以尊重出土报告一手研究资料为原则，标本名称和关键词直接运用报告中的表述。在出土的衣服中，除了一件冥衣属于对襟直领形制外，其余所有袍衣均属于交领右衽、直裾、长袖且皆呈上衣下裳连属形制，并以锦绣做缘饰。沈从文先生在《中国古代服饰研究》一书中，将这批衣服划分为小袖式、宽袖式和大袖式三种形制。在小袖式中提到的编号为 N1 的素纱绵衣腋下小腰结构，而在《江陵马山一号楚墓》和《楚人的纺织与服饰》研究报告中均未提及此特殊结构，且《江陵马山一号楚墓》出土报告中绘制的款式正视图中也没有明确显示，而其他有小腰的图示都有明确交代，故沈先生依据发掘报告也不可能对 N1 腋下嵌片小腰结构有所描述。本文以出土报告和彭浩先生的研究结果为主要参考，N1 不列入包含小腰结构的先秦袍衣标本中[②]，以确保统计数字的准确性（图5-25）。

---

① "裼"为一种罩衣。裼的作用是给衣着增添文饰。《玉藻》："不文饰也，不裼。裘之裼也，见美也。"郑玄注："裼，主于有文饰之事。"袭，即衣上加衣，故罩衣有盛装之意。

② 参见沈从文编著：《中国古代服饰研究》，商务印书馆2011年版，第125页。在描述编号N1素纱绵衣的最后一句中写道，腋缝处有嵌片，如小腰之制。并对另一件编号为N22的绣绢绵衣描述为形制与N1相近，唯衣面彩绣龙凤花纹。也就是说，沈先生笔下的N1和N22两件绵衣都包含腋下的小腰结构。而《江陵马山一号楚墓》第20页对N1裁制方法描述时并未提及腋下特殊结构，而仅对上衣正身和双袖斜裁的八片和下裳正裁的八个衣片进行了记录，彭浩《楚人的纺织与服饰》中亦如此。所以本书尊重荆州博物馆的出土报告和参与过1982年湖北荆州马山一号楚墓丝织品整理和研究工作的彭浩先生所作《楚人的纺织与服饰》原始资料。

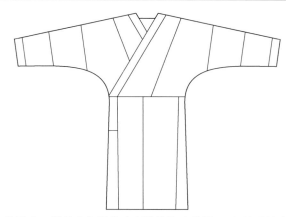

图 5-25　《江陵马山一号楚墓》报告中素纱绵袍（编号 N1）外观并未显示小腰结构

图片来源：湖北省荆州地区博物馆：《江陵马山一号楚墓》，文物出版社 1985 年版，第 21 页

　　在马山一号楚墓的出土报告中，对其中一件编号为 N15 的小菱形纹锦面绵袍裁制方法进行解析时，有对此袍服小腰的描述：

　　　　袍分上衣和下裳两大部分。上衣正裁，共八片。正身二片，双袖各三片。正身二片宽 32 厘米，袖部三片宽 42、43、45 厘米，均不足整幅织物的宽度（因缝制消耗缝份所致，作者注）。八片拼合之后，再从下边缝合。在双袖与正身相接的腋下，另拼一块长 37 厘米、宽 24 厘米的长方形面料，正视形状近三角形，腋下多皱折。这样便于上下活动……下裳也是正裁，共五片。大襟和小襟正面两片各宽 45 厘米，其他三片各宽 41 厘米。[1]

　　从这段描述中可以清楚地了解腋下拼接的长方形面料尺寸，即 37cm×45cm，正面款式图中的长方形拼片成形后近似三角形，由于拼片和袖片连接后形成了一个封闭的曲面，从正面只能看到拼片一个局部面的形态，结构图复原它的真实面貌仍是一个长方形（图 5-26、图 5-27）。事实上，就今天的服装结构技术而言（在发达的西方服装高等教育中，这种技术也只在高级课程中讲授），也是很复杂的。

①　湖北省荆州地区博物馆：《江陵马山一号楚墓》，文物出版社1985年版，第20页。

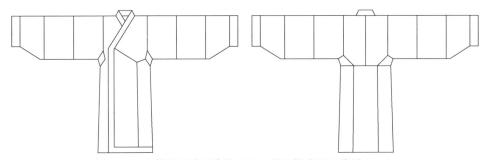

图 5-26　小菱形纹锦面绵袍正面、背面款式图（编号 N15）

资料来源：湖北省荆州地区博物馆：《江陵马山一号楚墓》，文物出版社 1985 年版，第 21 页

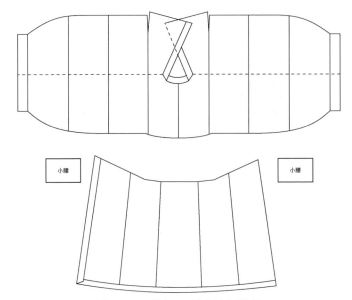

图 5-27　还原 N15 袍服小腰结构

图片来源：沈从文编著：《中国古代服饰研究》，商务印书馆 2011 年版，第 128 页

　　为了更清楚地表现这个长方形拼片所表达的复杂性和成形的立体形态，将 N15 袍服的结构复原图导入到 CLO 3D 软件当中，进行复原。首先将上衣的八片（包括六片袖片和两片主身衣片）、下裳的五个衣片缝合在一起，再将系统中的纸样先拼接成上衣下裳两个完整衣片，加上两个小腰共四部分（图5-28 右图）。然后进行虚拟缝合，将前片左右两侧衣身与袖子相连的部分剪开两条小的三角形破缝，缝至 A 点和 A'点，使得剪开后的 AC 线段和 A'C'线段属于袖子范围，AB 和 A'B'线段属于衣身范围。右侧腋下的矩形插片

ABCD 与衣身进行缝合时，与衣身前片的 A 点、B 点和衣身后片的 C 点、D 点对应，前后衣身的 C 点缝合在一起。同样，左侧腋下的矩形插片 A′B′C′D′ 与衣身进行缝合时，与衣身前片的 A′点、B′点和衣身后片的 C′点、D′点对应，前后衣身的 C′点缝合在一起，缝合后将绵袍置于系统自带的人体模特之上，图 5-28 左图所示为穿着后的矩形插片立体效果。这个实验是以真实客观呈现为原则进行的，从绵袍的效果看，小腰使腋下产生了很多余褶，是给手臂上举运动和增大拥掩量的绝佳设计。这种技术在西方是近代的产物，关键是这种复杂的三维技术是在平面环境下实现的，欧洲的"袖裆技术"是在立体环境下完成的，这说明约 2500 年前楚人绵袍的小腰与 20 世纪初藏袍深隐式插角结构有异曲同工之妙。当然，这还需要探索文献证据。

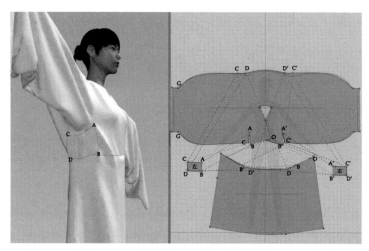

图 5-28　利用 CLO 3D 技术对 N15 小腰结构进行虚拟衣片缝合

图片来源：马芬芬模型制作

据古文献研究，两侧腋下各拼接的一小块长方形面料被称作"衽"或"小腰"。小腰，先秦时称"衽"，汉晋时称"小腰"或"细腰"，亦通"小要"。它源自我国古代木器和建筑的榫卯结构构件称谓，一般认为是指两头大、中间小，用于封合木棺或拼装棺板的燕尾榫、蝴蝶榫。[①]《礼记·檀弓上》："棺束，缩二，衡三，衽每束一。"郑注："衽，今小要。"孔颖达作疏谓："其形

----

① 孙彦：《小腰考》，《考古》2009 年第 4 期，第 58 页。

两头广、中央小也，既不用钉棺，但先凿棺边及两头合际处作坎形，则以小要连之，令固棺。"[1]但作用各异，在服装专业术语中引用此语有取其在木器和建筑构件中封合和拼装的嵌入作用，指一种方形的榫楔状的插片，嵌缝在两侧的腋下，即上衣、下裳、袖腋三处交界的缝际间，这在清江永的《深衣考误》中有明确的记载并附图示称"小要"（图 4-7），类似现代连袖服装的"袖底插角"。[2]

江陵马山一号楚墓出土含小腰结构的服装类别基本可以归为三种：单衣、禂衣式短袖袍和表衣式大袖袍[3]，可谓先秦之盛（图 5-29）。

彭浩先生在对东周时期楚人服饰的研究成果中，将这一时期的楚人服装分为单衣[4]、袍[5]、襦、纵衣、裙和袴六种类型，而仅在单衣和袍中出现了小腰结构。单衣一共有三件，除去一件仅存缘饰而无主身无法辨识结构的单衣（编号 N12）外，其余两件单衣的结构相同，均在两腋之下各拼接一小块矩形面料，据彭浩先生的说法，此特殊结构有利于双臂的活动。

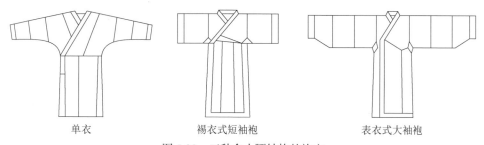

单衣　　　　　　　禂衣式短袖袍　　　　　　表衣式大袖袍

图 5-29　三种含小腰结构的袍衣

图片来源：湖北省荆州地区博物馆：《江陵马山一号楚墓》，文物出版社 1985 年版，第 21 页

马山楚墓出土的袍服共有八件，其中编号为 N8 的袍服残损严重，无法辨识，剩余的七件袍服根据裁剪方式的不同分为正裁和斜裁两种，其中正裁

---

[1] 齐志家：《深衣之"衽"的考辨与问题》，《南京艺术学院学报》，2011 年第 5 期，第 56 页。

[2] 沈从文编著：《中国古代服饰研究》，商务印书馆 2011 年版，第 125、129—130 页。

[3] 齐志家：《江陵马山一号楚墓袍服浅析》，《武汉纺织大学学报》2012 年第 1 期，第 22—25 页。

[4] 单衣，也作"禅衣"。《说文解字》："禅，衣不重也。"是指没有衬里的单层衣服，这里的"衣"并不是指上衣下裳中的上衣概念，而是指上衣下裳连属的形制。

[5] 袍是指长及脚面并絮有丝棉的冬季服装。《广雅·释器》："袍，长襦也。"

又根据袖长和袖下线形状的不同分为三种形制。斜裁袍服无一例含小腰结构，正裁的三种形制中均亦含有小腰结构。

关于小腰的功用目前有三种观点：第一，沈从文先生认为，小腰和四周衣片缝合后两短边反向扭转，小腰横置于腋下，把上衣两胸襟的下部各推移向中轴线约 10 余厘米，从而加大了胸围尺寸。衣片的平面缝合却因两片小腰的插入而变得立体，并相应地表现出人的形体美，此外，还大大增加了两臂做举伸运动时所需的活动量。第二，清华美院贾玺增教授认为，为表现人体腋下的厚度，在袖片与衣身的缝际之间增加了一块四边形的嵌片，使衣服更加符合人体的构造。并通过一个实验假设其存在的功用性，即当穿衣者伸举手臂时，腋下缝部的开口便会自然张开，形成腋下空间所需要的活动量，小腰嵌片因此形成。[①]第三，笔者通过袍服结构复原分析认为，小腰的主要作用是增大交领门襟的拥掩量，根据马山楚墓发掘的全部小腰袍服样本看，均为交领和直裾。交领意味着必有拥掩量的调解，并束腰带固定；直裾意味着不像曲裾有可利用面料的弹性。这两个功能的着力点正是在腋下小腰的位置，由此小腰主要产生交领大襟的调解作用。[②]这些对小腰古法的考证却在古典藏袍中保存着，重要的是它们都是在直裾和交领大襟的"十字型平面结构"条件下实现的。

借助 CLO 3D 软件复原马山楚墓小腰袍服的样本，使我们对小腰的功能有了更加直观的理解，也对前人的理论有了新的思考。从图 5-28 复原的情况看，并没有沈先生认为的"反向扭转"现象。但可以肯定的是，小腰插片的加入，确实将围度增加了至少一个小腰对角线的长度，也同时增加了左右襟的拥掩量。假设没有小腰的附加插片，若直接将前后袖缝以及上衣和下裳缝合，当人抬举胳膊时，腋下就没有足够的量，直接会导致下裳向上提起，底摆便不会再保持在一个水平线上。传统藏袍的深隐式插角结构同样可以解决这个问题，且交领藏袍更需要拥掩量的调解，何况还需要通过腰带的系扎在

---

① 贾玺增、李当岐：《江陵马山一号楚墓出土上下连属式袍服研究》，《装饰》2011年第3期，第80页。

② 刘瑞璞、邵新艳、马玲等：《古典华服结构研究——清末民初典型袍服结构考据》，光明日报出版社2009年版，第10页。

胸前产生硕大的兜囊，可以说这是在功用上汉人和藏族先民、上古和近古的"同形同构"。更复杂而深刻的是，在上古的汉地或许还有对"礼"的考虑。

有小腰的袍服都是上衣下裳深衣制，《礼记·深衣》中对深衣有这样的描述：

> 古者深衣，盖有制度，以应规、矩、绳、权、衡。
>
> 短毋见肤，长毋被土。续衽，钩边。要缝半下；袼之高下，可以运肘；袂之长短，反诎之及肘。带，下毋厌髀，上毋厌胁，当无骨者。制十有二幅，以应十有二月。
>
> 袂圜以应规；曲袷如矩以应方；负绳及踝以应直；下齐如权衡以应平。故规者，行举手以为容；负绳抱方者，以直其政，方其义也。故《易》曰：坤，"六二之动，直以方"也。下齐如权衡者，以安志而平心也。五法已施，故圣人服之。故规矩取其无私，绳取其直，权衡取其平，故先王贵之。故可以为文，可以为武，可以摈相，可以治军旅，完且弗费，善衣之次也。
>
> 具父母、大父母，衣纯以缋；具父母，衣纯以青。如孤子，衣纯以素。纯袂、缘、纯边，广各寸半。①

在这段对深衣的描述中提到"下齐如权衡以应平"，所以穿着深衣时要求下摆始终保持平齐的状态。虽然马山一号楚墓出土的战国中晚期衣袍下裳并未按照深衣的礼制以十二幅为准，这还需要幅宽的大小或是否为礼服而定，但是小腰结构的设计却印证了"权衡"之礼，以保证无论胳膊如何活动都不会影响衣袍的下摆平齐状态。因此，功能如果对礼制的"权衡"进行了很好的诠释，在那个崇尚礼制的时代便有了存在的理由，也或许是小腰普遍存在的时代原因。

四、本章小结

汉地上古先秦的交窬和藏地近古的单位互补算法，像是实物对几千年前

---

① ［清］阮元校刻：《十三经注疏》，中华书局2009年版，第3611—3612页。

文献的复现，而上古楚人的小腰和藏袍的深隐式插角跨越时代相互守望，其中还有重要原因。其一，藏袍腋下深隐式插角结构和先秦楚墓出土袍服小腰所取样本的范围都具有普遍性，因此可以确信它们都不是个案。其二，包含这两种特殊结构的服装所涉及的面料材质较广，并不存在特定性，出现腋下深隐式插角结构的藏袍材质涉及有棉、麻、丝、羊毛，几乎涵盖了所有的天然纤维面料；出现小腰结构的袍服材质有绢、罗、锦、绵，这在物资有限的上古时期可以说是全覆盖的。其三，也是最重要的，北京服装学院民族服饰博物馆馆藏所有藏袍和江陵马山一号楚墓出土的所有袍衣均属中华服饰传统的"十字型平面结构"系统，所以深隐式插角结构和腋下小腰结构所依附的结构主体并没有改变，都属于平面主体结构下的立体思维，它们与现代意义上的、基于立体结构的"袖裆技术"有本质的不同。其四，就功能而言，藏袍深隐式插角结构和楚袍小腰结构都分布在腋下位置以改善手臂的运动功能和增大拥掩量，因此它们都保持着直裾和交领大襟的基本形制，而且藏族是唯一在现实生活中还坚守这种先秦遗风形制的民族，可谓中华民族多元一体文化特质的活化石（图 5-30）。

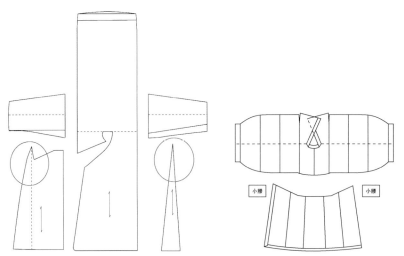

图 5-30　藏袍通袍制深隐式插角结构和楚墓袍服上衣下裳制小腰结构

藏袍和楚墓袍服最大的不同是前者为"通袍"制，后者是"上衣下裳连属"制，这也许是造成两者腋下插片结构不同的原因。藏袍的腋下深隐式插角结构都是隐藏于侧片或者里襟与侧片连裁的插角入袖结构，不仔细观察难以发现这个立体的奥秘，且只有通袍形制才能实现。而江陵马山一号楚墓出土袍服中的小腰结构都是单独的长方形插片构件，分布在腋下上衣下裳的接合部，其形式更加接近于现代立体服装中的"袖裆"结构。①中华传统的造物思想都是"人以物为尺度"的，这或许是"天人合一"哲学的物质化表现。可见上衣下裳连属的深衣制是根据布幅设计的，因此布幅在秦律中也成为一种度量标准。所以小腰也好，交襘也好，都普遍存在于合理使用布幅的深衣中，小腰更适用于上衣，交襘更适用于下裙，秦简《制衣》有关下裙、下绔交襘的记述也印证了楚墓实物的发现。藏袍的通袍形制刚好为小腰和交襘结合提供了环境，也就有了藏袍深隐式插角结构通常伴随着单位互补算法，这确是藏族先民的大智慧。小腰和深隐式插角结构的设计动机是出于功能的考虑，而藏袍多用厚重的面料（如氆氇）和"脱袖"的穿着方式又起到加固的作用，通袍形制又使深隐式插角结构和单位互补算法的节俭思想结合，创造了高寒域模式。藏袍宽袍大袖的形制兼有铺盖、携物的功用，又体现着"人以物为尺度"的宗教理念，所以腋下插角入袖与其说是对臂膀活动产生作用，不如说是在"舞袖祭"（宗教活动的舞蹈）时增强袖腋的牢度（在藏族群众看来是神的护佑）。在结构处理上，深隐式插角结构巧妙地与三角侧片连裁，尤其体现在侧片与里襟连裁的藏袍类型中，它们整合起来运用了单位互补裁剪算法，实现了最大程度地利用面料。这种藏袍结构的古法术规虽在藏文献中无证据可考，却在汉地的秦简、古文献记载和考古发掘中存续无误（见本书第四章）。

　　20 世纪初的藏袍标本含有深隐式插角结构，可以推断其在清末成为典型结构，具体表现为两种形制：一种是左右独立成三角侧片，上端的尖角横插入至腋下的袖片部分；另一种是里襟与三角侧片连裁形成袖衩入袖，但两者功能一致。在藏族服饰结构谱系中，从贯首衣到"三开身十字型平面结构"，三角侧片的出现为深隐式插角结构的产生提供了条件，为藏袍结构所特有，成为中华民族服饰结构谱系多元一体物质形态的实证。这一结构与战国江陵马山一号楚墓出土袍服的小腰异曲同工，但之后汉地历朝历代都没有记载。

---

① 魏静：《连肩袖裆布的构成与应用》，《上海纺织科技》2005年第9期，第33页。

　　虽然深隐式插角结构和小腰与西方"袖裆"结构功用相同，但它们的出现要早于西方，且都在"十字型平面结构"下产生，表现出中华服饰结构谱系多元一体的独特物质形态。此外藏袍深隐式插角结构还伴随着单位互补算法古老术规的节俭造物传统，而"袖裆"只是现代服装立体结构发展的必然结果，追求"物以人为尺度"，也就不可能来自节俭动机。古老藏袍深隐式插角结构及其单位互补算法的发现为建立藏族服饰结构谱系提供了重要的实证依据和研究路径，其所保持的原生态、客观性，对中华民族传统服饰结构谱系的研究和构建具有指标性意义。

第 六 章

藏族服饰古法技艺传承现状

　　服饰是判断藏文化有无断裂的一个重要观察项，弄清楚藏族服饰技艺传承的现状，是认识藏族传统服饰术规的学术和文献价值的试金石。因此，对技艺人及其制作流程和作品状态的研究成为本章重点。机缘巧合下，有机会对四川阿坝州红原县藏服艺人旦真甲①师傅进行为期一年多的跟踪研究，并取得了"传承现状"的标志性案例。然而获得理想的研究对象并不容易，要考虑三个方面：必须熟练掌握藏服古法裁剪；必须能够独立完成藏服，特别是藏袍古法技艺的全过程；有合作意愿和奉献的精神。考察团队先后两次前往红原和成都对旦真甲师傅进行访问和作业记录，加上实时的远程信息交流和沟通，在博物馆实物标本研究的基础之上，再对其完整的藏袍技艺和成型过程加深了解和认识。旦真甲师傅是很有名望的技艺传承人，除四川外有很多从青海、甘肃、云南、西藏远道而来，崇尚传统技艺的客户找他来定制藏服。多年积累的古法藏服制作经验，使得他无须任何样板，能够直接在面料上定位和裁剪，这要得益于熟练掌握古法技艺的结果。我们有幸对整个裁剪和制作过程进行跟踪记录，这成为了博物馆标本研究成果有力的现实技艺实证，特别是对于认识藏服深隐式插角结构、单位互补算法和"三开身十字型平面结构"传承现状，寻找到了一个有说服力、经典的非物质文化遗产案例。

---

　　① 旦真甲，藏族人，居住于四川红原县，40岁，四川红原钦渤藏艺服装制售有限公司老板，多年从事藏族服饰的定制和销售，在藏族聚集区的服装业内很有名望，很多藏族名人都是他的客户。目前公司在四川红原县、马尔康市和成都市均有店面和工作室，规模在逐渐扩大。考察团队先后两次前往红原店和成都店进行考察，并在现场完成了古法藏袍技术的全程记录。

一、藏袍裁剪过程

根据材质的不同，完成了对旦真甲师傅先后演示的两种典型藏袍的裁剪和制作过程的记录：一种是无衬里的织锦藏袍，比较轻薄，适合春夏季的温暖气候；另一种是仿羊毛衬里的呢料藏袍，十分厚重保暖，适合在高寒高海拔地区或秋冬季穿着。两种服装的裁剪过程相似，仅在制作环节因有无里布的差别导致部分工艺细节存在不同，所以对不同的工艺环节会分别详加叙述。根据学术研究的理想状态，我们不会提出类似"用古法"先入为主的提示，希望看到技艺人自觉地用古法和传统术程完成作品，这个理想状态反映了从古到今继承的真实性和状态改变程度的信息。技艺人用古法和传统手工技术完成了具有代表性的织锦藏袍、仿羊毛衬里的呢料藏袍成品，这是重要的一手实证数据，旦真甲师傅也满足了我们这些要求，实现了现代传统制品与博物馆标本比较研究的可能，为解决某些关键的学术谜题找到了重要的实证依据。

（一）无衬里织锦藏袍（春夏季藏袍）

所选取的织锦面料为现代工艺品，幅宽 68cm（合 20.4 寸，技艺人习惯用市制单位，这也说明了他所使用的是传统方法），穿用对象为身高 170cm 标准身材的男性，共用面料约 8m，面料利用率在 90% 以上。整个藏袍的裁剪顺序依次为主身、侧片、里襟、腰带、袖子、领子。旦真甲所用数据基本以市寸为主，这是继承古法的习惯用法，每个部位的具体裁剪方法也呈现了这个过程。

1. 裁主身

首先备料 3m 用于主身部分，对折后铺平，前后各长 1.5m（合 45 寸），折痕位置为肩线朝上放置，幅宽即为主身宽，这意味着幅宽大主身就肥，幅宽小主身就瘦，幅宽过小，会用双幅，甚至三幅，氆氇就是这样。这说明现代无论布幅发生怎样的变化，都会采用独幅、两拼和三拼的"三开身十字型平面结构"古法（图 6-1）。在肩线位置标记布幅的中点 A，从中点 A 向下引一条竖直向下的直线，中点左右各取 3 寸（约 10cm）确定领口宽点 B 和 B′。从侧肩线向下量取 9.5 寸（约 31.7cm）作为袖笼深尺寸确定袖笼底点 C，然后再从 C 点向下量取 7 寸[①]（约 23.3cm）作为大襟最低点 D 到袖笼底点的距离。然后从肩线中点 A 引出竖直向下取 9 寸（约 30cm）标记 E 点，连接 E、D 两点。从 B′ 点向 E 点划一条圆顺的领口曲线，直线连接 B、E 点，且在 B′ 和 B 点拐角处作抹角处理为后领窝。从 D 点向上量取 2 寸（约 6.7cm）得到 F 点作为里襟和大襟的分界点，连接 F、E 两点。沿着 DE 直线、E 到 B′ 的曲线、B 到 E 的曲线、EF 直线剪开（图 6-2），后领深取 1.5cm，然后将后领口挖除（图 6-3）。大襟和后片的主身部位裁剪完成（图 6-4）。裁剪过程示意图如图 6-5 所示。

图 6-1　主身（前片、后片）因宽幅面料采用"独幅"裁剪

图 6-2　剪领口

图 6-3　挖后领口（1.5cm）

图 6-4　主身裁剪完成的"独幅"状态

---

① 这里的 7 寸根据男女的不同尺寸差别较大，若换成女袍，仅需 3 寸，原因在于男袍的 D 点低，男袍前面经常要通过腰带的系扎形成一个兜囊作为携具之用，而女袍一般无此功能，故女袍的 D 点会相对高于男袍。

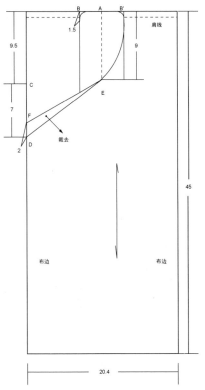

图 6-5　主身（前片、后片）裁剪示意图（单位为寸）

2. 裁侧片

利用一个布幅面料宽度，依据已裁得的主身尺寸取长 1.55m 的面料裁剪所有的侧片。上边依次量取 5 寸（约 16.7cm）、2 寸（约 6.7cm）、2 寸、5 寸、5 寸，下边依次量取 2 寸、5 寸、5 寸、2 寸、2 寸（图 6-6），然后连接上下的各点，形成六个分区，从左至右依次为大襟右侧片、右侧前片（接里襟）、右侧后片（接衣身后片）、左侧前片、左侧后片和余料，余料的上下边长分别为 1.6 寸（约 5.3cm）和 4.6 寸（约 15.3cm），因为是余数而小于任何一个侧片的尺寸。将大襟右侧片剪下后对合主身大襟部位，减去该片上边多余的部分，标注大襟右侧片与主身大襟缝合的对位点（图 6-7）。剩余的左右侧片依次裁剪下来后，两两相对置于主身左右两侧（图 6-8），从全部侧片上下数据的关系来看，正是古交窬算法的重现（图 6-9）。

图 6-6　根据主身裁片依次确定各个侧片的尺寸

图 6-7　裁剪大襟右侧片和标注与主身缝合对位点

图 6-8　依次裁剪左右侧片

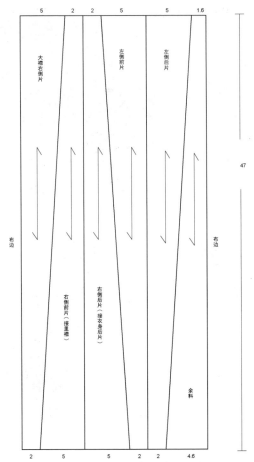

图 6-9　运用单位互补算法侧片裁剪示意图（单位为寸）

在一个布幅内完成所有侧片的裁剪，布幅的宽度决定摆围的大小，这是"物尽其用"节俭思想支配的结果，与前章在藏袍标本结构研究中发现单位互补算法的古老术规如出一辙。这个织锦藏袍与同属旦真甲制作的氆氇藏袍有所不同，窄幅氆氇是在一个单位布幅内完成一个连裁侧片的互补裁剪，全部侧片需要两幅完成；而丝质面料的幅宽远大于氆氇，完全可以在一个单位布幅范围内完成所有藏袍侧片的裁剪，当然必须采用单位互补算法。这一生动的藏袍裁剪实例再次印证了藏袍标本研究得出的单位互补算法和文献考证中的交窬理论并不是孤例的事实。问题是现代藏袍师傅虽然对古法术规有所继承，但单位互补算法仅仅是一种裁剪习惯的继承，即"术惯"，而并没有真正理解这种算法的原理和动机，因为旦真甲师傅裁剪侧片只有一种既定的形式和手法，而古法术规是因布幅的改变而变换单位互补算法，故而也就有了标本中的连裁侧片、分裁侧片、连裁互补插角侧片、分裁补角侧片等复杂的算法。如果能够破解古法术规原理的话，旦真甲师傅还会设计出比现在更加节省面料和优化的结构，这就是利用幅宽的面料条件灵活运用单位互补算法，从原来的四个侧片变成两个连裁的侧片，面料利用率达到100%，当然工艺也会变得复杂，这或许是现代技艺人只保留那种简单的算法和"术惯"的原因（图6-10）。因此，这正是现代非物质文化和古代物质文化比较研究的意义所在。现代师傅为什么不绞尽脑汁去挖掘古法，因为他们与古人的物质观完全不同，获取物质的成本太低太容易。在物资匮乏的年代，物质几乎被神化，崇尚节俭观念便成为激发古人智慧的巨大动力，藏文化"人以物为尺度"的造物观念也就有了现代和古代的区别。

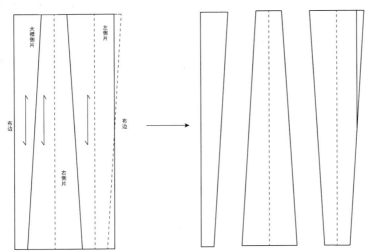

图 6-10　比照藏袍标本单位互补算法的最佳裁剪方案

3. 裁里襟、腰带

取长度为 118.3cm（约 35.5 寸）即衣身长 1.5m 减去袖窿深 9.5 寸（约 31.7cm）所得面料作为里襟，将里襟布置于袖窿缺口之下、后片之上保证衣片上边缘与袖笼底点位置齐平。将 EF 线拓到主身大襟布上，此线与主身大襟拼合线重合。过里襟布上 E 点划一条水平线，并量取水平宽度 13 寸（约43.3cm），下摆量取 16 寸（约 53.3cm）剪下，剪时沿着划粉线向外留 1cm 左右缝份，沿着 E'F'直线确定里襟范围（图 6-11）。

里襟剪下后，根据幅宽 20.4 寸（约 68cm）计算，左侧余出的部分上下边长分别为 7.4 寸（约 24.7cm）和 4.4 寸（约 14.7cm），据旦真甲师傅介绍这刚好作为腰带使用（图 6-12）。里襟和腰带裁剪结果显示，这些数据与其说是设计，不如说是为了整幅使用面料的巧妙安排，这种古老的单位互补算法被旦真甲师傅不失时机地运用着（图 6-13）。

图 6-11　根据主身大襟拼合线确定里襟范围　　图 6-12　剪出里襟的多余部分做腰带

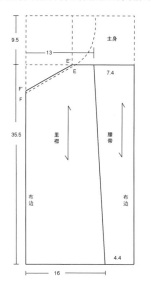 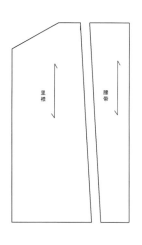

图 6-13　运用单位互补算法的里襟、腰带裁剪（单位为寸）

4. 裁袖子

在一个布幅内分别裁取两片长度为两个袖窿深（19寸）共38寸（约126.7cm）长的面料作为左右袖片，分别沿着肩线位置对折，从肩线向下取8.5寸（约28.3cm）作为袖口尺寸，袖口总宽为17寸，多余的剪去。据计算，裁剪袖口上下的2寸（约6.7cm）后形成左右对称的梯形，是利用两个布幅分别裁剪的（图6-14、图6-15）。与标本相比较，旦真甲师傅所呈现的虽然是单位互补算法的结果，但并没有运用到它的原理，也就是说，他还可以采取更加节省的方法，即运用单位互补算法原理将两个袖子一起整裁，利用两个袖片上下交互排列，刚好使得一个袖片的狭头与另一个袖片的阔头处于一边，完成袖片的"单位互补"，这样不仅可以简化一半的裁剪作业，还可以省去2寸（约6.6cm）的面料。对照标本ZAS10，这种情况的古法术规对材料应用尽用的智慧，甚至完全无须顾及今人看来必要的对称美观标准（图6-16）。因此单位互补算法是完全不顾及"美观"的节俭算法，且有些算法可以完全不产生任何废料，但前提是必须要牺牲外观的规整性。标本ZAS3在袖下产生两个不对称三角拼片，这种藏族先贤的选择，无论如何都是现代设计无法理解的，也是最值得珍惜和继承的"敬物尚俭"大智慧。比照标本的算法优化方案二同样需要像方案一那样将两个袖片上下交互裁剪，所不同的是，在面料尺寸一定的前提下，如一个幅宽长36寸（约120cm）的矩形面料，依据袖子功能的基本要求，上下需要切下一角刚好由空缺部位补齐，这样一来，左右两个袖片在单位互补算法的指导下实现完全的零浪费（图6-17）。在最后的成衣效果中，左袖的前片和右袖的后片腋下位置会出现一个微型的三角形拼片，这种牺牲对称性和完整性的节俭结构设计，普遍存在于藏袍古法术规中，说明在藏族群众心里，节俭永远要优先考虑于美观，或者在其看来，美观的标准本来就不是外在的，而是"敬物"的内心，对它的坚守或与宗教智慧的力量有关。

由于一个面料幅宽不能满足袖长，在袖头部分还要外加一个接袖片。裁剪长17寸（约56.7cm）的面料，将其布边与布边对折，剪下后再沿着肩线对折，并取8寸（约26.7cm）宽袖口裁成微梯形。裁剪完成后要复核接袖片与大袖片拼接处的长度是否吻合，整件藏袍的袖长为一个整幅面料宽度加上半个布幅的接袖宽（图 6-18、图 6-19）。就整个袖子裁剪过程来看，即使是很小的接袖片裁剪，也没有放弃单位互补算法，也就是必须在一个布幅单位内平分两个接袖片，而不是依据人体对袖长的需要，至少是找寻物与人的契合点，然而当它们出现矛盾的时候，宁可屈从于物，这就是藏族造物传统"人以物为尺度"哲学在今天旦真甲身上的生动体现（图 6-20）。

图 6-14　左右袖分别裁剪

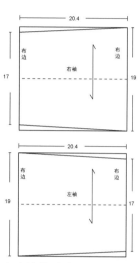

图 6-15　左右袖分别裁剪示意图（单位为寸）

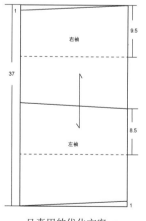

旦真甲的优化方案一

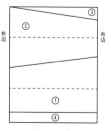

古法方案

图 6-16　袖子裁剪旦真甲的优化方案一与标本古法方案

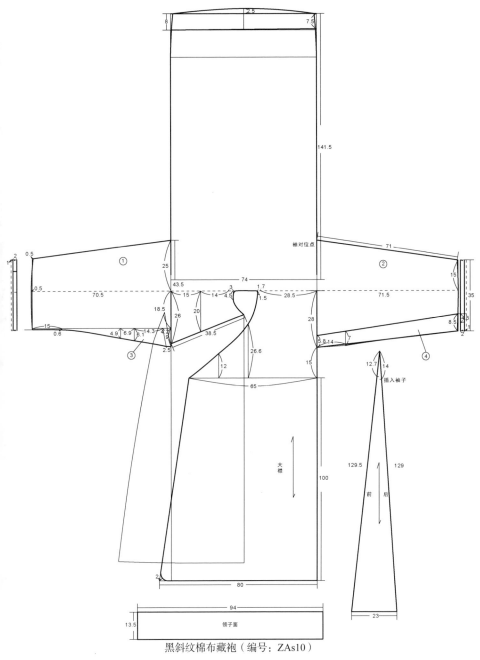

黑斜纹棉布藏袍（编号：ZAs10）

图 6-16 袖子裁剪旦真甲的优化方案一与标本古法方案（续）

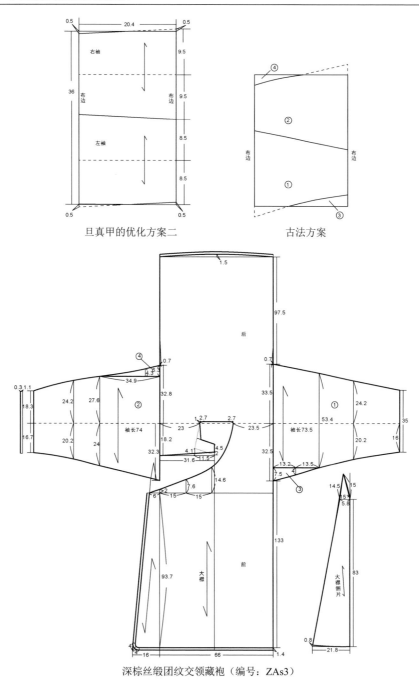

旦真甲的优化方案二   古法方案

深棕丝缎团纹交领藏袍（编号：ZAs3）

图6-17 袖子裁剪旦真甲优化方案二与标本古法方案

图 6-18　接袖片采用半个布幅裁剪

图 6-19　接袖片与大袖片的拼合校齐

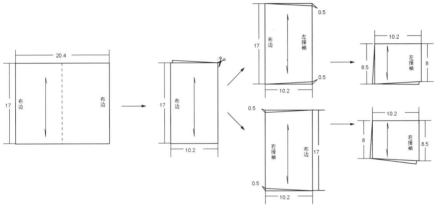

图 6-20　接袖片采用一个布幅一分为二裁剪　（单位为寸）

5. 裁领子

最后一步就是裁剪领子，藏袍交领形制源于直接利用布边的汉袍术规，旦真甲师傅因为有 20 多年的藏袍制作经验,他无须从衣身绱领子的位置量领子的长度，而是直接凭借经验利用面料布边裁取长度为 46 寸（约 153.3cm）、宽度为 6 寸（约 20cm）的领片，沿着布丝方向将其剪下，余下的布料刚好可以用作腰带（图 6-21、图 6-22）。

6. 无衬里织锦藏袍裁剪的评价

裁剪全部完成后，将所有的裁片按照成衣的位置摆放并记录下来，这对研究博物馆藏族服装标本结构成型和形态特征具有重要价值。从整个裁片的面貌来看，一件完整的藏袍共由领子 1 片、袖子 4 片、主身 1 片、里襟 1 片、侧片 5 片、腰带 2 片，共 14 片构成。流程共裁剪了 5 次面料，根据每一次裁

图 6-21　领子利用布边裁剪　　　　　图 6-22　领子裁剪余料用于腰带（单位为寸）

剪流程可以计算出布料的利用率。第一次裁剪主身，即大襟前片和后片消耗了 300cm 面料；第二次裁剪所有的侧片消耗了 157cm；第三次裁剪里襟和腰带消耗约 118cm；第四次裁剪袖子消耗了 183cm；第五次裁剪领子消耗 153cm，总共消耗幅宽为 68cm 的织锦面料共 911cm（9.11m）。最后剩余面料，还可以用于制作过程的补充，这一部分的面料损耗几乎可以忽略（图 6-23）。

图 6-23　无衬里织锦藏袍裁片的成品分布

　　综合分析所有的裁片裁剪过程，只有第二步裁剪侧片时余下一块相当于一个侧摆片面积的余料，其余的消耗均为修剪时产生的一些边角。经粗略计算，整个藏袍裁剪时的面料使用率可以达到 90% 以上。值得研究的是，如果采用更接近藏袍古法术规的单位互补算法，旦真甲藏袍的用料率几乎可以实现 100%。可见，旦真甲生动的裁剪实操过程，远比任何一种文献的记载更为直观。更重要的是，将传承人技艺过程与成果和古代实物研究成果进行比较，至少可以验证三个重要信息：今人所继承的古法是否真实可靠；继承的古法是否纯粹；继承的古法技艺是否具有可以实现古代样本的机制。通过单位补算法复原实验，实现了旦真甲藏袍到古法藏袍的回归（图 6-24）。

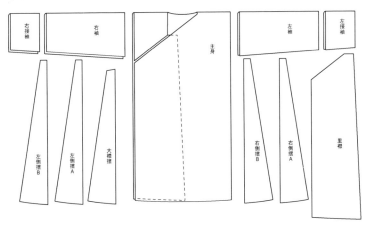

（a）旦真甲藏袍单位互补算法实录（用料率 90% 以上）

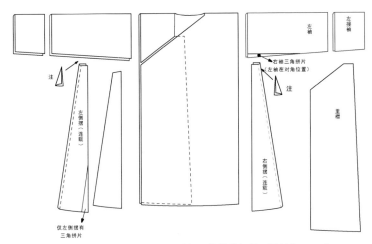

（b）旦真甲藏袍回归古法术规单位互补算法复原（用料率 100%）

图 6-24　旦真甲藏袍和回归古法术规藏袍结构比较

注：左右连裁侧摆片的出现正是深隐式插角结构形成的条件，这种结构的消失，可能有两个原因：一是大多数情况的藏袍结构都不采用古老的前后连裁的侧摆裁剪，而采用前后两个独立侧片，这样制作工艺变得简单；二是同时也失去了深隐式插角存在的基础，即使氆氇藏袍采用连裁侧摆也不用插角结构，这样工艺简单

（二）仿羊毛衬里呢料藏袍（秋冬季藏袍）

考察团队第一次在红原与旦真甲师傅探讨博物馆藏袍结构的复原和研究成果时，他的第一感受就是惊异，认为这是藏族先民遗物，你们汉人如何掌握？这是促进我们继续交流下去的重要基础，旦真甲很乐意为我们完成无衬里织锦藏袍的裁剪过程，因为时间关系没能将其制作完成，为了能够完整记录藏袍的制作过程，2016年11月考察团队第二次前往位于成都的藏装总店与旦真甲师傅又进行了深度交流，并将未完成的藏袍裁片带去，由他亲自制作完成。根据学术研究的需要，他应邀向我们演示了一件仿羊毛衬里呢料藏袍的裁剪和制作全过程，使我们加深了对现代古典藏袍成型过程的理解和认识，特别是更加了解了如何用古法为藏袍配一个合适的里子，裁剪过程远比我们想象的要更加考验师傅的经验和技巧，而面料的裁剪流程和方法与无衬里织锦藏袍没有什么区别，由此也可以认为现代古法藏袍或许是被某种相对简单的术规过滤而程式化了，旦真甲的不同质地藏袍的结构基本相同就很说明问题。

在裁剪之前，旦真甲师傅首先在纸上画了一个藏袍的款式图，并在主要部位标注了将会用到的尺寸数据，值得注意的是，现代工业化生产的毛呢面料比传统手工氆氇幅宽大好几倍，比无衬里织锦藏袍面料幅宽也大出一倍多。因此，毛呢藏袍裁剪的单位互补算法与布幅无关，更像程式的古法裁剪，对比这些尺寸和之前裁剪过的无衬里织锦藏袍，大体相同，与博物馆标本相比同属于"独幅三开身十字型平面结构"。横开领6寸（约20cm），这个数据跟织锦藏袍相同，可见对于成年男子藏袍来说，6寸的横开领可以作为一个常用参考值。从领口中点位置向下引出竖开领线8寸（约26.7cm），这个数据比织锦面料藏袍小1寸（约3.3cm），这或许有保暖的考虑。袖窿深9.5寸（约31.7cm），向下8.5寸（约28.3cm）为右侧摆片的上端，这两个数据都跟织锦藏袍基本相同，说明基本尺寸并没有受到面料薄厚的影响。最大的区别在于大袖袖片长度的设定，织锦藏袍没有设定这个数值是因为刚好可以利用一个半的布幅作为袖长，而呢料藏袍的大袖片长度在一个布幅中截取会很浪费，用半个布幅又不足，需要接袖，旦真甲还是选择了半个布幅[1]（约23寸）再接6寸，达到理想袖长29寸。大襟距离袖笼底部8.5寸（约28.3cm），比织锦藏袍的7寸（约23.3cm）要长出1.5寸（约5cm），这是为了皮毛藏袍胸前的兜囊考虑，由于呢料藏袍里面加了一层厚实的仿羊毛衬里，故影响兜囊量的数值也相应增加，而保证功能不变。衣身长度为43.5寸（约145cm），跟织锦藏袍的150cm长度也十分接近。主身的宽度为20寸（约67cm），这个尺寸是比照织锦面料的幅宽裁剪的，说明男子藏袍的主身宽度也大约控制在这个基本数据范围内，除非身材特殊需要另加考虑。左侧片上端的狭头宽3寸（约10cm），比织锦藏袍侧片狭头宽度的2寸（约6.7cm）多出1寸（约3.3cm），这样一周四个侧片就将围度增加了4寸（约13.3cm），增大的松量是为了避免仿羊毛衬里加入后影响藏袍的围度（图6-25）。

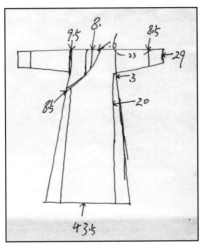

图6-25　旦真甲师傅在裁剪呢料藏袍之前规划的草图

综合看呢料藏袍整个尺寸的设计，与织锦藏袍相比，并无大的变化，袖长、侧摆宽度等增加一定的量，是考虑了增加仿羊毛衬里之后有所收缩而补充的松量。值得关注的是，两件现代藏袍虽然都用古法裁剪，但布幅的影响变得越来越小，因为现代工业化生产的面料可以满足任意宽度需求，因此单位互补算法

---

① 半个布幅，在古典藏袍中经常被使用，如果还可以分解的话，就会用半幅的半幅，即四分之一幅，这样始终会保持全幅使用而达到零消耗。

与其说是一种术规，不如说是一种程式，这也就是两件藏袍的裁剪过程几乎一致的原因。只是面料幅宽不同导致使用量有所差别，但是步骤和具体的裁剪方法都相同，由于呢料藏袍的贴边为本料，而增加了一个裁剪贴边的步骤（图6-26），贴边宽为1.5寸（约5cm）。这是现代素面藏袍最大的特点，不仅去掉了所有缘饰，就连贴边锦也很少使用，但古法裁剪仍有保留。

（a）呢料藏袍大襟领口裁剪

（b）呢料藏袍侧片裁剪

（c）呢料藏袍腰带裁剪

（d）呢料藏袍袖子裁剪

（e）呢料藏袍贴边裁剪

图 6-26　旦真甲呢料藏袍裁剪实录

二、藏袍制作过程

记录现代藏袍制作过程，对于认识和研究传统藏服结构的形成和形制特点，是一个重要的观察点；对于认识藏服结构形态没有发生历史断裂，继承古法技艺的现实状况和诠释藏族服饰结构谱系，是有效的方法。因此就记录本身亦有文献价值。

（一）无衬里织锦藏袍制作

无衬里织锦藏袍的制作步骤主要分为腰带制作、衣身缝合、劈缝整烫、配领底和襟摆贴边、缚贴边、扣烫贴边、手工牵缝贴边等步骤，根据面料有所调整，最后进行成品的整烫。除了牵缝贴边由手工完成，其余均为机器完成，显然这是古法赋予现代加工手段的结果，也或许是藏服结构趋于程式化的必然。在制作上，织锦藏袍、呢料藏袍和氆氇藏袍没有太大的区别，只是氆氇藏袍还保持着一种传统的拼接工艺，这种对族属记忆的坚守，或许隐藏着万物皆灵的宗教意义。因为即使是现代氆氇藏袍也都要靠手工织造和拼接完成，这就决定了这种面料的特殊性能。手工织造的氆氇幅窄而厚实，所以现代氆氇藏袍仍保持兼有铺盖的功能，为了保证舒适性，氆氇的布幅之间只能靠手工完成无搭叠量的拼接缝合，缝合方法必须在布边之间呈 Z 形用针线密集而机械地穿行，这种被程式化的匠作，与其说是技艺不如说是"修行"（图 6-27）。

拼缝针法

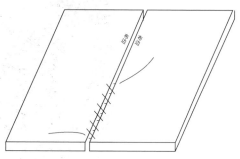

氆氇布边间拼缝示意图

图 6-27　保持氆氇拼缝的传统
图片来源：2015 年 11 月 25 日作者拍摄于日喀则江孜县江孜镇藏装作坊

1. 包缝

包缝是防止藏袍（氆氇藏袍除外）脱纱的手法，多用现代包缝机械加工，即使高档的褚巴（藏袍）也不例外，因此机械包缝是判断现代藏袍的重要依据。由于织锦藏袍没有衬里，所有裁边的边缘都需要经过包边处理，以防止脱丝，待所有裁片完成包边，就开始进行缝制。

2. 腰带制作

先将两片腰带裁片分别正面相对对折缝合，再缝合阔头一端，通常为剑形。阔头缝合后翻转到正面整理剑形，即类似于领带的形制（图6-28）。缝合好后的两个腰带，一个与大襟相连，在缝合大襟襟缘和贴边的时候将腰带夹于两者之间设定的位置进行缝合；另一个与右侧的侧片相连，刚好缝合在右侧夹缝之中，这一步的制作也解开了之前的一个疑惑，织锦藏袍的侧片依据单位互补算法是可以连裁的，当然侧缝也就不存在了，这意味着腰带不可能隐藏于侧缝之中加以固定，只能外接在侧片之上，在美观和牢度上都会大打折扣（图6-29）。因此织锦藏袍四个独立侧片的单位互补算法，是古法程式化和现代"实用主义"博弈的结果。

图6-28　织锦藏袍腰带制作

图 6-29　织锦藏袍两条腰带通过侧摆夹缝完成

3. 衣身缝合

除了腰带以外的 12 个裁片均在此步骤中完成缝制，先将大襟与右侧片缝合，然后绱领，从大襟开始沿着领口缝合一圈直至里襟，并剪去多余的领子部分。[①]然后再将主身与里襟缝合、袖子与接袖缝合，分别将其他侧片与主身缝合，最后合侧缝。这里需要注意的是，袖子下缝线不缝合，留到第五步"缚贴边"一并完成。

4. 劈缝整烫

衣身缝合后，先进行初步整烫，亦称中间整烫，将所有缝份劈开烫平（图 6-30）。这一步必须在进行领子和襟摆贴边缝制之前完成，否则不方便劈缝整烫。

---

①　由于裁剪领子的时候并非根据衣身测量的数据，而是师傅依据一个大概的经验值，故会存在一定量的差异，如果希望在此步骤节省更多的面料，可以根据衣身尺寸来配领子，只是多一步测量程序。

图 6-30　织锦藏袍劈缝熨烫为中间整烫

5. 配领底和襟摆贴边

　　在典型的氆氇和织锦藏袍标本结构研究中发现，它们普遍采用了贴边锦，且在博物馆三个标本中同时发现了五福捧寿和长寿纹的贴边锦，这明显是利用儒家文化①表现藏俗的经典案例。在传统和现代藏服的比较梳理中，还发现贴边锦的主色调是蓝色，这或许隐藏着藏族原始宗教苯教的民族记忆，贴边锦的隐蔽形式，或传递着藏族独特的"伏藏"文化。这种情形也都在旦真甲师傅的贴边配料和加工中得到证实，只是图案的题材变得多元，多以繁色或单色的花卉锦为主，不变的是笃信"吉祥"和"尚蓝"。华丽的多色花卉锦用在领子贴边上，单色花卉锦用在包括衣襟、下摆、袖口等内贴边上。这种情况与标本是基本吻合的，说明贴边锦确为藏袍独特的文化符号（图 6-31、图 6-32）。

_____

　　① 藏袍贴边锦利用儒家文化有两个重要指标：一是材料用"锦"说明织锦向藏地的输入，纺织业在藏地的提高，但在传统藏文化中，"锦"仍然是尊贵的标志，即便在上层社会也不会大面积使用，因此多用于角隅和贴边装饰；二是"锦"在儒家思想中还有"前程似锦"之意，这与五福捧寿、长寿纹的吉祥寓意一并融入了藏俗文化，因此贴边锦的意义在于藏汉文化融合的物化范示。

图 6-31　专为织锦藏袍配领的繁色花卉纹织锦

繁色花卉纹织锦局部　　　　　　　　　单色花卉纹织锦局部

图 6-32　贴边锦的织锦质地和吉祥纹样成为藏袍独特的文化符号

6. 缝缚贴边（扣烫和牵缝贴边）

将配好的贴边分别与领子、袖口、下摆缚缝。袖口贴边缚缝好后再将袖子的下缝线缝合，这个步骤很重要，否则就会影响袖子贴边的规整性，这是因为袖口经常会翻卷，使贴边外露，可见藏袍贴边锦的藏制和传承并非偶然。内藏贴边虽用余料，却是质地和纹样专门的贴边料，只是在发展过程中"古制"保持着五福捧寿、长寿纹等汉俗的吉祥纹信息，到了现代保留了织锦，纹样也变得多元，但作为祈福的象征并没有改变。值得研究的是，织锦在汉文化中有"前程似锦"之意，当它被藏文化借用时被赋予了更多藏传佛教的色彩，如贴边锦采用蓝色孔雀羽纹，领襟（外贴边）采用八瑞相①之类的佛教纹。缚缝后用熨斗将贴边的边缘向里扣，烫出1cm的缝份，用三角针手工将贴边的另一边与衣身牵缝在一起。手工牵缝贴边的完成，意味着整件无衬里织锦藏袍的制作也就完成，最后再进行统一整烫（图6-33）。织锦藏袍的制作流程可以说是所有现代藏服匠作的缩影，它的古法与现代材料、技艺的改进，基本上可以记录藏族服饰结构发生改变的时代信息。

| 将贴边与衣身缚缝 | 扣烫贴边缝份 | 用三角针手工牵缝贴边 |

图 6-33　旦真甲缚缝贴边实录

（二）仿羊毛衬里呢料藏袍制作

1. 裁剪缝制呢料裁片

呢料藏袍带有仿羊毛衬里，因此不需要对表面呢料的每个裁片进行包缝，直接从无衬里织锦藏袍制作步骤的第二步腰带制作开始，制作步骤基本相同。唯一不同的是，呢料藏袍使用的贴边为本料，不用贴边锦，这与配

---

① 八瑞相，藏语称为"扎西达杰"，是藏传佛教中最具代表性的符号，也是藏族传统纹样中最常见又富于深刻内涵的装饰图案。八瑞相分别为宝伞、金鱼、宝瓶、妙莲、右旋海螺、吉祥结、胜利幢、法轮。

合羊毛衬里穿着时翻出羊毛领襟袖口有关。其他内贴边按照 1.5 寸左右（约 5cm）的宽度裁剪，待衣身缝合后，将贴边直接在襟缘、摆缘和袖缘内侧缏缝（图 6-34）。

图 6-34　呢料藏袍的制作过程与织锦藏袍相同

2. 裁剪仿羊毛衬里

将缝制的呢料裁片翻到反面，使其与仿羊毛衬里布（后简称毛里）的光面相对，铺平。先将藏袍的后片与毛里相对，然后将完全平面的部分即后片、后袖片、后侧片整体与毛里用棉线绷缝在一起，防止毛里在裁剪的过程中与面布的位置发生错位。之后沿着呢料裁片的后片外形线，从底摆、侧缝、袖子依次裁剪，注意要保留肩线不剪，因为毛里的前后片与呢料同样在肩部保持连裁。由于毛里幅宽不足通袖长，最后需要再裁一块接袖毛里。

后片的毛里裁剪后，将呢料裁片沿着肩线翻转到另一边，使前片、前袖片铺平与毛里相对，同样用粗棉线绷缝，然后沿着前片外轮廓线剪下。里襟部分的毛里裁剪采用同样的方法，面料反面与毛里的光面相对，绷缝后沿着轮廓线裁下。由于仿羊毛衬里的幅宽很大，无须像传统皮袍那样过多地拼接，整个毛里的裁剪最终只有主身、大襟和两组袖片，"三开身十字型平面结构"在衬里的裁剪中消失了，而在面布的裁剪中保持着，又一次证明藏服的古法结构被程式化的事实，重要的是博物馆标本与现代匠作形态的比较研究，会使这个结构谱系变得完整（图6-35、图6-36）。

图6-35　呢料裁片与羊毛衬里绷缝
（真皮袍需拼接后绷缝）

图6-36　羊毛衬里超宽的布幅不再采用
"三开身十字型平面结构"的古法裁剪

3. 将毛里与面布缝合

毛里裁剪后，手工缝合毛里与面料。为固定面布与毛里使之成为一体，在面布凡有接缝的地方，将面料与毛里灌缝①，缝线隐藏于接缝之中，灌缝好的面料和毛里就可以避免错位，起到内外固定的作用（图6-37）。

这是现代藏袍中保留传统技艺比较多的一种，是与采用羊毛衬里有关。如果是传统的氆氇面料，旦真甲师傅会坚持全手工制作整件藏袍，因为在他看来，制作一件氆氇藏袍与其说是在坚守一种古老技艺，不如说是在行使一种宗教仪规，最虔诚的做法就是坚持这种恒久不变的术规仪式，旦真甲师傅为本研究奉献的氆氇藏袍，就是这样一件古法作品。

---

① 灌缝，制衣用语，沿着表面缝合缝隙用暗缝方式将面布和里布固定。

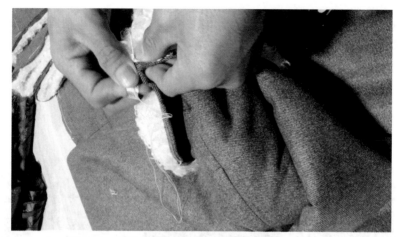

图 6-37　呢料藏袍的面布与毛里用灌缝方法形成一体

三、古法藏袍成品穿着效果

（一）无衬里织锦藏袍的搭配

无衬里织锦藏袍制作完成后，旦真甲师傅根据藏俗选取了两件不同颜色的堆通[①]进行了两种风格的搭配，我们的目的就是尽可能还原博物馆标本的穿着步骤和面貌，并将其记录下来。穿着方法是先穿好堆通再将藏袍的袖子套上，并在右肩部固定，然后将藏袍腰部以上的部分向上提起一定余量，在腰间用腰带系扎，放下余量形成兜囊，即旦真甲师傅手放置的部位。通过调整保证前后底摆呈水平状态，使得藏袍的长度保持在小腿中部的位置。将右袖脱下（一般习惯脱一只袖子），系上大襟和侧缝固有的腰带，使其垂于腰间，这既有佛教的传统仪规（僧服规制赤右臂），亦有高寒生存方式的继承。从呈现方式可以看出，右袖有两种处置方式，一种是放入兜囊内；另一种是直接垂于身后（图 6-38）。贴边锦领子的整理带有仪式性，将大襟织锦贴边翻出

---

①　堆通，是藏族传统短上衣，通常与藏袍内外组合穿，为了方便或适应季节也会单独穿。传统堆通使用氆氇制作，结构也就保持了"双拼三开身十字型平面结构"，形制是右衽大襟立领。旦真甲搭配的一件"配色"和"装袖"的棕色堆通，显然是"现代化"的改良版。另一件白色麻质堆通，其形制和结构都没有采用"配色"和"装袖"，意味着它更接近传统的堆通。

整理成上窄下宽的绥带状,这也解释了为什么在藏地专门织造纹样精美华丽、充满宗教色彩的贴边锦面料了,这种贴边锦的装饰和穿着手法,可以说是博物馆藏藏族服饰样本中采用五彩饰边和贴边锦装饰手法藏袍衍生的现代版。[①]对照旦真甲作品与博物馆藏族服饰标本发现,它们不仅普遍使用吉祥纹样的贴边锦,在颜色上,"尚蓝"也是它们的共同特点,这是否有苯教的遗存仍值得研究。

搭配棕色棉质堆通的织锦藏袍　　　　　　　　　搭配白色麻质堆通的织锦藏袍

图6-38　无衬里织锦藏袍的两种搭配方式

(二) 仿羊毛衬里呢料藏袍的穿着方式

仿羊毛衬里呢料藏袍的穿着方法跟无衬里织锦藏袍相同,它作为冬季藏袍,通常与氆氇堆通组合,同时为了防寒保暖,一般将双袖穿上,但在劳作或散热时也会脱掉右袖,甚至将双袖脱下缠于腰间。羊毛衬里呢料藏袍十分厚重,但和薄型材料的织锦藏袍有着同样的穿着方式和装饰手法,这与藏族亦牧亦农的生活方式和亦俗亦教的文化特质有关,因此人们会将其系扎成兜囊,适应多变气候,呈现双袖、单袖和脱袖的多元方式(图6-39)。将领子内里代表财富和皮毛翻出,像贴边锦一样的彰显福咒。

---

① 环境的改变和社会的进步,都不允许拥有被禁猎的兽皮,五彩饰边慢慢取代的兽皮,贴边锦便成了藏服独特的文化符号。重要的是其中的宗教密码有待解读,甚至值得辟专题研究。

皮袍单袖装

皮袍双袖装

图 6-39 仿羊毛皮里呢料藏袍的穿着方式

四、旦真甲氆氇藏袍与博物馆氆氇藏袍的结构比较

现代氆氇藏袍由于手工成本高、耗时长、价格昂贵而越来越少，相比于棉布（斜纹）、织锦、呢料等现代织物的藏袍，氆氇藏袍的制作对于从业几十年的旦真甲师傅来说也是十分难得。为了本书研究的需要，旦真甲师傅又用古法完整地制作了一件氆氇藏袍，对于认识和研究现代藏袍古法技艺的传承和结构形态具有重要的学术价值（图 6-40）。

正面

图 6-40 旦真甲氆氇藏袍实物

背面

里襟

图 6-40　旦真甲氆氇藏袍实物（续）

　　从作品氆氇面料的拼接方式可以看出，旦真甲师傅制作的氆氇藏袍不仅在缝制工艺上采用全手工制作，使用的氆氇面料也是保持传统古法技艺的纯手工窄幅纺织制品。对旦真甲师傅制作氆氇藏袍的数据采集、测绘和结构图复原后，再与博物馆氆氇藏袍标本对比发现，旦真甲氆氇藏袍古法术规的继承情况良好，可以说是现实版古法术规的重现，其中重要的结构指标，就是保持了古老的"（三拼）三开身十字型平面结构"，并完全继承了单位互补算法，这或许可以成为藏文化没有断裂的服饰证据。

　　旦真甲氆氇藏袍的面料幅宽约为 26cm，属于窄幅氆氇。藏袍左右袖各用四个布幅，主身为三幅（三拼），大襟用两幅，两个侧摆片采用连裁通过单位互补算法形成典型的"无侧缝"侧摆，如果将左右两个直角梯形侧摆的数据进行布幅的还原实验，刚好是对秦简《制衣》记载交窬算法的释读。再与无侧缝的博物馆氆氇藏袍标本（藏品编号：MFB005993）相比，它没有采用复杂的三角形插片单位互补算法，而是直接按照交窬的方法实现零浪费，前提是左右侧片的面积相对较小，每个侧片的狭头与阔头尺寸相加再加上各自的缝份都在 26cm 左右的氆氇幅宽中。博物馆面料较宽的标本，主身只采用了两个整幅氆氇并产生了前后中破缝，这也是"双拼三开身十字型平面结构"的特征。

博物馆另一件氆氇藏袍标本（藏品编号：MFB004734），比旦真甲氆氇藏袍的幅宽更窄（约 22cm），故主身几乎相同，它们都由三个整幅氆氇拼接而成，即所谓的"三拼"。不同的是标本侧片摆阔较大，所以前后左右采用四个单独侧片完成单位互补算法的裁剪。旦真甲氆氇藏袍无衬里，可以直接确认两个侧片的布边和非布边位置，经过布幅复原实验发现，两个侧片刚好可以拼成一整幅氆氇，使单位互补算法古老术规理论在现实中生动地呈现（表 6-1）。

无论氆氇面料的布幅是宽是窄，氆氇藏袍的侧片有无侧缝，采取怎样的单位互补算法，都是基于节俭的原则，实现物尽其用。对于旦真甲师傅而言，节俭术规的继承与其说是术规，不如说是一种宗教仪式；与其说是在节约材料，不如说是在表达对神赐予氆氇的敬畏。由此就不难理解，旦真甲在做氆氇藏袍之前的郑重誓言，"我必须用最好的手工氆氇，用最精致的技艺才行"。

表 6-1　旦真甲氆氇藏袍与博物馆氆氇藏袍标本采用单位互补算法的结构

基本信息	主结构图
名称：旦真甲氆氇藏袍 布幅：26cm 结构："三拼三开身十字型平面结构"，无侧缝连裁侧摆	

基本信息	主结构图
名称：氆氇镶虎皮饰边藏袍（无侧缝） 布幅：28cm 结构："两拼三开身十字型平面结构"，无侧缝连裁插角侧摆	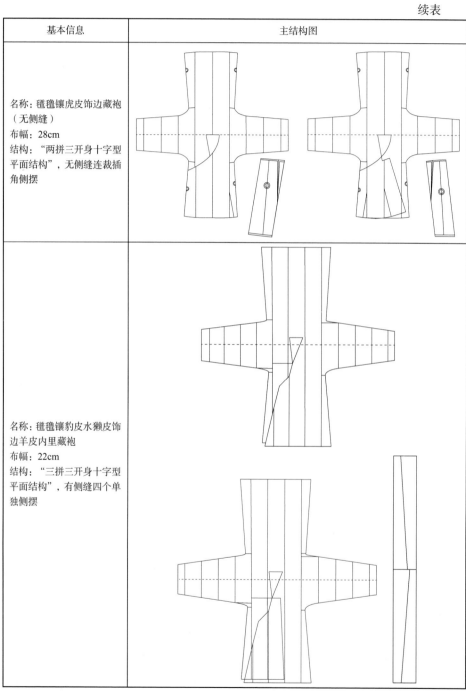
名称：氆氇镶豹皮水獭皮饰边羊皮内里藏袍 布幅：22cm 结构："三拼三开身十字型平面结构"，有侧缝四个单独侧摆	

五、本章小结

完整记录藏服艺人旦真甲师傅技艺的全过程有两个目的：一是考察古法技艺与样本比较有多少保留和继承；二是通过技艺本身的记录理解古法结构的真实性和藏族服饰结构谱系的完整性。无论是博物馆早期藏袍标本还是藏族艺人旦真甲师傅完整裁剪制作的藏袍范例，贴边都使用与本料相异的织锦面料，且并非现代用品或剩余材料，而是专门用于饰边和贴边的面料，改变了之前对博物馆标本贴边锦使用边角余料的认识，虽然纹样题材与标本不尽相同，但是"吉祥"的主题和善用蓝色织锦的传统在藏服艺人手中得到了继承。这种独特的贴边锦文化现象，传递着两个重要的信息：首先，蓝色保存了藏族人民原始宗教苯教尚蓝的"图腾"记忆，隐蔽使用是"伏藏"文化的反映。其次，贴边锦这种材质显然是藏汉文化融合的结果。在汉族服饰中织锦代表"花团锦簇"，寓意"宗族繁荣前程似锦"，因此一定是用之彰显，而藏族借此将其放在隐蔽的贴边部位，标本中显示为五福捧寿的吉祥图锦，旦真甲藏袍在吉祥主题中加入了藏传佛教的元素，这是藏汉文化融合赋予藏俗对美好愿景祈福的表达，它区别于汉人彰显教化的表达形式（汉服不用内贴边装饰），表现出中华服饰文化多元的一面，但藏族服饰从不缺少深刻性。

藏服艺人的技艺虽然沿袭了古法，使用了单位互补算法术规，但是局部性的，也并未理解古人这种术规的动机而变得程式化了，深隐式插角结构也难觅其踪。从传承的逻辑来看，这些并不重要，重要的是要看这种"局部性"和"程式化"是否来自它的传统，旦真甲藏袍技艺的实考为我们找到了这把钥匙，因此旦真甲"程式化"的结构可以回归到古法结构，同时这种程式化结构还承载着时代的印迹，而继续将藏族服饰结构谱系传递下去。从标本的材质信息分析，藏袍面料氆氇要早于织锦的输入，因此最早的古法裁剪与手工氆氇的窄幅特性有关，随着布幅发生改变，单位互补算法的古老术规也发生了改变。标本单位互补算法多种不同的情况都与充分利用布幅有关，形成了窄幅的"三拼三开身十字型平面结构"、中幅的"两拼三开身十字型平面结构"和各种单位互补算法产生的交窬式古法侧摆结构。当汉地宽幅织锦输入，宽幅的丝绸、棉麻贸易繁荣，也就相应出现了"独幅三开身十字型平面结构"。现代藏服艺人使用的包括氆氇在内大都是工业化面料，而藏袍的裁剪术规并没有发生根本改变，这也是现代保留的古法结构可以回归传统的重要实物证据。他只是习惯于一种传统技艺？还是已经领悟了单位互补算法中的交窬原理？从古法裁剪的继承程度上我们已经可以找到答案，且真甲师傅的技艺已经成为这种文化传统的自觉或仪式。因此将标本结构研究的成果和技艺传承人工作流程记录结合起来进行系统研究，才可能做出接近真实的判断。

第 七 章

基于 VR 技术和古法术规的虚拟藏袍实现

一、VR 技术实现藏族服饰古法术规的优势

随着市场经济的加速发展，地处偏远的少数民族生活、生产方式以及思想观念也发生了较大转变，传统服饰因其制作流程烦琐，人力、物力耗费严重，无法满足现代生活方式的需求，使人们对传统服饰的依赖性大大减弱，传统服饰文化的生存空间遭到严重压缩甚至是破坏。博物馆的古代纺织服饰品，由于其脆弱的有机质和专业人才的严重匮乏，其利用、教育功能和研究成果非常滞后。特别是被考古和文博界视为非主流的少数民族文化遗存，基本是依靠地方和民间兴趣研究者推动的，更不用说利用现代数字技术进行保护和传承。事实上，如何在大数据时代的今天利用先进技术保护和传承传统的服饰文化，是我们每一位民族服饰文化研究者需要思考和探索的问题。国家对于传统民族文化保护的力度逐年加大，服饰文化也是民族文化中最具显示度的，国内专家学者和社会人士也在积极行动，以著书立说、推进传承人制度、文物收藏等形式来传承民族服饰文化，再加上近年来新媒体技术的迅猛发展，为民族服饰文化的保护和利用拓展了新途径和新方法。虚拟现实（virtual reality，以下简称 VR）技术的横空出世为少数民族服饰文化保护和传承带来了新契机。

在这样的背景之下，如何做到对传统藏族服饰文化"扬弃继承、转化创新"，利用 VR 技术完成传统藏袍虚拟现实的实现，比其他民族服饰更有优势，原因有二：第一，藏族服饰文化历史没有断裂，且现实还在使用，这一点最为重要；第二，古法术规还在，其研究成果结合 VR 技术实现虚拟呈现，无论在学术或传承探索上都意义重大。探索 VR 技术与传统藏族服饰数字化开

发、促进两者相结合，并对其可行性、开发方式及实践操作的新思路进行尝试，这一方面验证了藏袍古法术规的真实性与可靠性，另一方面以期让传统的民族服饰文化拥有更多的传承载体、传播渠道和传习人群。

现如今，以数字技术、互联网技术、移动通信技术为代表的新媒体技术得到了广泛应用，传播途径也呈现出多样化的特点。随着媒体传播介质和传播形式的变化，传统服饰文化的传播方式也从博物馆的实物静态展览和纸质媒体报道的形式中跳脱出来，借助 VR 技术产生"从现实到虚拟再到现实"的三维虚拟展示方式，以及"传统服饰走进移动客户端"等新型服饰文化传播方式，使"死"的物质文化变为"活"的动态呈现。

实现路径以北京服装学院民族服饰博物馆藏传统藏族服装标本为对象，利用计算机技术对其进行全方位的数字化处理：首先收集标本的相关信息，记录下结构各部位的数据和结构特征复原，并对标本进行多角度拍摄；然后通过对相关信息的分析，利用服装 CAD 软件绘制相应的二维纸样；再对面料进行仿真处理，利用图像处理技术模拟藏族面料表面纹理特征，并通过参数设置实现如藏族的典型面料氆氇、金丝锦等面料的物理特征，包括硬挺度、悬垂性等；最后建立三维立体的藏族服装标本模型。借助 VR 技术实现对不同支系、不同类型、不同材质藏族服饰标本的三维虚拟仿真展示，为建立完整的中国传统藏族服装三维立体模型体系提供了范本和经验。

二、民族服饰数字化研究的现状和特征

（一）服装仿真技术商业化大于专业化

市场经济的网络贸易是必然的趋势，互联网+是它的基本特征。在学术上，三维虚拟技术成为热点，其目标主要是市场经济的应用研究，当它介入文化产品时也直接或间接与经济活动有关，特别是利用少数民族服饰文化发展旅游业。①这项研究的关注度很高，搜索关键词"少数民族服饰文化数字化"，可获得总文献 9464 篇，期刊类文献 2199 篇，其中 2011—2016 年期刊类文献共 1390

---

① "基于 VR 技术和古法术规的虚拟藏袍实现"研究与商业化的虚拟现实不同。VR 技术只是工具，核心是古法术规是否能够通过 VR 技术复活，因此藏袍标本结构的信息采集和复原就成为关键。由于博物馆文物不能采用破坏性手段采集信息，而艺人保存的古法技艺有限或真实性无法确定，故对古法术规的研究不能只停留在文献中，需要在现实中客观呈现，学术意义才会大于展示功能。

篇，总体占比 63.21%（数据来源于中国知网，2016 年 10 月 2 日）。从一个侧面反映出，近年来学术界对于少数民族服饰文化数字化研究力度大大增加。

研究问题也多跟经济有关，如关于增强民族服饰虚拟展示的真实性和服装仿真应用等方面的研究。目前服装文物仿真往往是不真实的，仿真实为感观真实，因为它们没有用专业手段和技术获取或无法获取（纺织文物的柔性和不可接触性）文物真实和系统的原始数据，而本研究在此方面必须有所突破。

1. 增强服装虚拟展示仿真的研究

有关服装虚拟展示真实性的研究是建立在对织物仿真研究基础之上的，主要有织物变形形态模拟、面料悬垂性、纹理仿真、服装模型建立、模型效果处理（渲染、烘培等）等方面，用在服装文物上必须是非破坏性接触，故本研究多用于现代产品。

技术路线是根据服装与人体的空间关系，在三维人体上采集服装特征点，按照一定排列规律建立点和面的索引，通过虚拟现实建模语言（VRML）生成初始的三维服装形态，这种技术能在反映织物真实感的同时，又能保证模型实时显示。2009 年，有研究者将人工生命思想引入服装纹理生成，论述了三维图形绘制、环境光源的实现、渲染等智能虚拟试衣模特仿真关键技术，同时设计实现了服装搭配合适度的智能评价系统，并开发了智能三维虚拟试衣模特仿真系统。[①]2012 年，出现了运用基于 Direct X 标准和 FFD 算法，提出三维服装虚拟变形方法，并设计了展示系统，实现了用户在虚拟场景中的体验与交互。2013 年，又出现了探讨基于 CLO 3D 建模、3DS MAX 烘培优化、VRP 编辑等关键技术，并以旗袍为例进行了辅助教学系统的设计和基于移动终端的展示系统的研究。2014 年，有研究者对基于"质点——弹簧网格"模型的面料仿真系统、重力、虚拟缝合力、穿着碰撞反作用力、空气动力模型、不同人体网格表面运动对面料网格推动力学模型等进行了研究，并实现了服装动态演示虚拟展示的开发。2015 年，出现了利用三维服装 CAD 系统 CLO 3D 模拟织物悬垂系数测量试验，测量模拟织物的悬垂系数和悬垂

---

① 王洪泊、黄翔、曾广平等：《智能三维虚拟试衣模特仿真系统设计》，《计算机应用研究》2009 年第 4 期，第 1405—1408 页。

波纹数，建立基于三维系统的织物属性参数的织物悬垂系数和悬垂波纹数的回归模型，最后利用该模型模拟实际织物的悬垂性能，提高织物的仿真效果。[①]2016 年，出现了织物质感仿真探索，利用 GPU 的并行计算能力，在光线跟踪的基础框架上，使用基于微圆柱体的表面模型来渲染布料，研发了一个实时的虚拟服装渲染系统，该系统模型通过分别建模不同方向纱线的双向反射分布函数（BSDF）以及布料纱线的编织模式，产生布料各向异性的光学特性。总之，仿真技术重点都在织物本身，物质文化如何真实地呈现就不那么简单了，若质地逼真而结构形制有误，其所有工作便没有意义。

国外情况是以德布朗（Desbrun）的"预测—校正"算法和康（Kang）的近似隐式积分法为先例。2009 年，沃利诺（P. Volino）提出了一种不需要显示存储的稀疏矩阵的快速织物仿真算法。西蒙·帕布斯特（Simon Pabst）等使用有限元方法，建立与力学参数之间的关系，精确再现织物复杂的力学行为，实现了在三维仿真中更准确地展现服装的大变形性和各向异性等特性。托马舍夫斯基（B. Thomaszewski）等在多核架构下，提出一种对织物模拟加速算法。同年，劳特巴赫（C. Lauterbach）等使用表面区域启发式算法，针对光线追踪应用，实现了快速光线追踪优化层次的构建，极大地降低了构建运算的时间。2016 年，马丁·克努特（Martin Knuth）等提出了一种三维服装实时形变的新方法，需先存储服装的表面变形数据，并建立一个纹理矩阵查找表，将给定的几何图形转换成一个变形的表面，这种方法能够直接处理内部复杂的拓扑结构的变化。以上研究的前提是必须从实物中获取原始数据信息，结构信息可以从裁剪师或裁片（3D 扫描）中获得，面料织物、图案可以通过非接触照相获得。但服装文物不可能提供裁片，故这种研究只能用于现代产品。事实上，国外的服饰虚拟仿真技术基本上还集中在织物的仿真和时空三维效果呈现上，不过影视服饰文化的 3D 技术很成熟，但又不符合博物馆的专业性。

2. 服装仿真技术应用的研究

服装仿真应用主要以三维设计软件、三维服装展示系统（如虚拟博物馆等）和 AR 虚拟试衣等形式存在。其相关研究主要有基于不同平台的系统功

---

① 王会威、张辉、郭瑞良：《基于三维服装 CAD 系统的织物悬垂性模拟研究》，《北京服装学院学报（自然科学版）》2015 年第 3 期，第 26—32 页。

能设计、系统模块分类、界面设计、场景设计和用户输入与输出对内容的可操作性、计算机反馈、交互方式等方面。

国内具有代表性，2008 年，有研究者将 Virtools 应用于三维服装展示的原理，并以服装款式的选择和三维试穿效果的展示为中心，设计了一款能够实现换装、更换背景、更换服装颜色、模特转动等功能的服装三维定制系统，其交互性体现在对系统功能的选择、人体模型的旋转，其交互方式为使用鼠标、键盘进行浏览。①同年，出现关于 Java 3D 技术构建虚拟随机场景的研究方法和包含前台浏览、后台管理的虚拟服装 Web 展示平台，交互性体现在用户注册、添加三维人体模型、服装模型以及面料数据的管理，交互方式为使用鼠标、键盘进行输入和浏览。2011—2015 年，该领域的研究者通过调查、挖掘、征集、研究和整合相关服饰文化资源建设了不同的虚拟服饰数字博物馆，更多的还是基于 Android 平台的虚拟试衣关键技术的研究，且设计了一款含注册登录、服装选择、头像移植、效果展示等模块的虚拟试衣应用。②

新的动向是原型系统，交互性体现在用户注册、登陆、用户输入、服装的选择等，交互方式为使用 Android 手机进行输入、输出和浏览。运用 Unity 3D 设计了一个 3D 舞蹈人物交互换装习题，交互性通过人物换装、服装购买、动态展示、我的衣橱等众多交互功能实现，交互方式为利用鼠标键盘进行 PC 端操作，或是使用手机、平板电脑等进行移动端操作。研究者基于 Kinect 技术设计并开发了一款虚拟试衣体感交互系统，并对体感交互用户界面的重要性做了简要论述，其交互性体现在系统功能的选择、服装的切换等，交互方式为手势识别。③基于 Unity 3D 系统，以汉代服饰为素材，研究者搭建了一个背景概括，由 39 款模型组成的全方位观赏平台。其交互性体现在能够对汉服模型进行旋转、缩放，观看相应背景介绍，能够切换角色、旋转角色，交互方式为使用鼠标、键盘进行浏览。民族服装的 3D 技术，为满族女子服

① 唐舟艾、张辉：《Virtools 在三维服装展示中的应用》，《纺织科技进展》2008 年第 6 期，第 89—91 页。

② 徐雪丽：《基于 Android 平台的虚拟试衣关键技术研究》，《西安文理学院学报（自然科学版）》2016 年第 2 期，第 47—51 页。

③ 姜延、马文轩、陈剑华等：《基于 Kinect 体感交互技术的 3D 服饰文化展示系统》，《纺织导报》2015 年第 3 期，第 74—76 页。

饰体感交互展示系统提供了技术支撑，基于 Unity 3D 平台和 Kinect 技术进行的设计系统，实现了虚拟人物的建立、虚拟场景的建立、界面设计以及体感交互漫游，交互性体现在虚拟服饰的浏览，交互方式为通过手势识别，与计算机进行互动来改变视角和画面，不过这些不是满族所特有的，也不具有族属性。这类研究会成为一个发展阶段，如通过使用 3DS MAX 和 Unity 3D 虚拟引擎开发了一个以体感交互为其使用方式的服装虚拟社区，交互性体现在服装虚拟社区漫游，交互方式为手势识别。这些研究多为商业化的现代产品，古代和民族服饰文化介入 3D 技术，虚拟展示远远大于学术研究，因为客观上不可能获得真实的古代样本，博物馆级的民族服饰也是如此。

国外第一个真正意义上的服装虚拟仿真技术应用始于 1990 年，是瑞士 MIRALAB 实验室的"Flash Back"虚拟服装项目，在此项目中，使用了简单圆锥曲面代表一条裙子，穿着在虚拟人物身上。之后，陆续产生了一些服装 3D 设计软件，其中比较具有代表性的是美国 CDI 公司推出的 3D-Fashion Design System 三维时装设计系统和日本京都府精华町的东洋纺（Toyobo）阪京研究所开发的 Dressing Sim LookStailor 数字时装软件。近年来，AR 虚拟试衣与换装系统的开发成为一大热门。2012 年，巴特·凯维勒姆（B. Kevelham）设计了一个通过评判服装物理模型选择尺码的虚拟试衣系统，并从性能角度测评虚拟试穿效果。同年，彭（J. Peng）等设计了一个无须人工干预的自动服装试穿系统，支持动态模拟。2013 年，中村瑞佐（Nakamura）等在 Kinect 技术与超高动力学传感技术的支持下对尺码估计方法进行研究，并建立了虚拟试衣间进行实验研究。2015 年，安德烈斯·卓曼（Andres Traumann）等提出了使用静态图像与微软 Kinect2 相机获得的深度信息进行虚拟换装的方法，首先根据所获得的 3D 信息将衣物的图像和纹理像素通过域坐标计算分割出来，再通过渲染改变服装颜色，而保持纹理图像不变。国外的学术研究几乎没有采用 VR 和 3D 技术来研究服装文物和民族服装，原因很简单，这需要文物政策和深厚的专业知识与技术支持。

目前，国内外对面料真实性模拟的相关研究已有很多，如姜延、刘正东、沃利诺（P. Volino）、托马斯泽夫斯基（B. Thomaszewski）、劳特巴赫（C. Lauterbach）等，他们利用不同算法对面料进行模拟和测试，都取得了一定成果。对服装三维设计软件（如 CLO 3D）、建模软件（如 3DS MAX）、虚拟引擎（如 Unity 3D）的面料参数、烘焙和渲染等方面的研究，增添了服装虚拟展示的真实性。

以 3D 技术为基础，展示系统设计的研究成果，相对于服装二维浏览，三维更具立体感和真实性。AR 是现实场景和虚拟场景的结合，所以基本都需要摄像头，在摄像头拍摄的画面基础上，结合虚拟画面进行展示和互动，其输入方式由鼠标键盘输入变为体感输入。虚拟服装展示系统开发所运用的关键技术都属于 AR 范畴。相较于 3D 展示，其输入方式即交互方式发生变化，使用户体验感提升。但无论是基于 3D 技术还是 AR 技术设计的服装展示系统都无法达到 VR 展示系统的超强沉浸性体验。关于 VR 技术对于服装设计、展示及发展的影响的理论和实践依然停留在三维展示的层面，并未满足 VR 展示的沉浸性体验要求。

综上所述，真正意义上的博物馆服饰文物和少数民族服饰的数字化开发与 VR 技术相结合的研究总体上滞后于产业开发，2016 被称为 VR 元年，商业化、市场化和产品化的趋势日益明显。近年来，公众对少数民族文化的保护意识大大提高，学术界有关少数民族传统文化的研究保护工作也早已陆续展开，并取得了一定成效。但实现中民族服饰文化数字化研究还需进一步专业化、标准化和科学化的提升，我们应把握好这一机遇，将之助力于传统服饰文化的保护与传承。

（二）从新媒体到 VR 技术的民族服饰数字化应用

新媒体对于少数民族服饰文化的传播发挥着特殊而重要的作用，电视和移动客户端是文化推广的主要平台。电视节目中具有代表性的有 2014 年播出的由中央电视台推出专门报道中国少数民族的专题类栏目《中华民族》，以及之后推出的以衣为线索贯穿始终的大型纪实纪录片《衣锦中国》，但这仍然没有摆脱传统的传播手段，滞后于数字技术的发展和公众体验式的文化需求。随着新媒体技术的发展，开发基于移动终端的民族服饰应用是民族文化传播方式的一大改变，最具有代表性的是于 2015 年 9 月 28 日上线的故宫出品系列 App 第 7 部作品——《清代皇帝服饰》，该款 App 精选故宫博物院藏清代冠服、佩饰、宫廷绘画等多个门类的代表藏品，基于对服饰、器物、武备等文物的学术研究成果，展现清代皇家满汉融合的服饰制度，让观众得以零距离欣赏传统织绣工艺的巅峰之作，但于服饰的专业化 3D 呈现而言仍没有突破，因为它没有获取权威性的结构数据和只有服饰才有的动态柔性数据。

在这样一个传统民族服饰文化遗产保护极受关注和数字技术空前发展的大背景下，VR 的出现与迅猛发展为藏族服饰文化的保护与传承带来了新契机，这是传统文化与科技相融合的有益尝试。国内外目前针对 VR 与少数民族服饰数字化开发两者结合的研究很少，关键在于缺乏标本专业的原始数据整理和结构图复原参数系统，研究成果多集中在增强服装虚拟展示真实性和仿真应用的研究上。藏族服饰结构谱系的整理和系统研究正是动态柔性标本数据采集与结构图复原参数系统，为 VR 技术的专业呈现提供了可能，旨在利用 VR 技术探索藏族服饰文化学术和文献的数字化体验形式，这对于其他民族服饰和博物馆服装标本的专业性数字化研究具有指标性的意义。

（三）CLO 3D 建模的专业工具

实现 VR 技术的专业呈现，必须要有专业工具。CLO 3D 是美国 CLO Virtual Fashion 公司研发的一款专业三维服装设计软件，其主要面向群体是服装设计生产研发的高端用户，在服装三维设计软件行业中具有较高的知名度和使用率，但还没有导入民族服饰文化研究的成果。

CLO 3D 具有较强的技术优势，它可以导入导出国际通用的.dxf 服装结构板型文件，并兼容市面上主流服装 CAD 软件生成的技术文件，可以实现二维纸样到三维效果的准确转化。同时，与传统三维效果图建模工具对数据不可视的情况不同，CLO 3D 提供了保证服装裁片技术尺寸的精准性，甚至是零误差还原的平台，在理论层面，保证了所生成的三维模型与实物标本完全一致，这也是选择其作为还原古典藏族服饰结构模型的专业工具的原因。

对于传统服饰的结构复原，虽然理论上并不存在技术壁垒，但在以往的实践中，多受制于技术框架的不健全，最终无法地道地还原出传统服饰的完整形态。本书在经过大量的实物标本研究所获得的基础数据支持下，完成传统服饰结构二维至三维的转化，不但为传统服饰文化保护传承提供了新的可能，更是对现有技术框架下拓宽应用方向的一次全新尝试。

三、利用 VR 技术对藏族服饰专业化呈现的技术路线

藏族服饰标本古法术规的解读和结构图复原成果是 VR 技术介入的关键

专家知识，尝试利用 VR 技术的方法使其数字化构建和虚拟 3D 呈现成为可能。虽然它是虚拟的，但它严格按照古法术规实现，所以它有学术和文献价值。技术路线：①对服饰标本的结构图、数据以及面料的质地、颜色、图案和一些工艺细节等信息进行采集、记录和整理；②根据真实复原的结构图，结合面料的特性，利用 CAD 软件进行样板的简化调整，以达到与 VR 技术接口要求；③利用实物照片和 Photoshop（以下简称 PS）软件进行面料的仿真处理；④对样片进行虚拟缝合，在 CLO 3D 系统中进行试衣效果展示；⑤利用 3DS MAX 对藏袍的细节进行优化，使其更接近于实物；⑥导入 Unity 3D 系统进行展示。

以 VR 技术为核心，集成运用计算机三维图形图像处理技术、传感技术等现代科技手段，结合传统文化保护、人机交互、图形学与可视化等领域相关知识，进行藏族服装的数字化开发研究，还需要利用专家知识对技术路线进行优化。

第一，制作藏族标本模型。首先进行藏族标本数据采集，利用富怡 CAD 制作服装样板，导出 DXF 文件，再利用 PS 进行面料绘制，然后导入 CLO 3D 中进行缝合，并调节面料参数。

第二，效果渲染。利用 3DS MAX 对服装模型进行渲染并进行细节处理，同时调节模型面数以及面料属性。

第三，将 CLO 3D 中的服装模型导入 Unity 3D 中。为提高文物"复活"的体验，设计一种具有交互功能的展示系统是必要的选择（图 7-1）。

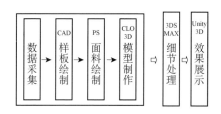

图 7-1 技术路线优化流程图

四、利用 VR 技术和古法术规虚拟藏袍实现的实例

通过对北京服装学院民族服饰博物馆藏藏族服饰标本进行系统的信息采

集、测绘和结构图复原工作，获取可靠的一手资料，为后续藏族服装标本三维模型的建立提供重要的数据支撑。对每一件标本的面料、里料、饰边、贴边的纹样形制和结构进行整理，通过对标本各个部分的结构图、排料图、纹样、面料和工艺进行全息数据的采集、记录、复原和分析，为之后利用软件进行的数字化处理提供充足、真实的基础数据资料。为了还原藏袍的整体面貌，选择藏族服饰结构谱系中最具代表性的丝质藏袍、氆氇藏袍和皮袍三种不同质地的藏袍标本，提供这个谱系中具有标志性的 VR 技术成果，从而为建立藏族服饰结构谱系的 VR 系统提供范示。

（一）丝质藏袍标本的 VR 技术实现

1. 数据采集

蓝色几何纹团花绸藏袍为清末传世品，收集于青海藏族聚集区，从面料、工艺上判断属于贵族上层人士所有。由于传世品和年代久远标本的品相欠佳，多处有污迹和破损，利用现代技术手段对其进行数字化处理还原出其原貌，是对文物"修旧如旧"缺陷的重要补充，也是提升文物保护和教育功能的有效手段。标本为外丝绸内棉布衬里双层面料，在藏族服饰结构谱系中为典型的"独幅三开身十字型平面结构"，其数据测量与结构图复原的信息采集已在《藏族服饰研究》[①]中悉数收录。本研究具有探索性，暂且不考虑里料结构和模型的建立，仅以面料的结构图复原及其原始数据为基础，不会影响其VR技术的实现(图7-2)。

图 7-2　蓝色几何纹团花绸藏袍标本和基础数据

---

①《藏族服饰研究》为笔者带领的中华民族服饰文化结构研究团队的重要成果，并获 2017 年国家出版基金资助，专著分上、下卷，上卷为《藏族服饰结构研究》，其中系统收录了丝织藏袍标本结构图和原始数据采集信息，加入 VR 技术是本书的跟进研究。

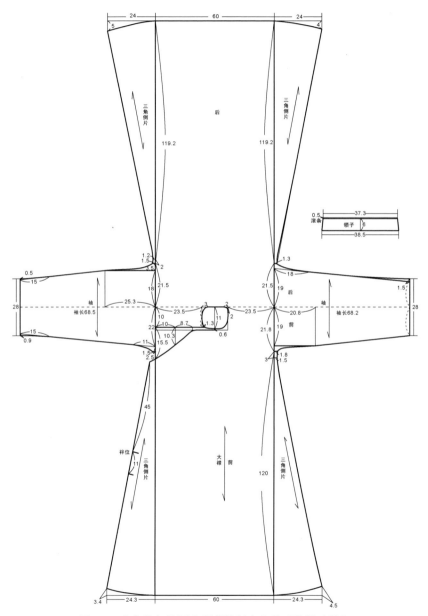

图 7-2 蓝色几何纹团花绸藏袍标本和基础数据（续）

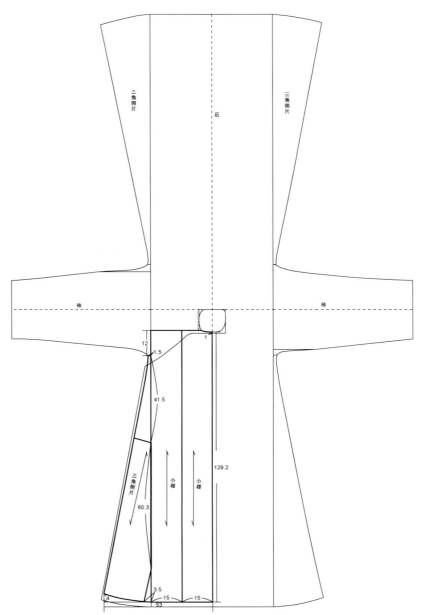

图 7-2　蓝色几何纹团花绸藏袍标本和基础数据（续）

2. 样板绘制

影响服装虚拟形态的因素除剪切力、悬垂性等面料属性之外，还有服装结构，尤其是位于肩背部等转折曲面的结构线。为了更真实地还原藏袍样本的穿着效果，将结构复原图及其参数导入 CAD 软件进行处理，建立样板数字信息，然后再导入 CLO 3D 软件中（图 7-3）。

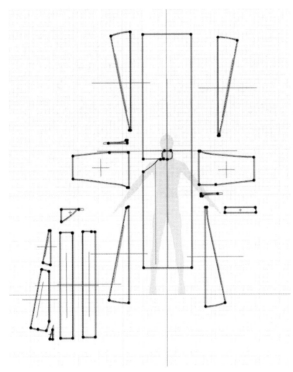

图 7-3　CAD 样板数字信息导入 CLO 3D 软件中

3. 面料图案的修复

面料图案的仿真是影响服装虚拟可视化效果的主要因素。虚拟面料制作方案主要有图片和 PS 绘制两种方式。在此研究中，藏袍面料图案为蓝几何纹为底上覆团花纹样。藏袍表面损伤严重，为将其原貌呈现出来，将两种虚拟面料制作方式相结合，首先对藏袍面料图案信息进行数据采集，再使用 PS 软件截取几何底纹中一组可循环的图案单元和团花纹样，最后根据实物制成完整底纹图案，并按实物比例排列团花纹样，最终还原真实良好的面料效果（图 7-4）。

图 7-4　面料图案的虚拟仿真效果（左为标本面料，右为虚拟面料）

4. 虚拟缝合

为使标本模型能够更好地在不同平台下进行实时展示，通常将一组模型按照不同材质分为不同模块，并尽可能将可以合并的模型进行合成，且整体面数不能超过 20000 个三角面。例如，N-show 智能 3D 体感试衣平台，其要求的模型面数通常为 2000—10000，贴图多为 1024×1024dpi，同时，为了保证文物"活化"体验的流畅性，模型大小需在 2M 以下。在保证服装模型真实性的前提下，尽量减少样片数量，并对服装虚拟面料进行尺寸压缩，使其达到平台使用要求。

在 CLO 3D 中，设置虚拟人物模型尺寸，将样片按照图 7-5 的方式排列，并进行缝合。样片在人体上的排列和虚拟缝合的过程如图 7-6 所示。虚拟缝合完成图如图 7-7 所示。由此可见，商品化 3D 扫描实物所获得的数据与这种由专家知识所得到的数据，就专业性而言是完全不能相比的，这也是 VR 成果商业化和专业化的根本区别。

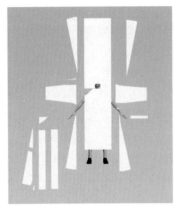
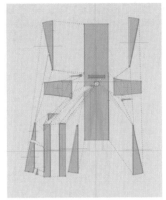

板片排列　　　　　　　　　　　创建关联

图 7-5　创建样片间的关联

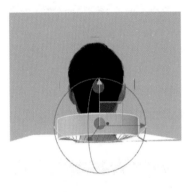

领片的排列与缝合　　　　　　　前片的排列与缝合

侧片的排列与缝合　　　　　　　后片的排列与缝合

图 7-6　样片在人体上的排列和虚拟缝合

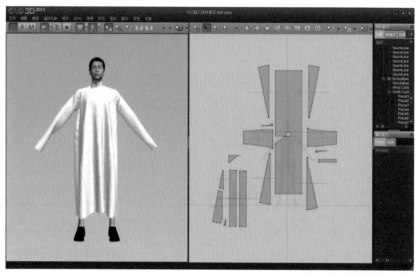

图 7-7 虚拟缝合

5. 面料填充

虚拟缝合后，将第三步修复好的面料填充到 CLO 3D 中（图 7-8）；填充完成效果如图 7-9 所示；依据实物样本面料的物理性能设置面料参数，使其接近真实的面料效果（图 7-10）。

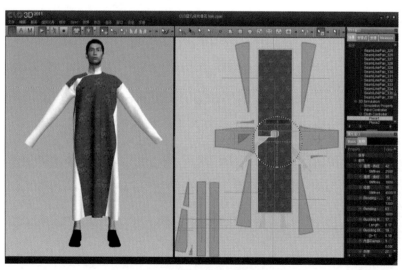

图 7-8 导入修复面料并进行填充

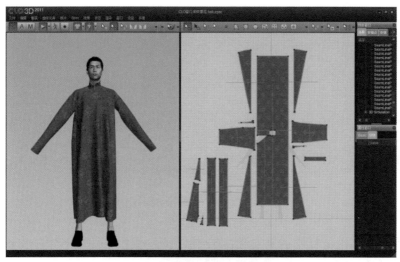

图 7-9　修复面料填充完成的效果

图 7-10　调节修复面料参数提高真实性

6. 虚拟试穿

面料填充和面料设置完成后，最后就可以进行虚拟试穿了，除了正面、侧面、背面的展示外，里襟部分还可以掀开来展示，甚至可以清晰地看到藏袍古法结构的细节，以 VR 技术展现藏族服饰结构谱系中"独幅三开身十字平面结构"的立体效果（图 7-11）。

前　　　　　　　右 3/4 侧　　　　　　左 3/4 侧　　　　　　　后

图 7-11　CLO 3D 虚拟展示主要视度效果

为了提高虚拟标本的真实性，将包括缝边、纽扣等细节部分在 3DS MAX 中进行处理（图 7-12）。

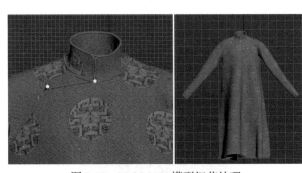

图 7-12　3DS MAX 模型细节处理

（二）氆氇藏袍标本的 VR 技术实现

由于氆氇藏袍标本的虚拟三维模型的建立过程与丝质藏袍相同，这里不再一一赘述，通过数字图形操作系统展示这个过程。不同的是，氆氇面料相对丝质面料布幅窄，而构成"两拼三开身十字型平面结构"参数，质地相对于丝质面料更加厚实和硬挺，所以要利用该标本所采集的结构参数，在设置面料参数时也需要将氆氇、饰边材质等物理因素考虑进去（图 7-13—图 7-23）。

图 7-13　氆氇藏袍标本和基础数据

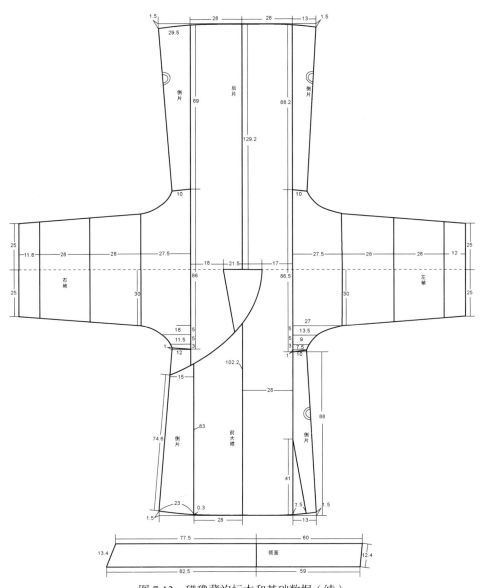

图 7-13 氆氇藏袍标本和基础数据（续）

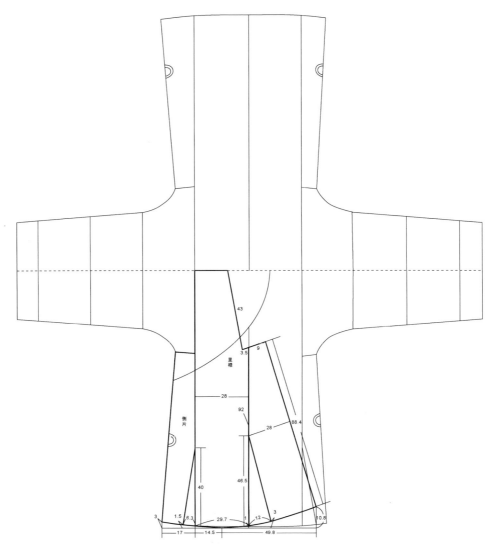

图 7-13　氆氇藏袍标本和基础数据（续）

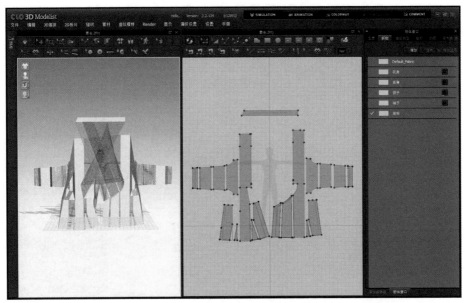

图 7-14 CAD 样板数字信息导入 CLO 3D 软件中

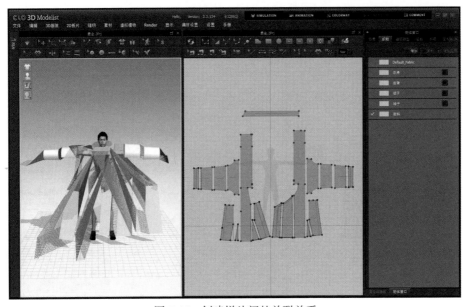

图 7-15 创建样片间的关联关系

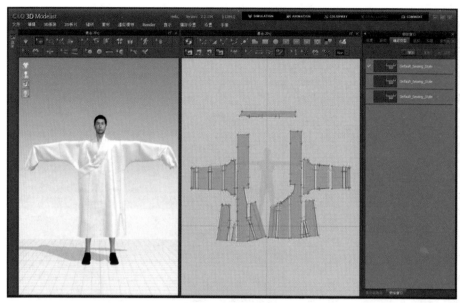

图 7-16　虚拟缝合

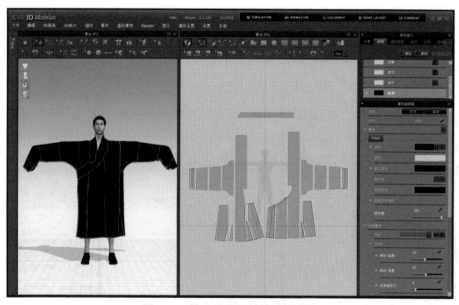

图 7-17　导入氆氇面料并进行填充

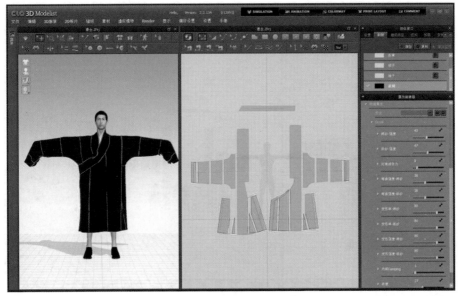

图 7-18　调节氆氇面料参数

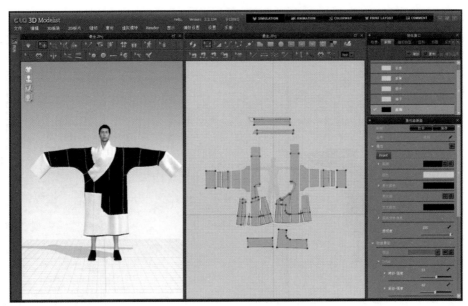

图 7-19　添加饰边样片并虚拟缝合

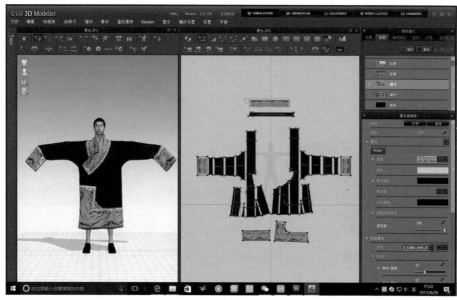

图 7-20　导入饰边信息并附着

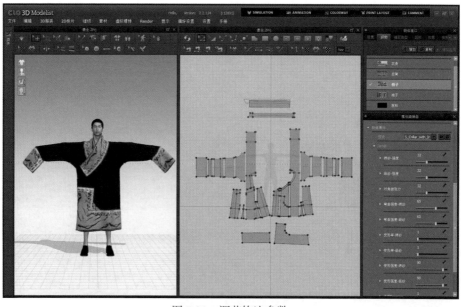

图 7-21　调节饰边参数

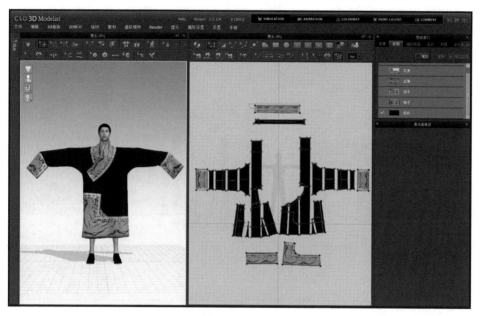

虚拟展示（正面）

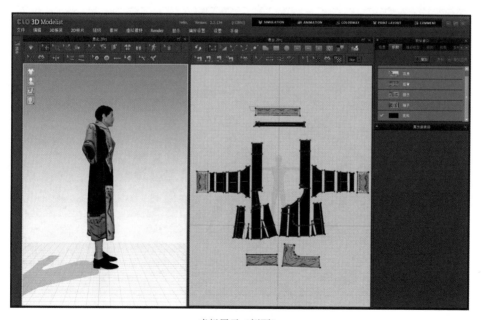

虚拟展示（侧面）

图 7-22　氆氇藏袍虚拟展示

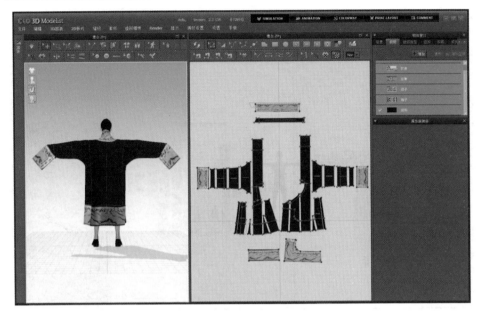

虚拟展示（背面）

虚拟展示（里襟）

图 7-22 氆氇藏袍虚拟展示（续）

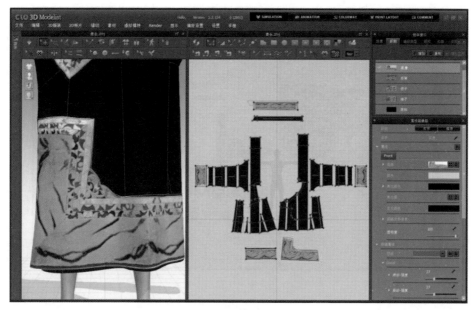

下摆细节

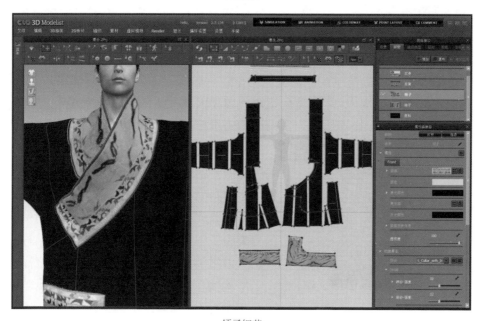

领子细节

图 7-23　毲氇藏袍细节展示

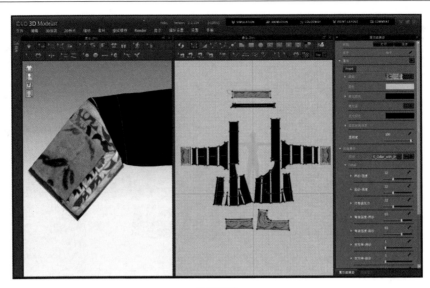

袖子细节

图 7-23 氆氇藏袍细节展示（续）

（三）藏制皮袍标本的 VR 技术实现

藏制皮袍标本 VR 技术的实现与氆氇藏袍相同，但包括丝质藏袍在内，它们的结构都有所差异，依据窄中宽布幅，形成三拼、两拼和独幅的"三开身十字型平面结构"，兽皮没有布幅问题，因此藏族人会依据独幅三开身结构去拼接，这个标本就具有典型性。这种复杂的结构简单的做法（也是通常的商业做法）就是目前 3D 试衣的"换头术"，这样只要在第一个完成的丝质藏袍上修改就可以实现"无限繁殖"，但也就失去了学术意义和文献价值，因为结构传递着重要的历史和人文信息，因此标本结构的信息采集对于 VR 技术实现专业化文物复活是不可或缺的（图 7-24—图 7-35）。

图 7-24 藏制皮袍标本和基础数据

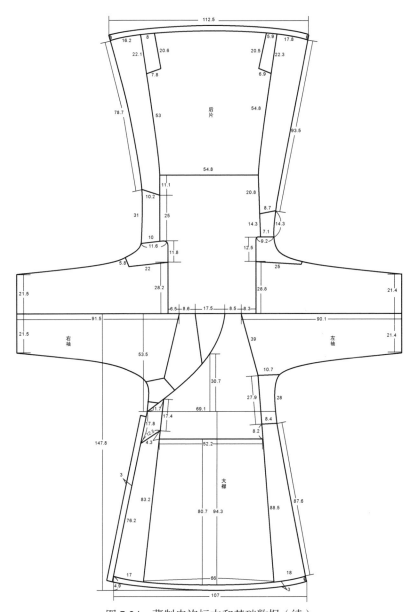

图 7-24　藏制皮袍标本和基础数据（续）

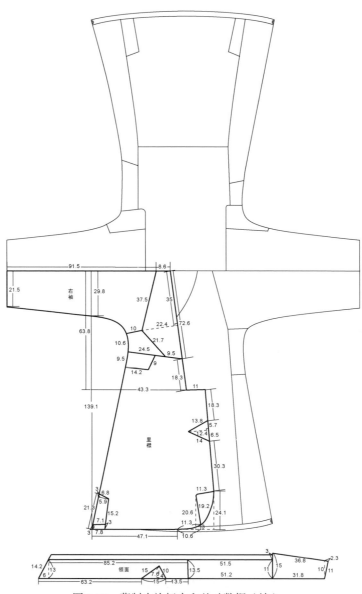

图 7-24　藏制皮袍标本和基础数据（续）

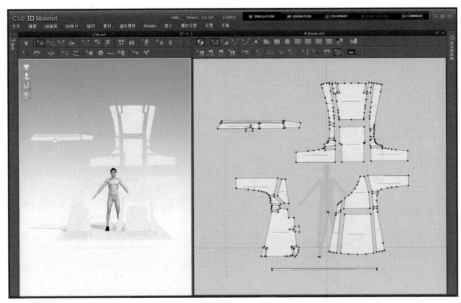

图 7-25　CAD 样板数字信息导入 CLO 3D 软件中

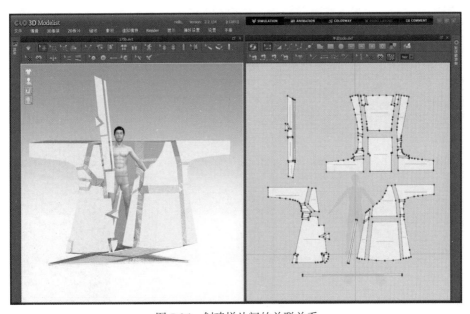

图 7-26　创建样片间的关联关系

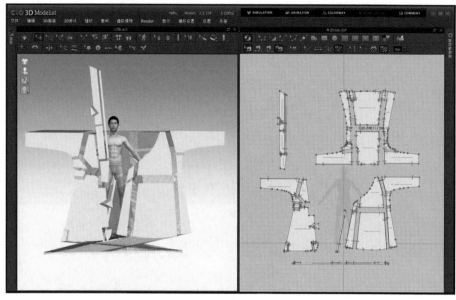

图 7-27　虚拟缝合

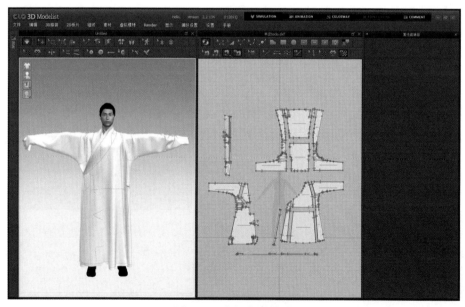

图 7-28　虚拟缝合结果

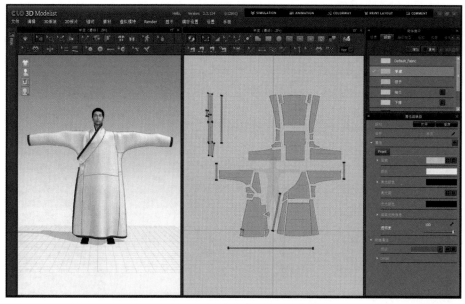

图 7-29　导入羊皮面料并进行填充

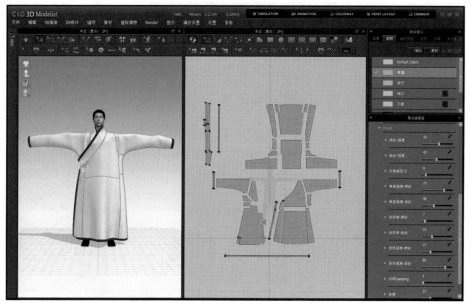

图 7-30　调节羊皮面料参数

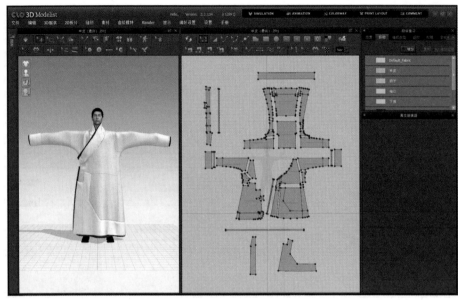

图 7-31 添加饰边样片并虚拟缝合

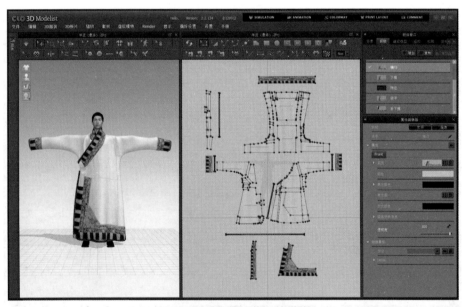

图 7-32 导入饰边信息并附着

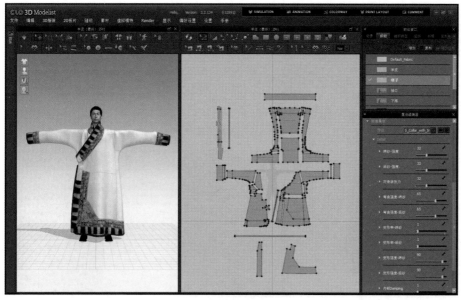

图 7-33　调节饰边参数

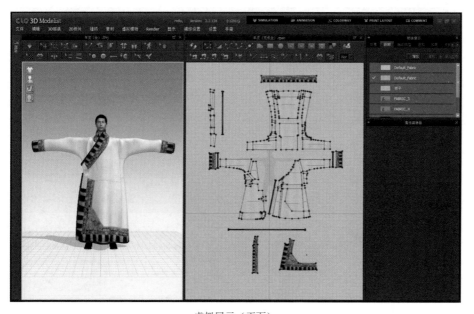

虚拟展示（正面）

图 7-34　藏制皮袍虚拟展示

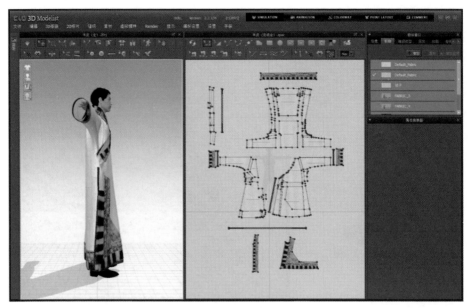

虚拟展示（侧面）

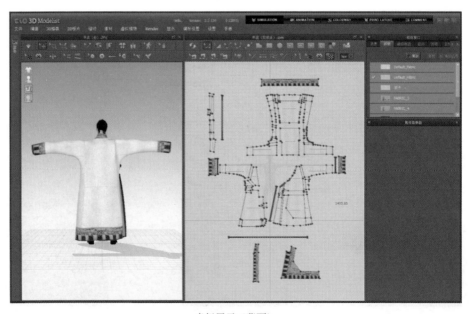

虚拟展示（背面）

图 7-34　藏制皮袍虚拟展示（续）

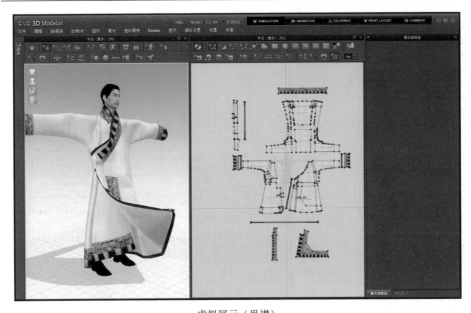

虚拟展示（里襟）

图 7-34 藏制皮袍虚拟展示（续）

下摆细节

图 7-35 藏制皮袍细节展示

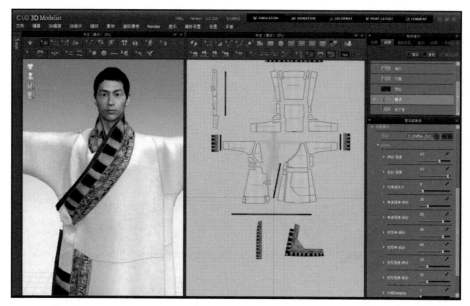

领子细节

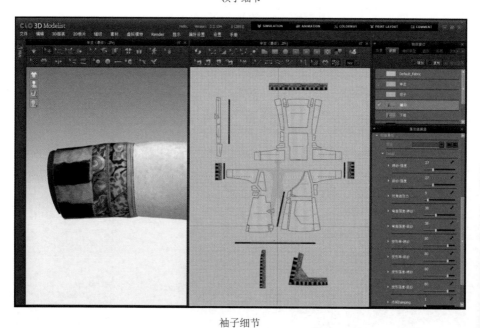

袖子细节

图 7-35 藏制皮袍细节展示（续）

五、虚拟展示

依据三个标本实现的 VR 技术模型可以整体导入 Unity 3D，进行藏族标本展示系统的搭建，包括系统功能、UI 设计、场景设计、交互设计等，最终通过 HTC vive、Oculus 等头盔显示器进行观赏。为增强系统的趣味性和展示、传播效果，可将系统设计融入虚拟现场参与概念，如换装、命令跳舞、仪式等（图 7-36、图 7-37）。这些具有展示和交互功能的设计可以应用于博物馆等文博单位，使观众可以身临其境地观察、体验到文物的存在感，甚至可以与藏品产生互动，这是服饰文物比其他文物更具优势和特色的地方，当然也带有娱乐性，这正是商家看中的，重要的是它也具有学习和研究功能，因为它所传递的信息是真实可靠的，否则保护、传承和教育功能会大打折扣，甚至产生负面作用。

图 7-36　虚拟体验展示　　　　　　　图 7-37　虚拟现场展示

六、本章小结

我们将具有代表性的藏族服饰标本，进行系统的信息采集、测绘和结构图复原，整理出藏族服饰结构谱系，当然可以用这些数据、方法复制出多件，但没有办法将它们"复活"，或者没有办法将学术成果更快、更真实、更广泛地惠及人民大众。否则就不会出现影视作品中物质文化缺少考据的现象，我们经常会在一些影视剧中看到僧侣们手持转经筒的画面，而这在主流的藏文化中是不可能出现的，因为转经筒是信众的念经器①，不是僧侣法器，更不用说他们的藏袍是不是"三开身十字型平面结构"了（汉、藏袍在外观上根本无法区别，但结构上有很大不同）。我们的成果试图借助现代数字技术将古代服饰标本复活，起到对古法技艺保护和传承的作用，惠及大众甚至专业领域，在藏袍中做了首次尝试。包含古老技艺的藏族服饰标本，由于年代久远甚至很多已成为文物级藏品而无法进行拆解直接得到结构样板，且织物的柔性不同于刚性材质文物易于进行三维立体扫描获得图像和结构数据信息，故对服装文物（柔性文物）只能通过测绘在保证标本不受破坏的情况下进行数据采集和结构复原，这样才能通过模拟缝合真正建立起仿真的三维立体模型。以此种方法应用于博物馆珍贵的古老服饰藏品，既不会对服饰本身造成损害，又达到了保护传承和教育的目的，可广泛应用于博物馆纺织文物教育或者研究机构。这种基于 VR 技术的古法术规虚拟藏袍实现成为了藏族服饰结构谱系被活化的重要成果。

---

① 转经筒，是一种念经器，过去信众文化程度较低，不识字，无法念经，就发明了不需要识经的念经方法，将六字真言经文卷成卷装入经筒匣，外系重锤可转，佛教顺时针转一圈视为念一遍经，苯教则相反。

第 八 章
结 论

藏族服饰在演变过程中没有发生历史断裂且信息保持纯粹而完整，是普遍承载着古老信息和传统生活方式的服饰文化形态，这在世界现代文明社会的古文化类型保护上也是不多见的。

由于相关文献史料的匮乏，实证与文献研究相结合而重实证成为本书研究的主要方法，其中标本研究和实地调查是本书学术突破的关键所在，对藏族服饰实物标本进行系统的信息采集、测绘和结构图复原，获得了前所未有的一手材料，为发现和建立藏族服饰术规和结构谱系提供了重要的实物证据，成为中华民族多元一体文化特质的藏族服饰范示。

一、汉服术规礼教和藏服术规宗教的中华结构谱系

通过对藏服标本结构进行系统研究结合古文献的考证发现，它们都遵循着古老的术规，表现出中华服饰"十字型平面结构"系统多元一体的面貌，但追求的目标各不相同，汉服术规追求"礼教"，藏服术规追求"宗教"。

汉地历代古籍经典中，有关《深衣考》等服装术规都是归在礼部，即"术规"属于"服制"的范畴，越遵循古法越符合礼制。对藏族服饰术规的研究和结构的考证（考物、考献）表明，其古法背后充满了宗教色彩。但无论是

汉服还是藏服的术规，它们都源于某种古老的"图术"①。图术是舆图绘制之术，也就是地图绘制法度，《史记·夏本纪》载，夏朝开国之君禹利用"准绳"和"规矩"作为"图术"的必备工具，车舆成为地图的标志。伴随着历代《舆服志》的编修，"准绳"和"规矩"也同样成为服饰的"术规"，故《礼记·深衣》中对深衣有这样的描述："古者深衣，盖有制度，以应规、矩、绳、权、衡。袂圜以应规；曲袷如矩以应方；负绳及踝以应直；下齐如权衡以应平。故规者，行举手以为容；负绳抱方者，以直其政，方其义也。下齐如权衡者，以安志而平心也。五法已施，故圣人服之。故规矩取其无私，绳取其直，权衡取其平，故先王贵之。"②"负绳及踝以应直"就是衣裳的前后中缝，《深衣》注云："谓裻与后幅相当之缝也……衣与裳正中之缝相接也。""裻"发音为"督"，"古多假督为裻"（朱骏声《说文通训定声》）。"古"是指先秦，北大藏秦简《制衣》就有多处"督"的记述，如"督（裻）长二尺四寸""督长二尺"都是指中缝长（衣长）。督或许就是绳的源头，它延续到今天为两幅拼接的中缝，"准绳"便成为汉统礼教的制度。

藏服虽有独幅、两拼和三拼，但不变的"三开身"以应"规矩"；不追求"中缝"，但不变的"十字型平面结构"以应"准绳"；深隐式插角由于功能性的设计，使下齐始终保持水平以应"权衡"。这样一种集"规矩""准绳""权衡"规制于一身的藏袍，并不是基于"礼教"的考虑，或许是借这种术规来表达藏传佛教（或苯教）仪规。现代藏袍中"权衡"已不再有，但是"规矩"和"准绳"得到了延续，是因为"亦俗亦教"的文化特质还在延续，这种"宗教"的规制束约一定会决定藏服形态的存亡，也成为藏袍一直得以延续到今天的决定性因素，甚至在藏族服饰结构谱系中能够对应整个中华服饰结构谱系的轨迹，这一点可以体现它在整个中华民族服饰结构谱系中所具有的特殊地位（表8-1）。

---

① 图术原指地图制绘之术，夏朝开国之君禹所绘铸的《九鼎之图》，在《史记·夏本纪》载，禹在位时曾"行山表木，定高山大川"，"陆行乘车，水行乘船，泥行乘橇，山行乘檋。左准绳，右规矩，以开九州，通九道，破九泽，度九山"。"准绳"和"规矩"便成为古人"图术"的必备工具，车舆便成为地图的标志，就有了西汉的《舆地图》、明代的《广舆图》、清康熙的《皇舆全览图》。伴随它的是历代的《舆服制》，"准绳"和"规矩"也成为了"服制"和"术规"。

② ［清］阮元校刻：《十三经注疏》，中华书局2009年版，第3611—3612页。

表 8-1 藏族服饰结构在中华服饰结构谱系中的特殊性

中国古代服饰结构	藏族服饰结构（近现代）

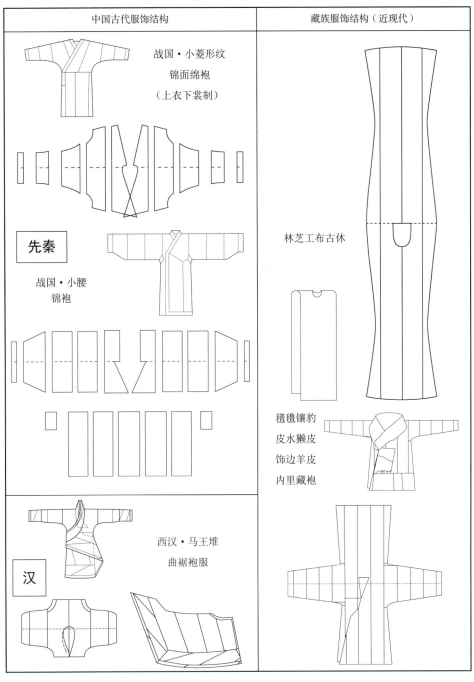

战国·小菱形纹
锦面绵袍
（上衣下裳制）

先秦

战国·小腰
锦袍

林芝工布古休

西汉·马王堆
曲裾袍服

汉

氆氇镶豹
皮水獭皮
饰边羊皮
内里藏袍

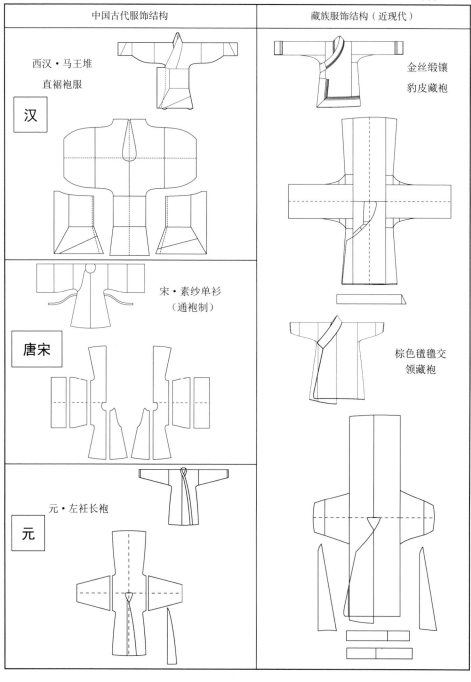

续表

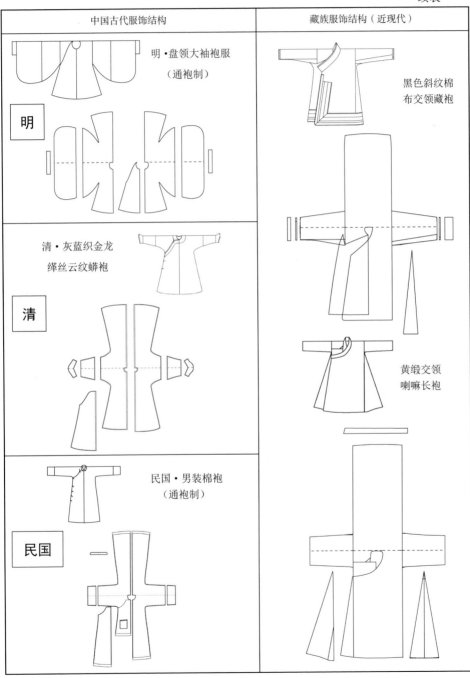

| 中国古代服饰结构 | 藏族服饰结构（近现代） |

　　如果说术规是藏服结构的表现形态，那么图符就是藏袍贴边锦的表现形态，这种独特的文化现象，却是深刻地受汉礼制文化影响的结果，本意为汉俗用"花团锦簇"之意表"宗族繁荣"之愿，到了藏袍中却放在隐蔽的贴边位置，对于笃信藏传佛教的藏族群众而言，"锦章隐示"的内心祈愿表达比汉族更为强烈。

二、深隐式插角结构和单位互补算法的节俭定制

　　通过对藏族服饰标本进行结构和布幅复原实验研究，发现了藏袍结构普遍存在的单位互补算法和深隐式插角结构，且具有中华已失传的先秦交裞和小腰深衣结构的遗风，它的发现确立了藏族服饰结构谱系在中华传统服饰结构谱系中的重要地位，所建立的藏族服饰结构谱系与数据信息具有补遗中华民族服饰结构谱系的文献价值，并成为诠释中华服饰"十字型平面结构"系统多元一体的标志性范本。

　　藏袍的单位互补算法是秦简古文献记录交裞古老术规的再现，由于传统汉服交裞结构早已失传，它的发现具有重要的学术价值和史学意义。藏袍结构单位互补算法共有四种形制，主要是受面料布幅宽度所制约。无侧缝和双侧缝的单位互补算法都是出现在窄幅氆氇藏袍中，表现为交裞式的切角结构，这几乎是秦简《制衣》记载"裚绔长短存人，子长二尺、广二尺五寸而三分，交裞之，令上为下＝为上，羊枳毋长数，人子五寸，其一居前坐，一居后右"①的重现。单侧缝单位互补算法出现在宽幅织锦藏袍中，将连裁侧片居侧中，分裁侧片居两侧在一个完整布幅下实现单位互补算法，含有深隐式插角结构的单位互补算法也出现在棉麻之类宽幅面料的藏袍中，它们与古文献记载的交裞、交输、交解、交裂算法如出一辙。这种古老单位互补算法术规的行使一定与布幅的宽窄有关，也就是以整幅用尽的节俭定制为原则，这似乎在执行上古的金布律，布幅用尽早已成为"律令"，便创造了可以零消耗的交裞算法。而令人无法理解的是藏族并没有这种"律令"，却成为了自觉，因此单位互补算法在整个藏服结构谱系中并不孤立，包括工布古休、不同材料的藏服结构

---

① 刘丽：《北大藏秦简〈制衣〉释文注释》，《北京大学学报（哲学社会科学版）》2017年第5期，第61页。

中，甚至藏靴都普遍运用这种古老方法。更值得研究的是，在我国西南少数民族中，可确认的传统服饰结构里，这种古法也并不少见。

现代藏袍中几乎没有人能够完全按照古法术规去裁剪了，从业 20 多年、经验丰富的旦真甲师傅也仅剩部分方法的继承，无论布幅宽度如何变化，只保留一种被程式化的单位互补算法。故对藏袍古法术规和结构谱系的研究整理，会为尚存的程式化技艺和物质形态找到它的源头和动机，也可以作为鉴别藏服结构是否为古法的重要依据。

三、"人以物为尺度"的节俭美学

藏文化强调对传统的坚守和对造物的敬畏，这源自亦俗亦教的文化特质，从藏袍标本结构中所承载的"人以物为尺度"敬物尚俭的朴素美学中得到深刻的诠释。藏袍结构几乎没有对称的设计，这与其说是不甚讲究，不如说是对物的敬畏，即追求人对物的适应，宁愿牺牲美观也不过度裁剪破坏面料的完整性，能整用不裁剪，保持物的原生态意味着善用它们，因此单位互补算法成为藏袍结构零消耗最有效的手段，比传统汉袍结构表现得更加节俭自然。这种具有原始宗教色彩的"人以物为尺度"思想和道家"天人合一"的交窬算法不谋而合。但这不意味着他们没有审美意识，例如，无论是标本结构还是现实技艺，无论是两拼三拼，还是独幅，都不会违背表里、前后对尊卑的阐释，且最终亦归入"三开身十字型平面结构"系统，这在整个藏族服饰结构谱系中贯彻始终，就像中华服饰结构谱系将"十字型平面结构"贯彻始终一样。

无论是藏袍的侧片、袖片，还是与侧片连体的深隐式插角，它们在单位互补算法的术规之下，实现完整布幅内多个衣片的裁剪，最大化地使用面料，几乎达到零消耗，也就不可能得到形式的对称性。以"物尽其用"为最终目的，这既是一种智慧的表达，更是藏族原始宗教苯教"万物有灵观"的体现，一种对自然对物的敬畏。所以以节俭动机创造了藏袍的古老术规，以尽量不破坏和不浪费为原则，呈现布幅决定结构的中华系统，完美诠释了藏族服饰文化"人以物为尺度"的造物观，这为理解、认识俭以养德的中华传统服饰结构谱系，呈现了一个多元的藏族经典范本。

四、余论

事实上，整理藏族服饰结构谱系是极其困难的，甚至无法有结论，不用说文献的考证没有任何线索，就是有也多在汉地。无论是何种古代物象的结构都充满着专业性和技术性，且必须有标本在手才能去深入地研究它。它与技艺不完全一样，除了技术还有制度问题，服装结构更是如此，因此传统"服制"就是礼制，也就被归于礼部典籍中。这就说明要研究结构，就必须挖掘其背后的制度因素，否则就没有意义，而藏服结构背后又充溢着制度的宗教性，就更加难以涉深，关键还是缺少文献可考。这里还是要提到民族学家费孝通先生提出的中华民族多元一体文化特质"有史无据"的问题。就服饰而言，结构问题又是绕不开的，本研究虽然取得了一些成果，但远远不够，本书的研究线索和路径还值得深入地做下去。

首先，采集的标本有限。为了让结论更具普遍价值和可靠性，后续研究还需要扩充典型藏族服饰标本实物的考证，特别是博物馆级的古代标本，使研究涵盖更为古老的历史阶段，至少可以追索到唐代的标本。关于贴边锦纹章规制研究也缺少更多的标本证据，五福捧寿和长寿纹虽然同时出现在三个不同的标本中，但也只限于在康巴藏区，是否具有一定的区域性特征？或者在其他藏族聚集区也具有典型性？有待进一步的考证和发现。

其次，藏袍结构中的单位互补算法和古籍中的交裔、交输、交解、交裂，深隐式插角结构与先秦深衣的小腰，它们之间是什么关系在本书中并没有得到解决。但它们具有重要的学术和史学价值，有待立专题研究，其中的关键就是对西藏古代服饰标本基于结构研究的系统整理。

最后，关于藏族服饰传承人非物质技艺研究亦存在很大问题。本书能够得到旦真甲师傅的支持纯属偶然，他是否掌握古法技艺？是否善于交流？是否能理解我们的研究而奉献出尽可能多的技艺？这些都没有任何把握。当然，结果证明，这些疑虑都一一被旦真甲粉碎了，我们也结下了深厚的友谊，这件事情本身也抒写了一个藏汉民族融合的生动故事。然而多达八次的藏地调查和藏考研究，对藏族传统技艺的现状普查并不乐观。我们发现没有断裂的藏文化历史是把双刃剑，一方面它在传承着，另一方面也在加速消亡，且越发达的藏族聚集区消亡得越迅速；一方面旅游业发展会加速它的传播，另一方面加速传播会使技艺变成一个空壳。因此，在调查所接触到的传统藏服店商品中很难寻觅到单位互补算法的传统裁法，深隐式插角结构也全无踪迹，技艺人也全然不知，就像旦真甲师傅 20 多年来"交裔"一样的程式化技艺，问及叫什么，也只有一句"老辈子传下来的"。由此可见，没有文献可考是疏于对文献的建构，一方面有藏地的条件、习惯、历史问题，另一方面需要更多如费孝通先生一样的学者来共同完善大中华多元一体的学术生态。

参 考 文 献

安灵芝：《华锐藏族服饰文化研究——以天祝藏区为例》，中央民族大学硕士学位论文，2011 年。

安旭、李泳编著：《西藏藏族服饰》，五洲传播出版社 2001 年版。

安旭：《藏族服饰的形成和特点》，《民族研究》1980 年第 4 期，第 57—63 页。

安旭：《藏族服饰文化》，《西藏艺术研究》1995 年第 3 期，第 42—43 页。

安旭编著：《藏族美术史研究》，上海人民美术出版社 1988 年版。

安旭主编：《藏族服饰艺术》，南开大学出版社 1988 年版。

巴·旦嘉桑波：《苯教源流·弘扬明灯》，卡纳尔·格桑嘉措译，青海民族出版社 2016 年版。

《巴蜀大文化画库》编辑部：《中国·四川·甘孜藏族服饰奇观》，四川人民出版社 1995 年版。

巴桑罗布编著：《藏族装饰图案裁剪艺术》，西藏人民出版社 2010 年版。

白靖毅、徐晓彤：《裳舞之南：云南（迪庆）藏族舞蹈与服饰文化研究》，中国纺织出版社 2015
年版。

[汉] 班固撰：《汉书补注》，[清] 王先谦补注，上海师范大学古籍整理研究所整理，上海古籍
出版社 2008 年版。

[汉] 班固撰：《汉书今注 4》，王继如主编，凤凰出版社 2013 年版。

包铭新等主编：《中国北方古代少数民族服饰研究 4、5 吐蕃卷、党项卷、女真卷》，东华大学
出版社 2013 年版。

北京大学出土文献研究所：《北京大学藏秦简牍概述》，《文物》2012 年第 6 期，第 65—73 页。

北京大学出土文献研究所：《北京大学藏秦简牍室内发掘清理简报》，《文物》2012 年第 6 期，
第 32—44 页。

才让：《吐蕃史稿》，人民出版社 2010 年版。

才让卓玛：《藏族服饰数据库系统的设计》，《自动化与仪器仪表》2016 年第 2 期，第 131—
135 页。

蔡巴·贡噶多吉：《红史》，东嘎·洛桑赤列校注，陈庆英、周润年译，中国国际广播出版社
2016 年版。

曹新渝：《四川尔苏藏族传统服饰文化研究》，西南大学硕士学位论文，2012 年。

察仓·尕藏才旦编著：《西藏本教》，西藏人民出版社 2006 年版。

陈立明、曹晓燕：《西藏民俗文化》，中国藏学出版社 2010 年版。

陈亮、赵曙光、张丽娟等：《虚拟三维服装展示的发展历史与研究热点》，《纺织学报》2011 年
　　第 10 期，第 153—160 页。

陈向明：《质的研究方法与社会科学研究》，教育科学出版社 2000 年版。

陈永龄主编：《民族词典》，上海辞书出版社 1987 年版。

迟晓琳：《3D 舞蹈人物交互换装系统的设计与实现》，北京工业大学硕士学位论文，2014 年。

达仓宗巴·班觉桑布：《汉藏史集——贤者喜乐赡部洲明鉴》，陈庆英译，西藏人民出版社 1999
　　年版。

[清]戴震撰：《戴震全书（二）》，张岱年主编，黄山书社 1994 年版。

丹珠昂奔等主编：《藏族大辞典》，甘肃人民出版社 2003 年版。

邓玲：《从文献统计分析看藏学研究现状——也谈藏学文献在期刊中的分布》，《西藏民族学院
　　学报（哲学社会科学版）》1994 年第 2 期，第 81—85 页。

段梅：《民族文化宫博物馆馆藏民族服饰释略》，见杨源、何星亮主编《民族服饰与文化遗产
　　研究：中国民族学学会 2004 年年会论文集》，云南大学出版社 2000 年版，第 207—218 页。

[清]段玉裁注：《说文解字注》，上海古籍出版社 1988 年版。

多尔吉：《嘉戎藏族服饰文化调查》，《中国藏学》1993 年第 2 期，第 83—90 页。

多吉·彭措：《康巴藏族服饰》，《中国西部》2000 年第 4 期，第 110—117 页。

费孝通主编：《中华民族多元一体格局》，中央民族大学出版社 1999 年版。

[意]弗朗切斯科·塞弗热：《意大利藏学研究的历史与现状》，班玛更珠译，邓锐龄校，《中国
　　藏学》2012 年第 2 期，第 233—238 页。

甘措：《湟水流域藏族服饰及其演变》，《青海民族研究》1999 年第 1 期，第 109—111 页。

高亦兰编：《梁思成学术思想研究论文集》，中国建筑工业出版社 1996 年版。

耿淑艳：《甘南古洮州地区藏族妇女服饰文化初探》，《西北史地》1997 年第 2 期，第 79—
　　82 页。

耿英春：《论青海绒哇藏族人生仪礼中的服饰文化》，《青海师范大学民族师范学院学报》2011
　　年第 1 期，第 12—15 页。

耿英春：《青海安多藏族服饰民俗文化功能刍议》，《青海民族研究》2012 年第 3 期，第 160—
　　163 页。

耿英春：《青海安多藏族兽皮边饰变迁述论》，《青海民族研究》2011 年第 1 期，第 160—
　　163 页。

耿英春：《青海绒哇藏族传统服饰变迁的民俗学解读》，《青海师范大学学报（哲学社会科学版）》
　　2011 年第 1 期，第 69—72 页。

耿英春：《试论青海藏族服饰中的心意民俗》，《青海社会科学》2014 年第 2 期，第 188—192 页。

郭凤鸣：《秩序中的生长：少数民族习惯法的教育人类学解读》，四川大学出版社 2011 年版。

郭亮：《实时虚拟服装渲染系统》，浙江大学硕士学位论文，2016 年。

国务院人口普查办公室、国家统计局人口和就业统计司编：《中国 2010 年人口普查资料》上
　　册，中国统计出版社 2012 年版。

韩晓成：《卓尼白马藏族妇女服饰文化研究》，西北民族大学硕士学位论文，2013 年。

贺晓亚：《对青海省果洛州达日县藏族服饰的调查报告》，东北师范大学硕士学位论文，2011 年。

红音：《美国纽约及附近地区博物馆馆藏藏族艺术品介绍贰》，《西南民族大学学报（人文社会科学版）》2009 年第 4 期，封 2、封 3。

胡化凯、吉晓华：《道教宇宙演化观与大爆炸宇宙论之比较》，《广西民族大学学报（自然科学版）》2008 年第 2 期，第 11—16 页。

胡婧：《基于虚拟现实技术的三维旗袍辅助教学系统的设计与实现》，北京工业大学硕士学位论文，2013 年。

胡启银：《吐蕃时期汉传佛教在藏地的传播和影响》，《西安文理学院学报（社会科学版）》2010 年第 1 期，第 13—14 页。

胡迎建主编：《鄱阳湖历代诗词集注评 下》，江西人民出版社 2005 年版。

湖北省荆州地区博物馆：《江陵马山一号楚墓》，文物出版社 1985 年版。

华世铣：《钱大昕的考据方法简论》，《云南民族学院学报（哲学社会科学版）》1991 年第 1 期，第 85—91 页。

黄能福、陈娟娟、黄钢编著：《服饰中华——中华服饰七千年》，清华大学出版社 2013 年版，第 80 页。

黄能馥、陈娟娟编著：《中国服装史》第 2 版，上海人民出版社 2014 年版。

[清] 黄宗羲撰：《深衣考》，中华书局 1991 年版。

嘉益·切排：《藏传佛教各教派称谓考》，《内蒙古社会科学》2003 年第 3 期，第 62—64 页。

贾玺增、李当岐：《江陵马山一号楚墓出土上下连属式袍服研究》，《装饰》2011 年第 3 期，第 77—81 页。

[清] 江永撰：《深衣考误》，中华书局 1991 年版。

姜延、马文轩、陈剑华等：《基于 Kinect 体感交互技术的 3D 服饰文化展示系统》，《纺织导报》2015 年第 3 期，第 74—76 页。

交巴草：《迭部藏族女性服饰研究》，中央民族大学硕士学位论文，2015 年。

救助儿童会西藏项目编：《藏族缝纫技术实用手册》，民族出版社 2008 年版。

[春秋] 孔子：《尚书》，慕平译，中华书局 2009 年版。

拉毛才让：《藏族僧服文化研究》，中央民族大学硕士学位论文，2013 年。

李春生主编：《雪域彩虹·藏族服饰》，重庆出版社 2007 年版。

李春雨主编：《藏羌文化与民俗》，西南交通大学出版社 2014 年版。

李均明：《秦汉简牍文书分类辑解》，文物出版社 2009 年版。

李平：《三维服装数字化技术的运用与前景》，《艺术科技》2015 年第 10 期，第 109 页。

李绍明：《费孝通论藏彝走廊》，《西藏民族学院学报（哲学社会科学版）》2006 年第 1 期，第 1 页。

李翔：《五彩风马旗·风中的祈祷——浅析藏族风马旗的文化内涵》，《魅力中国》2010 年第 12 期，第 189 页。

李玉琴：《藏传佛教僧伽服饰释义》，《西藏研究》2008 年第 1 期，第 86—95 页。

李玉琴：《藏族服饰的美学分析》，《西藏大学学报（社会科学版）》2009 年第 2 期，第 46—53 页。

李玉琴：《藏族服饰吉祥文化特征刍论》，《四川师范大学学报（社会科学版）》2007 年第 2 期，第 49—54 页。

李玉琴：《藏族服饰区划新探》，《民族研究》2007 年第 1 期，第 21—30 页。

李玉琴：《藏族服饰文化研究》，人民出版社 2010 年版。

李玉琴：《沟通人神：藏族服饰的象征意义》，《西藏大学学报（社会科学版）》2010 年第 2 期，第 86—91 页。

李玉琴：《试论四川藏族服饰文化的多元特征》，《康定民族师范高等专科学校学报》2009 年第 5 期，第 13—16 页。

励轩：《美国藏学的历史、现状和未来》，《西北民族研究》2016 年第 2 期，第 24—38 页。

廖东凡：《藏地风俗》，中国藏学出版社 2014 年版。

廖东凡：《西藏何时有了氆氇》，《西藏民俗》2003 年第 4 期，第 26—29 页。

林梅村：《丝绸之路考古十五讲》，北京大学出版社 2006 年版。

[西汉]刘安等：《淮南子》，岳麓书社 2015 年版。

刘丽：《北大藏秦简〈制衣〉释文注释》，《北京大学学报（哲学社会科学版）》2017 年第 5 期，第 57—62 页。

刘瑞璞、陈静洁、何鑫：《中华民族服饰结构图考 汉族编、少数民族编》，中国纺织出版社 2013 年版。

刘瑞璞、邵新艳、马玲等：《古典华服结构研究——清末民初典型袍服结构考据》，光明日报出版社 2009 年版。

刘睿平：《藏族服饰研究——在现代服饰理念下对藏族服饰文化的系统研究与借鉴》，天津工业大学硕士学位论文，2001 年。

刘小婧：《广西少数民族服饰文化的保护和传承》，《西部皮革》2016 年第 12 期，第 140 页。

[后晋]刘昫，[宋]欧阳修撰修：《两唐书吐蕃传译注》，罗广武译注，中国藏学出版社 2014 年版。

刘钊：《三维服装虚拟变形及展示技术研究》，北京服装学院硕士学位论文，2012 年。

陇南市文学艺术界联合会编：《中国白马人》，甘肃人民美术出版社 2013 年版。

鲁艳：《藏族服饰文化变迁的研究：以西藏帕尔村为例》，见民族文化宫博物馆编《中国民族文博（第三辑）》，辽宁民族出版社 2010 年版，第 364—369 页。

[英]罗伯特·比尔：《藏传佛教象征符号与器物图解》，向红笳译，中国藏学出版社 2014 年版。

吕佳佳：《基于质点——弹簧模型的服装建模及服装多样性研究》，西南交通大学硕士学位论文，2014 年。

马程婉：《数字化在壮族特色服装中的技术应用》，《西部皮革》2015 年第 21 期，第 38—40 页。

马仁源：《基于 UNITY3D 平台的中国汉代服装展示设计与实现》，北京工业大学硕士学位论文，2015 年。

茆丽丽：《实时虚拟服装渲染系统》，北京服装学院硕士学位论文，2008 年。

[瑞]米歇尔·泰勒：《发现西藏》，耿升译，中国藏学出版社 2005 年版。

民族形象服饰资料编绘小组：《兄弟民族形象服饰资料·藏族》，四川工艺美术研究所 1976 年版。

潘慧玲主编：《教育研究的取径：概念与应用》，华东师范大学出版社 2005 年版。

潘志庚、吕培、徐明亮等：《低维人体运动数据驱动的角色动画生成方法综述》，《计算机辅助设计与图形学学报》2013 年第 12 期，第 1775—1784 页。

潘志庚、马小虎、石教英：《虚拟环境中多细节层次模型自动生成算法》，《软件学报》1996 年第 9 期，第 526—531 页。

彭浩：《楚人的纺织与服饰》，湖北教育出版社 1996 年版。

彭浩：《打开丝绸历史的宝库（之二）江陵马山一号楚墓发掘小记》，《丝绸》1992 年第 7 期，第 50—51 页。

彭浩、张玲：《北京大学藏秦代简牍〈制衣〉的"裙"与"袴"》，《文物》2016 年第 9 期，第 73—87 页。

齐志家：《江陵马山一号楚墓袍服浅析》，《武汉纺织大学学报》2012 年第 1 期，第 22—25 页。

齐志家：《深衣之"衽"的考辨与问题》，《南京艺术学院学报》2011 年第 5 期，第 56—59 页。

祁春英：《中国少数民族服饰文化艺术研究》，民族出版社 2012 年版。

恰白·次旦平措、诺章·吴坚、平措次仁：《西藏简明通史》，五洲传播出版社 2012 年版。

强桑：《藏族服饰艺术》，西藏人民出版社 2009 年版。

秦永章：《当代日本的藏学研究机构及出版物》，《西藏大学学报（社会科学版）》2005 年第 4 期，第 50—58 页。

曲径：《雅砻江源头的太阳部落——石渠》，《中国西部》2002 年第 2 期，第 14—15 页。

群沛诺尔布、向红笳：《西藏的民俗文化（长篇连载）》，《西藏民俗》1994 年第 2 期，第 50 页。

人民美术出版社、香港三联书店：《西藏自治区文学艺术界联合会. 西藏》，人民美术出版社 1982 年版。

[清]阮元校刻：《十三经注疏》，中华书局 2009 年版，第 3611—3612 页。

桑吉才让：《形成舟曲藏族服饰独特的结构式样的历史渊源及其艺术特点》，见雷晓明主编《新世纪的彩霞——首届中国少数民族服饰文化学术研讨会论文集》，红旗出版社 2003 年版。

申鸿：《川西嘉绒藏族服饰审美与历史文化研究》，四川大学硕士学位论文，2006 年。

沈从文编著：《中国古代服饰研究》，商务印书馆 2011 年版。

石硕、罗宏：《高原丝路：吐蕃"重汉缯"之俗与丝绸使用》，《民族研究》2015 年第 1 期，第 94—96 页。

时兰兰：《藏传佛教与汉传佛教的异同及在中国的传播》，《丝绸之路》2012 年第 6 期，第 66—68 页。

睡虎地秦墓竹简整理小组编：《睡虎地秦墓竹简》，文物出版社 1990 年版。

四川大学历史系编：《中国西南的古代交通与文化》，四川大学出版社 1994 年版。

四川大学中国藏学研究所编：《藏学学刊 第 3 辑 吐蕃与丝绸之路研究专辑》，四川大学出版社 2007 年版。

宋鹏、徐国凯、杜海英等：《少数民族服装的数字化技术应用》，《大连民族学院学报》2013 年第 1 期，第 87—89、96 页。

[明]宋应星：《天工开物译注》，潘吉星译注，上海古籍出版社 2008 年版，第 115—116 页。

苏晋仁、萧鍊子校证：《〈册府元龟〉吐蕃史料校证》，四川民族出版社 1981 年版。

孙彦：《小腰考》，《考古》2009 年第 4 期，第 58—60 页。

索南坚赞：《西藏王统记》，刘立千译注，民族出版社 2000 年版。

索珍：《德国主要涉藏研究机构和研究人员现状分析》，《中国藏学》2008 年第 2 期，第 83—93 页。

唐舟艾、张辉：《Virtools 在三维服装展示中的应用》，《纺织科技进展》2008 年第 6 期，第 89—91 页。

陶敏主编：《中国古典文献学》，岳麓书社 2014 年版。

铁木尔·达瓦买提主编：《中国少数民族文化大辞典 西南地区卷》，民族出版社 1998 年版。

铁木尔·达瓦买提主编：《中国少数民族文化大辞典 中南、东南地区卷》，民族出版社 1999 年版。

仝涛：《西藏阿里象雄都城"穹窿银城"附近发现汉晋丝绸》，《中国文物报》2011 年 9 月 23 日。

佟宁宁：《满族女子服饰体感交互展示系统设计及传播研究》，哈尔滨工业大学硕士学位论文，2015 年。

童恩正、冷健：《西藏昌都卡若新石器时代遗址的发掘及其相关问题》，《民族研究》1983 年第 1 期，第 54—58、63 页。

王洪泊、黄翔、曾广平等：《智能三维虚拟试衣模特仿真系统设计》，《计算机应用研究》2009 年第 4 期，第 1405—1408 页。

王会威、张辉、郭瑞良：《基于三维服装 CAD 系统的织物悬垂性模拟研究》，《北京服装学院学报（自然科学版）》2015 年第 3 期，第 26—32 页。

王丽珉：《藏族典型服饰结构研究》，北京服装学院硕士学位论文，2013 年。

王萌：《藏族服饰文化中名词的翻译策略研究——以〈西藏民俗文化〉翻译为例》，沈阳师范大学硕士学位论文，2014 年。

王勉之、多尔吉：《嘉绒藏族服饰》，中国藏学出版社 2015 年版。

王雪菲：《当下社会藏族服饰文化态势研究》，大连工业大学硕士学位论文，2012 年。

王尧、陈钱：《吐蕃简牍综录》，文物出版社 1985 年版。

王媛：《卓尼县觉乃藏女性服饰研究》，北京服装学院硕士学位论文，2013 年。

王湛、张辉、赵玉玲：《三维服装 CAD 中建模与展示技术》，《纺织学报》2008 年第 4 期，第 91—94 页。

魏静：《连肩袖裆布的构成与应用》，《上海纺织科技》2005 年第 9 期，第 33—35 页。

魏新春：《藏族服饰文化中的宗教意蕴》，见雷晓明主编《新世纪的彩霞——首届中国少数民族服饰文化学术研讨会论文集》，红旗出版社 2003 年版。

吴慧：《新编简明中国度量衡通史》，中国计量出版社 2006 年版。

吴珏：《藏族传统服饰图案在现代休闲男装设计中的应用研究》，安徽大学硕士学位论文，2013 年。

伍金加参：《初探普兰妇女传统服饰的起源》，见平指旺堆主编《首届象雄文化学术研讨会论文集》，民族出版社 2016 年版，第 177—186 页。

伍金加参：《试探阿里噶尔本时期普兰女性传统服饰文化的研究》2019 年第 4 期，第 71 页。

伍梦尧：《端看清帝"时装秀"》，《纺织科学研究》2016 年第 1 期，第 108—109 页。

《西藏研究》编辑部编辑：《明实录藏族史料》，西藏人民出版社 1982 年版。

《西藏研究》编辑部编辑：《清实录藏族史料》，西藏人民出版社 1982 年版。

《西藏研究》编辑部编辑：《〈西藏志〉〈卫藏通志〉合刊》，西藏人民出版社 1982 年版。

西藏社会历史调查资料丛刊编辑组，《中国少数民族社会历史调查资料丛刊》修订编辑委员会编：《藏族社会历史调查》，民族出版社 2009 年版。

西藏社会历史调查资料丛刊编辑组，《中国少数民族社会历史调查资料丛刊》修订编辑委员会编：《青海省藏族蒙古族社会历史调查》，民族出版社 2009 版。

西藏社会历史调查资料丛刊编辑组，《中国少数民族社会历史调查资料丛刊》修订编辑委员会编：《四川木里藏族自治县藏族纳西族社会历史调查》，民族出版社 2009 年版。

西藏社会历史调查资料丛刊编辑组，《中国少数民族社会历史调查资料丛刊》修订编辑委员会编：《四川省阿坝州藏族社会历史调查》，民族出版社 2009 年版。

西藏社会历史调查资料丛刊编辑组，《中国少数民族社会历史调查资料丛刊》修订编辑委员会编：《四川省甘孜州藏族社会历史调查》，民族出版社 2009 年版。

夏吾才让、关却杰：《藏传佛教唐卡艺术绘画技法》，青海人民出版社 2016 年版。

夏征农、陈至立编著：《大辞海·民族卷》，上海辞书出版社 2012 年版。

谢松龄：《天人象：阴阳五行学说史导论》，山东文艺出版社 1989 年版。

新疆文物考古研究所、吐鲁番博物馆：《新疆鄯善县苏贝希遗址及墓地》，《考古》2002 年第 6 期，第 42—57 页。

新疆文献资料辑要编委会：《钦定黄舆西域图志·皇清职贡图图集》，新疆美术摄影出版社 2014 年版。

邢莉：《中国少数民族服饰》，五洲传播出版社 2008 年版。

熊文彬译：《西藏艺术：1981—1997 年 ORIENTATIONS 文萃》，文物出版社 2012 年版。

徐雪丽：《基于 Android 平台的虚拟试衣关键技术研究》，《西安文理学院学报（自然科学版）》2016 年第 2 期，第 47—51 页。

[汉]许慎撰：《说文解字》，[宋]徐铉校定，中华书局 2014 年版。

严佳灵：《藏地唐卡人物服饰文化探析》，福建师范大学硕士学位论文，2014 年。

杨博：《再析西藏五色文化》，见中国流行色协会《2020 中国色彩学术论文集》，2020 年 6 月。

杨福泉：《纳西族与藏族历史关系研究》，民族出版社 2005 年版。

杨清凡：《藏族服饰史》，青海人民出版社 2003 年版。

姚兆麟：《藏族文化研究的新贡献：评〈藏族服饰艺术〉兼述工布"古休"的渊源》，《西藏研究》1990 年第 2 期，第 144—150 页。

姚兆麟：《工布及工布文化考述》，《民族研究》1998 年第 3 期，第 45—50 页。

阴法鲁、许树安主编：《中国古代文化史 1》，北京大学出版社 1989 年版。

余永红：《白马藏族服饰图案的形式特征及文化含义》，《吉林艺术学院学报》2011 年第 2 期，第 25—28 页。

余永红：《白马藏族沙尕帽的民族特色和文化功能》，《吉林艺术学院学报》2014 年第 1 期，第 51—54 页。

余永红:《百褶衣形式的演变与白马藏族社会经济的发展》,《兰州文理学院学报(社会科学版)》2015 年第 3 期,第 25—29 页。

余永红:《川甘交界地带白马藏族与藏、羌民族服饰比较研究》,《民族论坛(学术版)》2011 年第 10 期,第 68—72 页。

余永红:《陇南白马藏族服饰文化述论》,《甘肃高师学报》2011 年第 3 期,第 82—86 页。

余永红:《论白马藏族服饰图案的文化意蕴》,《民族论坛》2011 年第 12 期,第 30—31 页。

余永红:《文化生态视域中陇南白马藏族服饰文化的传承与保护问题》,《教育文化论坛》2011 年第 2 期,第 56—61 页。

苑利、顾军:《非物质文化遗产学》,高等教育出版社 2009 版。

张昌富:《嘉绒藏族的服饰艺术》,《西藏艺术研究》1998 年第 4 期,第 67—71 页。

张会巍、李启正、徐石勇:《基于 CiteSpaceIII 的我国服装数字化技术文献知识图谱》,《浙江理工大学学报(社会科学版)》2016 年第 4 期,第 354—360 页。

张晶暄:《藏族服饰元素在当代服装设计原理中的应用》,苏州大学硕士学位论文,2012 年。

张俏梅:《文化与生活的表征·艺术与美的展示——现代甘、青等地藏族服饰研究》,西北民族大学硕士学位论文,2005 年。

张天锁编著:《西藏古代科技简史》,大象出版社 1999 年版。

张鹰主编:《服装佩饰》,重庆出版社 2001 年版,第 16、75、135 页。

张鹰主编:《西藏服饰》,上海人民出版社 2009 年版。

张鹰主编:《西藏民间艺术丛书:服装佩饰》,重庆出版社 2001 年版。

张映全:《甘肃文县白马藏族考》,甘肃民族出版社 2009 年版。

张云:《丝路文化·吐蕃卷》,浙江人民出版社 1995 年版。

张云:《象雄王国都城穹窿银城今地考——兼论象雄文明兴衰的根本原因》,《中国藏学》2016 年第 2 期,第 9 页。

赵宏春、周波、宋虎韬等:《西藏藏族服饰标准化研究思考》,《标准科学》2016 年第 4 期,第 43—46 页。

赵沁平、郝爱民、王莉莉等:《实时三维图形平台 BH GRAPH》,《计算机研究与发展》2006 年第 9 期,第 1491—1497 页。

赵沁平:《"虚拟现实+"技术的几个发展阶段》,《中国信息化周报》,2016 年 5 月 16 日。

赵沁平:《"VR+"推动行业升级换代》,《数码影像时代》2016 年第 10 期,第 68—71 页。

赵沁平:《虚拟现实综述》,《中国科学:信息科学》2009 年第 1 期,第 2—46 页。

赵嵘璋:《安多藏族的服饰习惯及特点》,《兰州学刊》1985 年第 4 期,第 114—116 页。

赵汀阳:《天下的当代性:世界秩序的实践与想象》,中信出版社 2016 年版。

赵心愚:《纳西族与藏族关系史》,民族出版社 2014 年版。

赵媛媛:《迪庆藏族服饰文化元素在现代服饰设计中的应用》,昆明理工大学硕士学位论文,2014 年。

照明:《甘青两省藏族的服饰文化及其特征》,《柴达木开发研究》1995 年第 5 期,第 73—75 页。

[汉]郑玄等注:《十三经古注 (五)礼记》,中华书局 2014 年版。

中国社会科学院考古研究所、西藏自治区文物保护所：《西藏阿里地区噶尔县故如甲木墓地
　　2012 年发掘报告》，《考古学报》2014 年第 4 期，第 563—572 页。

中国文史出版社编：《二十五史 卷 15 清史稿 （下）》，中国文史出版社 2002 年版。

中国藏学研究中心等：《元以来西藏地方与中央政府关系档案史料汇编》，中国藏学出版社 1994
　　年版。

中国藏族服饰编委会编：《中国藏族服饰》，北京出版社、西藏人民出版社 2002 年版。

周凤兰：《略述藏族服饰的独特材料——氆氇》，见杨源、何星亮主编《民族服饰与文化遗产
　　研究：中国民族学学会 2004 年年会论文集》，云南大学出版社 2000 年版，第 273—277 页。

周润年：《青海玉树藏族服饰》，《中央民族学院学报（哲学社会科学版）》1993 年第 5 期，第
　　1—2 页。

周尚娟：《甘南藏族服饰的多元文化因素探源》，西北民族大学硕士学位论文，2014 年。

周卫红：《加拿大主要藏学研究机构及人员现状》，《中国藏学》2012 年第 1 期，第 185—
　　190 页。

周裕兰：《藏族妇女服饰的流变与特色》，《吉首大学学报（社会科学版）》2013 年第 6 期，第
　　65—66 页。

周裕兰：《对浓墨重彩藏族服饰的色彩解析》，《决策咨询》2013 年第 4 期，第 66—68 页。

周裕兰：《康巴藏服 五彩祥云》，《中外文化交流》2013 年第 5 期，第 70—73 页。

周裕兰：《论藏族人生礼仪中的服饰文化——以甘孜州乡城县藏族妇女服饰为例》，《清远职业
　　技术学院学报》2013 年第 4 期，第 15—18 页。

周裕兰：《浅谈藏族服饰与藏区地理环境》，《柴达木开发研究》2014 年第 5 期，第 37—39 页。

周裕兰：《浅谈藏族妇女服饰的流变与特色》，《吉首大学学报（社会科学版）》2013 年第 6 期，
　　第 65—66 页。

周裕兰：《浅析藏族服饰文化面临的问题与对策》，《贵州民族研究》2015 年第 2 期，第 63—
　　66 页。

周志鹏：《基于网络的虚拟服饰博物馆设计研究》，东华大学硕士学位论文，2006 年。

洲塔：《甘肃藏族部落的社会与历史研究》，甘肃民族出版社 1996 年版。

[清]朱骏声撰：《说文通训定声》，武汉古籍书店 1983 年版。

A. Langridge, *The Premier System of Cutting: Gentlemen's Garments*, London: Minster & co, 1990,
　　pp.132-133.

Corbin J., Strauss A., *Basics of Grounded Theory: Techniques and Procedures for Developing
　　Grounded Theory*. Thousand Oaks：Sage，2014.

Gina Corrigan, *Tibetan Dress: In Amdo and Kham*, London：Hali Publications Ltd，2017.

Glaser B., Strauss A., *The Discovery of Grounded Theory: Strategies for Qualitative Research*,
　　Chicago: Aldine Publishing Company，1967.

Hallvard Kare Kuloy, *Tibetan Rugs*, Bangkok: White Orchid Press，1982.

Hippolyte Romain, *Tibet Style*, Paris: Flammarion，2006.

구혜자：《한복만들기——구혜자의 침선노트》，한국문화재보호재단 2010 년.

服装文化协会：《服装大百科事典》（增补版），文化出版局昭和五十八年版。

索　引

后　记

  在本书的最后要特别感谢旦真甲师傅。如何证明藏族服饰在历史演变过程中没有发生断裂？本书所建立起来的藏族服饰结构谱系和单位互补算法、深隐式插角结构、贴边锦等古老术规的重要学术发现，有足够标本研究成果的支持，足够标本本身就是没有断裂的物证（如果发生断裂，现实生活就不会有它们的身影并成为博物馆藏品）。虽然在藏地无法考察文献证据，但在汉地可以找到主流文献的明确记载，这就有了物证和献证的基础，还需要有说服力的人证才能成全这些研究成果和学术发现，旦真甲师傅的工作便发挥了这样的作用。因此，本书出版首先要献给旦真甲师傅以表敬意。

  其次，要感谢中华民族服饰文化结构研究团队的研究者王丽琄，以藏族服饰结构作为研究课题，在队员的配合下，她以一个硕士论文的体量、三年的时间跨度和孜孜以求的学术态度，几乎将北京服装学院民族服饰博物馆收藏的所有藏族服饰标本进行了地毯式的信息采集、测绘和结构图复原工作，应该说这项工作首次以结构面貌和数据信息系统地呈现了藏族服饰结构谱系的实物一手材料，这本身就具有重要的文献价值，在我国单一民族服饰结构系统整理中是具有开创性和示范性意义的。正是在以这些一手材料作为基础的系统研究中，得到了单位互补算法、深隐式插角结构和贴边锦的重要学术发现，并以此为线索，展开对古文献、古籍、考古发现等史料有针对性的研究，使这些古老术规，与从上古就存在的交衽、交输、交解、交裂和从汉代就出现的小腰有异曲同工之妙，使我们看到中华民族融合在藏族服饰深处的真释。随着研究的深入，王丽琄的基础性工作还会发挥不可替代的作用，仍会使我们有所启发。

此外，要感谢马芬芬使本书成为藏族服饰古法术规实现与 VR 技术相结合的践行者。她的贡献在于将藏族服饰文化最本真的结构术规变为专家知识，还解决了纺织古物柔性材料仿真技术的虚拟呈现问题，因此充满了学术的专业属性。我们完全可以从藏袍古法术规 VR 操作系统中找到全部的"独幅""两拼"和"三拼三开身十字型平面结构"的三维虚拟现实体验，而商业化的 VR 系统没有此体验亦不可能实现（主要是没有专家知识的支持），因此可以预期，一个完整的藏族服饰结构谱系的专家知识，就可以实现一个 VR 版的藏族服饰结构谱系。

最后，还要感谢中华民族服饰文化结构研究团队的全体成员，常卫民、常乐、朱博伟、樊苗苗、刘畅、鲍怀敏等，正是他们的团队协作意识、浩繁的博物馆研究、高寒域的田野调查、勇攀学术高峰的发现探索精神才有了今天的成果。这里要特别感谢常乐为本书的出版做了大量的案头工作，她是一个处理计算机图文工具的高手、快手，为本书出版增色不少。这本书的出版就像一棵硕果累累的大树回报着他们的辛劳付出，也为中华多元一体服饰文化的民族之林增添了一点滋养。

作　者

2020 年 12 月于北京